大展好書　好書大展

品嘗好書　冠群可期

大展好書　好書大展

品嘗好書　冠群可期

五味子葉枯病

白朮斑枯病

白芷斑枯病

白芷斑病

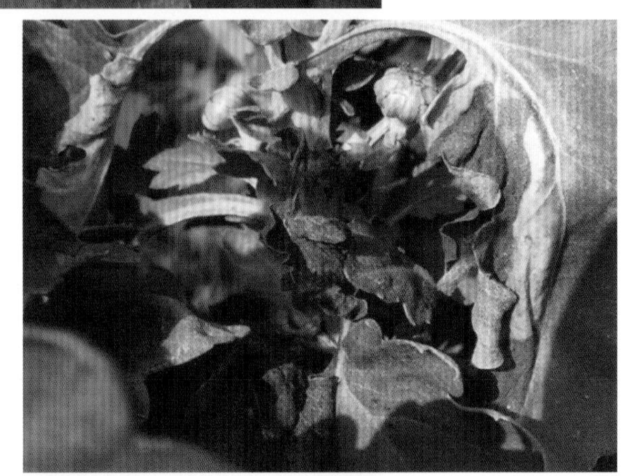
菊花霜霉病

薄荷斑枯病

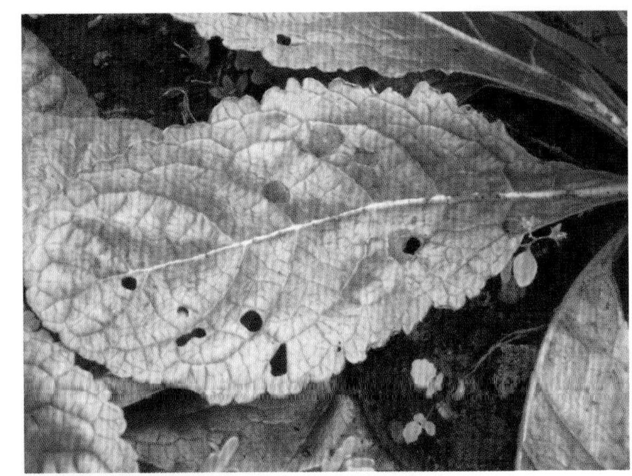
地黃輪斑病

柴胡斑枯病

車前草白粉病

金銀花葉霉病

紅花炭疽病

防風斑枯病

蘆薈炭疽病

薏苡黑穗病

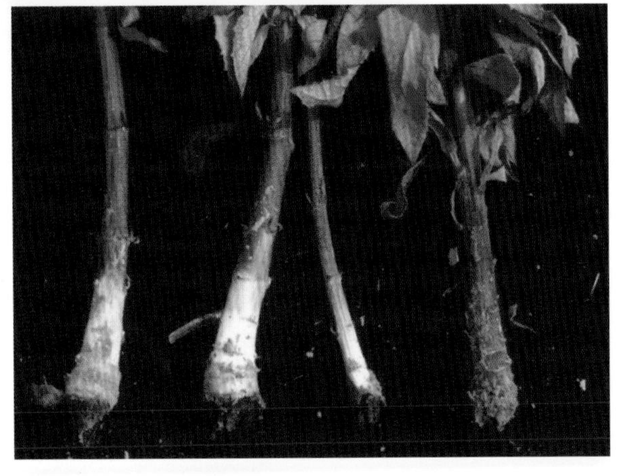
桔梗根腐病

白朮根腐病

牛蒡白粉病

麥冬黑斑病

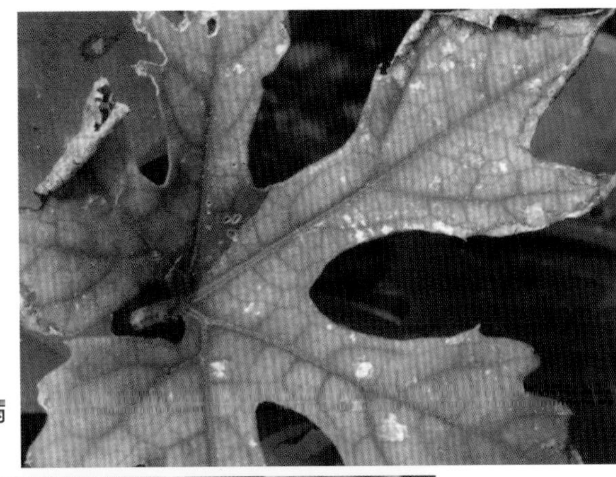

栝樓斑枯病

太子參花葉病

太子參枯萎病

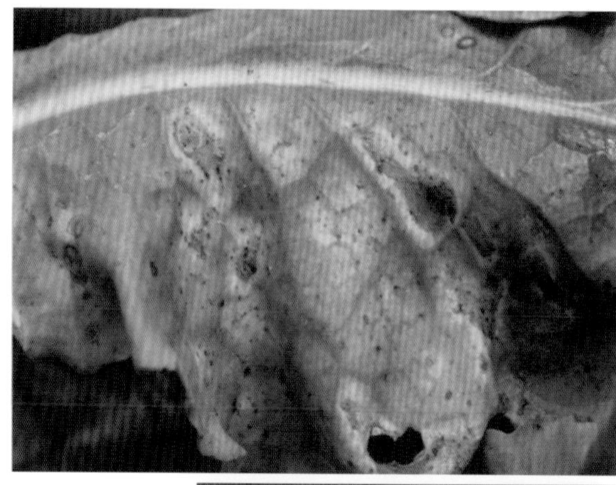
板藍根黑斑病

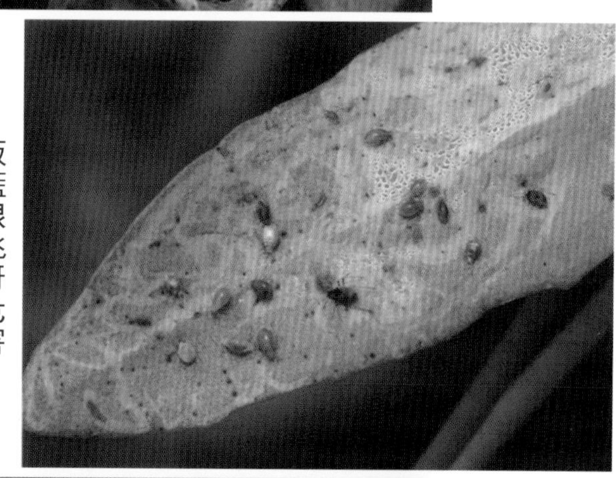
板藍根桃蚜危害

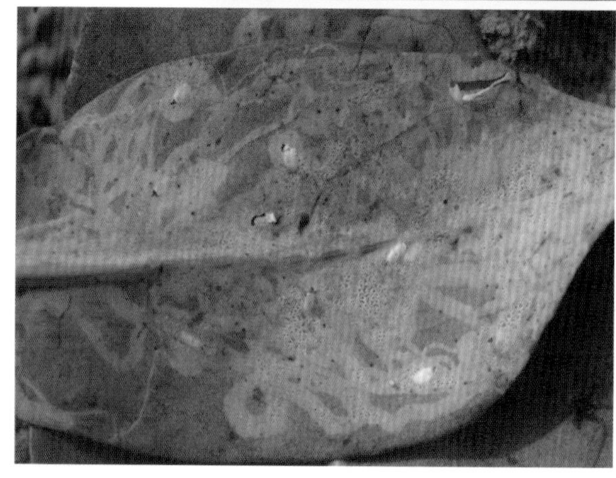
板藍根豌豆潛葉蠅危害

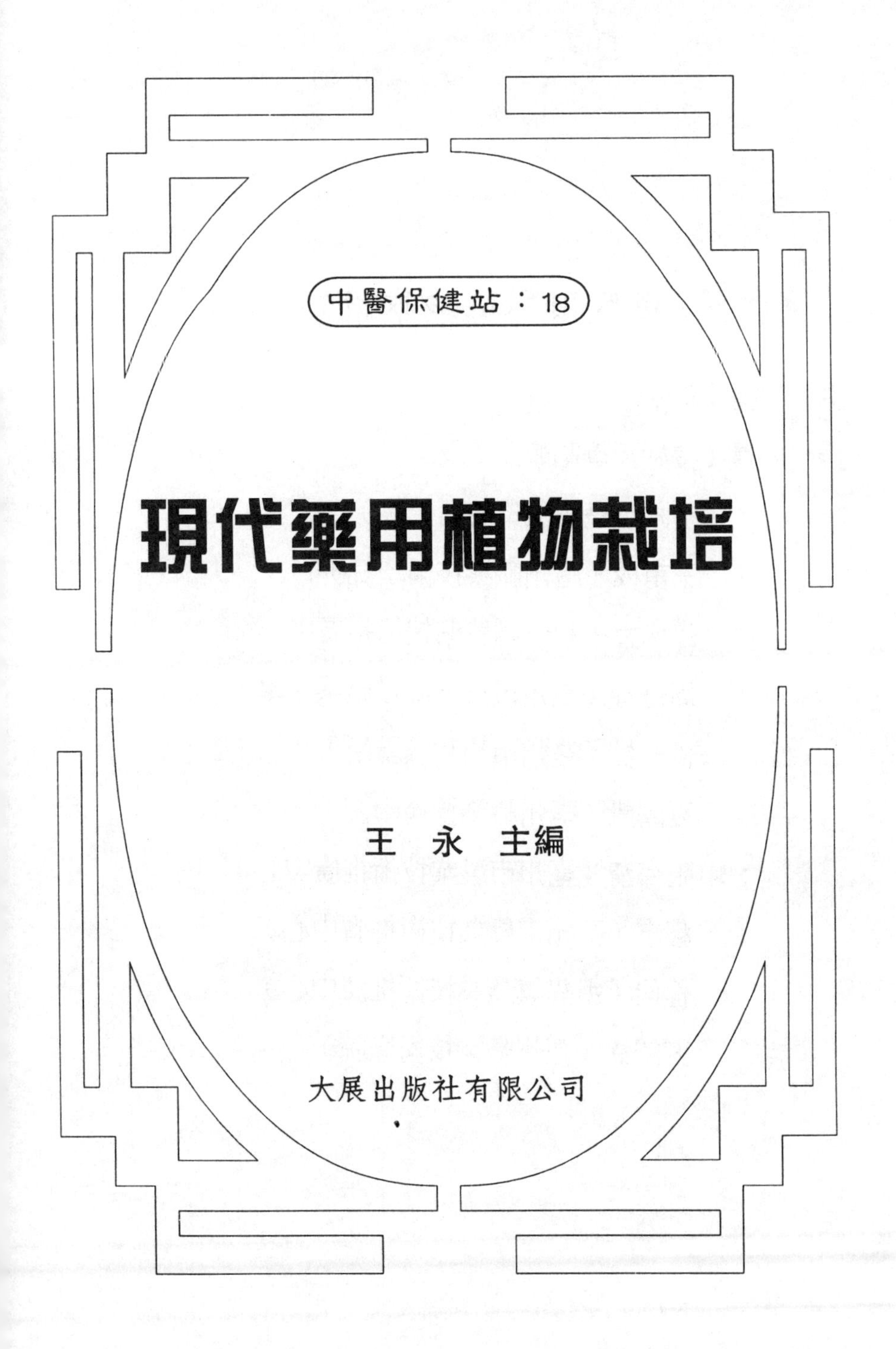

中醫保健站：18

現代藥用植物栽培

王　永　主編

大展出版社有限公司

現代藥用植物栽培

主　　編　王永

編寫成員（按姓氏筆劃順序）

王永（亳州職業技術學院）

王甫成（亳州職業技術學院）

邵學會（利辛縣農業技術推廣中心）

周丹春（亳州市第一高級職業中學）

孟祥松（亳州市藥品檢驗所）

夏成凱（亳州職業技術學院）

張海清（亳州市農業技術推廣中心）

鄒志（亳州市農業技術推廣中心）

程佳（尹集鎮農業技術推廣中心）

劉耀武（亳州職業技術學院）

前　言

藥用植物栽培技術是我國中醫藥文化的重要組成部分。到 21 世紀，隨著中醫藥文化的迅速發展，它已得到愈來愈高的重視。2002 年國家頒佈的《中藥材生產品質管制規範（試行）》標誌著我國中藥材生產已從傳統的、自發的落後狀態向現代化、規範化方向發展。爲順應社會發展需要，適應中藥材規範化生產對人才的需求，傳播科學的藥用植物栽培技術，由亳州職業技術學院、亳州市農技推廣中心等教學、科研和技術推廣部門的一線教師與工作人員共同編寫了《現代藥用植物栽培技術》一書。

本書共五章。第一章到第四章爲總論，內容包括藥用植物栽培概述、藥用植物的生長發育、藥用植物栽培技術基礎和藥用植物病蟲害及其防治技術。

第五章是各論，分別從植物形態、生長習性、栽培技術（包括選地整地、繁殖技術、田間管理、病蟲害防治）和採收加工等方面介紹了常用的 59 種藥用植物。

附錄部分包括了《中藥材生產質量管制規範（試行）》（節選）、《中藥材生產質量管制規範認證檢查評定標準（試行）》（節選）以及目前藥用植物繁殖方法中較爲先進的植物組織培養技術。

全書以「實用」爲主導，無論在總論還是在各論，都堅持把具有「生產性」的理論與技術實踐緊密結合，以更好地服務於中藥方向專業學生、農技工作人員和廣大藥農。

本書由王永主編，周丹春、鄒志、張海清、邵學會、程佳等參與了總論部分章節的編寫，劉耀武、王甫成、夏成凱、鄒志、張海清、邵學會、孟祥松等參與了各論部分的編寫，最後由王永統稿定稿。在本書編寫過程中，亳州職業技術學院魏雙頂院長給予了大力支持，學院教務處和藥學系也給予了很多幫助，部分彩色圖片由郭書普提供，在此表示深深的謝意！

本書參考了相關教材和學術專著，收集了國內中藥材生產和科研的成果，對參考文獻的作者和出版單位，在此表示衷心的感謝！

限於編者水準，書中缺點和錯誤在所難免，希望廣大讀者提出寶貴的批評和意見，以便於修正。

編者

目　錄

第一章　藥用植物栽培概述

中國的中醫藥文化源遠流長，在歷史長河中滋養了五千年的中華文明，對中華民族乃至世界做出了巨大貢獻。藥用植物栽培技術作為其中重要的組成部分，隨著社會的進步和發展以及中醫藥產業的現代化要求也逐步走向科學化和現代化。

學習掌握科學的藥用植物栽培技術，生產出優質、高效、低耗的中藥材已經成為中藥現代化的必經之路。

一、藥用植物栽培的意義

（一）藥用植物栽培的含義

藥用植物是指自然生長或人工栽培條件下可以入藥的植物，或指含有生物活性成分，用於防病、治病的植物。藥用植物所含有的生物活性成分是中醫藥學的物質基礎。傳統的草藥就屬於藥用植物。

藥用植物栽培是指藥用植物的選地、整地、播種、育苗、移栽、管理、採收及產地加工等整個生產過程。其目的是生產出優質、高產、低耗的藥材，充分滿足人民醫療保健對藥材的需求，特別是需求量大而自然資源少的品種。由於藥用植物栽培涉及的學科範圍廣（包括生物學、植物生理學、植物生物化學、生態學、氣象學、土壤學、植物保護學、藥物化學、藥理學等），中醫藥現代化對藥用植物的品質要求特殊，藥用植物的生產又具有較強的道地性，因此，目前對藥用植物栽培技術的研究就顯得尤為重要。

（二）藥用植物栽培在國民生產中的意義

（1）擴大藥材來源

中藥是中國醫藥學遺產的一個重要組成部分。隨著中醫事業的發展，中藥材需求日益增加，部分中藥緊缺狀況仍然十分突出。因此，因地制宜發展中藥材生產，建立和擴大中藥用植物栽培基地，廣開藥源，逐步做到「地產地銷」，保證廣大人民防病治病用藥的需要，對廣大中華民族的繁榮昌盛和保障人民身體健康有著巨大作用。

（2）增加農業收入

藥材生產是整個農業生產的組成部分。藥材生產屬多種經營範疇，由於品種繁多，生物學特性各異，容易搭配間、混、套種，合理利用地力、空間和時間，調節農業生產力，提高單位面積產量。還因許多藥材產值高，故而又增加了農業收入，提高了農民的生活和生產水準。

（3）滿足國外用藥需求，增加外匯收入

中國是世界上中藥材最大的出口國，許多道地名貴藥材，遠涉重洋，銷往世界各地。這不僅能為世界人民的健康生活、工作做出貢獻，而且還可為中國增加外匯收入。如 1974 年前，中國人參平均年出口量為 27 噸，1980 年達 402 噸，1989 年近 1000 噸，僅人參一個品種年創匯就達 5000 萬美元。2003 年，中藥出口總值高達 7 億美元。

(三)藥用植物栽培的特點

(1)藥用植物栽培的複雜性和多樣性

藥用植物品種繁多，生物學特性各異，因而栽培方法也複雜多樣。已知的栽培的藥用植物有近千種，分別歸屬幾十個科類，栽培方法與糧食、油料、蔬菜、果樹、花卉、林木等諸多學科相近，異常複雜。對環境的要求也各種各樣。每種藥用植物對水分、光照、土壤及其他氣候因數和地理因數都有不同的要求。同一種藥用植物，因其收穫物件不同，栽培方法也會有所不同。

(2)栽培質量與有效成分

藥用植物的栽培更應注重藥材的品質。有效成分受藥用植物質量、栽培技術、年限、採收部位、採收時期、加工方法及貯存條件等影響。

另外，很多藥用植物保留著許多野生狀態，如種子發育不整齊、生長和發育不整齊、植株間變異大，因此，選育高產、高含量、抗逆力強的種類有很大潛力。

藥用植物在長期的生存競爭及與自然界雙向選擇的過程中，與產地的生態環境建立了密切的聯繫。各種藥用植物有特定的分佈區，不同產地的同一藥材質量迥異，這就形成了中藥材的道地性。

藥用植物的現代化栽培，應以發展道地藥材為主，合理佈局，並採取措施類比生態系統，對野生藥用植物進行人工馴化，這是十分重要的。

二、中國藥用植物栽培概況

中國藥用植物資源豐富，品種繁多，栽培歷史悠久，早在 2600 多年以前的《詩經》中，就已記述了當時已有栽培的棗、桃、梅等，既供果用，又資入藥。漢武帝時，張騫出使西域（西元前 123 年前後），開闢了絲綢之路後，曾從國外陸續引進紅藍花、胡荽、安石榴、胡麻、胡桃、大蒜、苜蓿等既供食用，又可入藥的植物到國內栽培。

司馬遷在《史記・貨殖列傳》中有「千畝梔茜，千畦薑韭，此其人，皆與千戶侯等」的記述。梔、茜在古時常作染料，薑、韭則為日常食物，但四者皆供藥用，反映了這些可獲厚利的藥食兼用的植物，早就進行大規模的生產栽培。

此外，《氾勝之書》《四民月令》等古農書，記述各類農作物的栽培技術和經驗尤為詳備，包括穀物、果蔬、竹木、花卉以及桑麻棉葛之類，其中藥食同用者也很多。北魏賈思勰的《齊民要術》，總結了 6 世紀以前農業生產經驗，內容更為系統全面，顯示出當時中國農業生產水準已達到相當高度。到了隋代還出現了中藥栽培專著，如《隋書・經籍志》著錄有《種植藥法》《種神芝》各一捲，但兩書均已亡佚。

唐初，國家曾在京師建立藥園一所，用以栽培各種藥物，占地三百畝。藥園隸屬主管醫療和醫學教育的太醫署，並設置藥園師職務，負責「以時種蒔，收採諸藥」，同時培訓種植藥材的專業技術人才。唐代醫藥學家孫思邈，在其所著《千金翼方》中則扼要介紹了枸杞、百合、牛膝、合歡、車前子、黃精、牛蒡、商陸、五加、甘菊、地黃等近 20 種常用中藥的種植方法。

北宋嘉祐年間，本草學家蘇頌著有《本草圖經》，是一部具有很高學術價值的重要本草著作。書中除詳述每一藥物的產地、生長環境、藥材形態、品種鑒別及其他相關內容外，對部分藥物亦同時簡介其栽培要點，或提示某藥為人家園圃所種，某藥在某地多種植。

四川自古為中藥重要產區，不僅品種眾多，名優特產道地藥材也不少，附子即是其中之一。元豐年間（西元 1078～1085 年），彰明知縣楊天惠，透過對該縣附子生產的實際考察，寫出調查報告性質的《彰明附子記》一文，比較系統地敘述了該縣種植附子的具體地域、面積、產量，以及有關耕作、播種、管理、收採加工、品質鑒定等成套經驗。

元、明及清，農書著作較多，如元代的《農桑輯要》《王禎農書》，明代的《農政全書》《群芳譜》，清代的《廣群芳譜》《花鏡》等，繼續記載著有關藥用植物的栽培內容，有的書還將藥物栽培列為專卷，如《農桑輯要》列有「藥草」門，《群芳譜》則列有「藥譜」，表明對藥用植物栽培的重視。

明代醫藥學家李時珍，在其巨著《本草綱目》中記述了約 180 種藥用植物的栽培方法，其中，僅草部就記述了荊芥、麥冬等 62 種藥用植物的人工栽培方法，為世界各國研究藥用植物的栽培提供了極其寶貴的科學資料。

清代趙學敏、趙楷兄弟皆為醫藥學家，他們在所居養素園中曾「區地一畦為栽藥圃」。趙楷著有《百草鏡》8 卷，書中收載之藥，有的即是他在養素園親手所栽的品種。趙學敏撰著《本草綱目拾遺》時，曾選用《百草鏡》資料。他說：「草藥為類最廣，諸家所傳亦不一其說，余終未敢深信，《百草鏡》中收之最詳。茲集間登一二者，以曾種園圃中試驗。」說明養素園所栽的多為民間藥，其栽種目的乃是實驗研究。

新中國成立後，隨著醫藥衛生事業的發展，藥材生產也得到了迅速的恢復和發展。藥用植物栽培業的發展十分突出。1958 年，國務院頒發「關於發展中藥材生產的指示」，明確指出要大力發展中藥材的種植生產和加工。同時，先後在北京、上海、廣州等地成立了中醫學院和中醫藥科研機構，培養了大批科技人才，編輯出版了《中國藥用植物栽培學》《中藥材生產技術》等數十部專著。特別是十一屆三中全會以後，藥用植物栽培事業得到了空前的發展，至 1987 年，全國種植面積已達 29 萬公頃（約 433.7 萬畝，1 畝 ＝ 0.0667 公頃），收購量超過 50 萬噸，栽培藥材種類逐年增加，現大面積栽培的在 250 種以上，試栽成功的 1000 餘種。而且藥材的產量和品質都有大幅度的提高，如人參單產已由每平方公尺鮮重不足 0.5 千克，提高到 2～2.5 千克，高者超過 5 千克。

另外，藥材生產的發展還表現在原有栽培品種的生產區域擴大，許多地產藥材的產區已逐漸擴展。

三、中藥材生產面臨的問題及應採取的措施

（1）多數中藥材產於老、少、窮地區，零星分散，經營規模仍以家庭小生產占主導地位，地域間差異較大，栽培管理水準不一

中藥要實現現代化，首先要逐步走向產業化，實現規模經營，栽培應以發展道地藥材為主，採用規範化栽培措施，大宗藥材合理佈局，建立生產基地。

（2）藥材生產帶有盲目性

中藥材的價格歷來波動很大，影響生產持續穩定發展。其原因主要來源於藥用植物生產週期長短不一。價值規律對市場調節受到季節和生產週期長的客觀條件限制，反應較為遲緩；而藥農全局意識差，市場分析能力不強，生產帶有較大的盲目性，這就很容易造成藥材生產面積和價格大起大落。為此，必須加強計畫資訊領導，做好產銷中長期平衡，加速資訊收集與回饋，建立藥材經濟管理理論。

（3）藥用植物栽培研究力度不夠

藥用植物栽培學是農學和中藥學的交叉學科，長期以來，僅限於一些科研院所進行相關的研究，且理論性很強，對生產的指導意義不大。

近年來，隨著國家關於中藥材規範化生產質量標準的提出，情況有所好轉，但分散的、傳統的、落後的生產依然佔據藥用植物栽培的較大空間。加大有針對性的生產實踐研究和科技推廣力度，應是當務之急。

（4）應採取的戰略措施

大力宣傳藥用植物栽培在中藥現代化中的地位和在保護中藥資源及擴大利用中藥資源的作用，引起人們特別是有關領導的重視。打破單位和部門的界限，克服課題低水準的重複。大力推廣藥用植物的規範化生產（GAP）技術，提高廣大藥農的生產水準。加強中藥材經營市場的監管力度，正本清源，促進藥用植物栽培的規範化和科學化。

四、中藥材 GAP 概說

（一）中藥材 GAP 概念

GAP 是 Good Agricultural Practice 的縮寫，直譯為「良好的農業規範」，因為中藥材栽培或飼養主要屬於農業範疇，在中藥行業譯為「中藥材生產質量管制規範」。它是中國中藥製藥企業實施的 GAP 重要配套工程，是藥學和農學結合的產物，是確保中藥質量的一項綠色工程和陽光工程。

中國《中藥材生產質量管制規範（試行）》於 2002 年 3 月 18 日經國家藥品監督管理局局務會議審議通過，並於 2002 年 6 月 1 日起施行。其內容有十章五十七條，包括從產前（如種子品質標準化），產中（如生產技術管理各個環節標準化）到產後（如加工、貯運等標準化）的全過程，都要遵循規範，從而形成一套完整而科學的管理體系。

（二）實施中藥材 GAP 的目的

實施中藥材 GAP 的目的是規範中藥材生產全過程，從源頭上控制中藥飲片、中成藥及保健藥品、保健食品的品質，並和國際接軌，以達到藥材「真實、優質、穩定、可控」的目的。但目前，中藥材供應的混亂與中藥現代化發展形成巨大的反差，藥材品質得不到保證，某些中藥材資源枯竭，成為製藥企業發展的瓶頸。因此，積極開展中藥材 GAP 的研究，幫助、鼓勵中成藥生產企業建立中藥材 GAP 藥源基地就勢在必行。

（三）實施中藥材 GAP 的意義

實施中藥材 GAP 對於促進中醫藥產業的發展具有十分重要的意義，具體來說是「六個需要」：

一是促進中藥標準化、集約化、現代化和國際化的需要；二是促進中藥製藥企業、中藥商業規模化健康發展的需要；三是促進農業生產結構調整和促進中藥農業產業化的需要；四是改善生態環境獲取生態效益，走可持續發展道路的需要；五是增加農民收入，促進地方經濟發展的需要；六是逐步建立中藥材規範化生產體系，提高地道藥材品質和市場競爭辦的需要。

（四）中藥材 GAP 研究的主要內容

中藥材 GAP 內容包括中藥材的產地環境生態，對大氣、水質、土壤環境生態因數的要求，種質和繁殖材料，物種鑒定、種質資源的優質化，優良的栽培技術措施，重點是田間管理和病蟲害防治，採收與產地加工，確定適宜採收期及產地加工技術、包裝、運輸、貯藏、品質管制等系統原理。

中藥材 GAP 專案的研究應注意以下主要內容：

① 中藥材優良品種的選育和繁育及種子種苗的標準化（中藥材優良品種的選育和繁育，中藥材種子種苗品質標準及檢驗規程的制訂）。

② 中藥材病蟲害防治（主要病蟲種類、發生規律及危害程度的調查，主要病蟲害的有效防治措施）。

③ 中藥材質量標準的研究制訂。

④ 優質中藥材栽培技術的標準操作規程（SOP）的制訂。

（五）中藥材 GAP 基地建設的原則

必須堅持六大原則：一是市場導向的原則，二是以效益為中心的原則，三是產業化原則，四是發揮地道藥材品牌優勢的原則，五是重視產地最佳生態環境原則，六是以傳統名優地道中藥材和大宗藥材為骨幹品種的原則。

（六）中藥材產地的環境應符合國家相應的標準

（1）大氣品質標準

中藥材 GAP 生產基地一般均應遠離城鎮及污染區，要求大氣品質較好且相對穩定。在中藥生產基地的上方風向區域內，要求無大量工業廢氣污染源；要求基地區域內氣流相對穩定，即使在風季，其風速也不會太大，因此，可選擇一些四面環山的河谷地帶；要求基地內空氣塵埃較少、清新潔淨，雨水中泥汙少、pH 適中，基地內所使用的塑膠製品無毒、無害、不污染大氣。地上部分入藥的植物，其生產基地應遠離交通幹道 100 公尺，或周圍設有防塵林帶。

大氣環境執行 GB3095–82 標準的二級，例如，日平均總懸浮微粒 0.5 毫克／公尺^3，二氧化硫日平均 0.25 毫克／公尺^3，氮氧化物日平均 0.15 毫克 / 公尺^3，一氧化碳日平均 6.0 毫克 / 公尺^3。1 級的大氣綜合污染指數應小於 0.6，2 級在 0.6～1 之間。3 級在 1～1.9 之間，4 級在 1.9～2.8 之間，5 級則在 2.8 以上。3 級及以上的大氣環境不適合於 GAP 中藥的無公害生產。

（2）水質標準

具體要求是：基地內水資源豐富，水質質量相對穩定，如符合條件的地下水、大中型水庫、大中型河流和湖泊等。如用江湖水作為灌溉水源，則要求在基地上方水源的各個支流處無工業污水排放，水質基本達到二級飲用水標準。

水體清澈透明，無異味，水源周圍無污染源，如糞堆、廁所、畜禽場、動物食品加工等。具體的監測指標有：pH、鎘、鉛、汞、砷、六價鉻離子、氟化物、氰化物、氯化物、細菌密度、大腸桿菌密度、化學耗氧量和生物耗氧量以及溶解氧等。

農田灌溉用水執行 GB5084–92 標準，按該標準規定種植作物，生化需氧量（BOD5）80 毫克／升，化學需氧量（COD）150 毫克／升；凱氏氮 30 毫克／升；總磷（以磷計）30 毫克／升；pH ＝ 5.5～8.5；全鹽，非鹽鹼土地區 1000 毫克／升，鹽鹼土地區 2000 毫克／升；重金屬，如總汞 0.001 毫克／升、總鎘 0.005 毫克／升、總砷 0.05 毫克／升、鉻（六價）0.1 毫克／升；糞大腸桿菌群 10000 個／升；蛔蟲卵數 2 個／升。

綜合污染指數法的水質綜合評價，1 級水源的綜合污染指數應在 0.5 以下；2 級在 0.5～1.0 之間；超過 1.0 時為 3 級，這時該水質超出警戒水準。

（3）土壤環境品質標準

土壤耕層內無有毒離子和傾倒物富集，主要是指重金屬離子，如汞、鎘、鉻、鉛、砷、銅、鋅等。土壤中的有機氯和有機磷化物，如六六六、DDT、油酚等的殘留較少。土壤 pH 適中，一般以中性和稍偏酸性土壤為宜。土壤既不黏重，又不過輕，一般宜採用黏壤土、壤土和沙壤土，且其中碎石、廢塑膠薄膜等雜物少。土質肥沃，有機質含量高；土地平整，地下水位較低，不積水，便於灌溉。土壤中中藥病、蟲害殘留較少。

土壤質量標準，主要執行 GB15618–1995 二級標準。通常採用衛生標準，但由於土壤污染物不像水和大氣中污染物能直接進入人體，加之土壤污染物需經過作物吸收，通過食物鏈才能進入人體。因此，標準很難統一，國外一些國家制定一些主要的重金屬元素標準和 DDT、六六六殘留標準，可作為參考。

中國對土壤污染物質量也有一些建議標準，如南京環保所和北京地區均對土壤中 DDT、六六六殘留量制定了相應標準。根據中國水果、作物產品中允許的殘留標準確定為六六六 0.2 毫克 / 升，DDT 0.1 毫克／升；綠色食品生產基地土壤中六六六殘留標準為 0.3 毫克／升，DDT 為 0.5 毫克／升。

綜合污染指數用於土壤分級時，1 級的綜合污染指數為 0.7 以下，2 級在 0.7～1.0 之間，3 級在 1～2 之間，4 級在 2～3 之間，5 級則大於 3.0。3 級和 3 級以上的土壤已有一定程度的污染，不符合於 GAP 無公害中藥生產之用。

（七）中藥材 GAP 生產基地環境檢測具體專案

主要包括：農田灌溉指標，需檢測 pH、汞、鎘、鉛、砷、鉻、氯化物、氰化物；加工用水除檢測上述檢測外，還要檢測細菌總數、大腸桿菌數；大氣品質指標，需檢測總懸浮微粒、二氧化硫、氫氧化物、氟化物；土壤品質指標，主要檢測汞、鉛、銅、鉻、砷及六六六、DDT 等殘留。

為了推進中藥材 GAP 的順利實施，國家食品藥品監督管理局制訂了《中藥材生產品質管制規範認證管理辦法（試行）》及《中藥材 GAP 認證檢查評定標準（試行）》，並於 2003 年 11 月 1 日正式開始受理中藥材 GAP 的認證申請工作。2003～2005 年，國家食品藥品監督管理局先後組織專家通過了陝西天士力植物藥業有限責任公司等 26 家中藥材生產企業的 22 種藥用植物 GAP 基地認證工作，涉及藥用植物有丹參、三七、山茱萸、板藍根、魚腥草、西紅花、西洋參、人參、麥冬、梔子、青蒿、罌粟殼、黃連、穿心蓮、燈盞花、何首烏、太子參、桔梗、黨參、薏苡仁、絞股藍、鐵皮石斛等。這標誌中國藥用植物生產已逐步走上規範化生產道路。

五、中藥材資源

中國幅員遼闊，氣候、土壤、地理等自然條件得天獨厚，分佈著極為豐富的天然藥物資源，可以確定為有藥用價值的中藥材已達 9000 餘種，是世界上天然藥物資源種類最多、栽培歷史最悠久的國家。其中常用的 500 多種，需求量大，主要依靠栽培的有 200 多種，種植面積 120.06 萬～133.4 萬公頃（1800 萬～2000 萬畝），年產量約 2.5 億千克，占中藥材收購量的 30%左右。中國歷史上有亳州（今安徽亳州市）、祁州（今河北安國市）、輝州（今河南輝縣市）、禹州（今河南禹州市）四大藥都，是國內外中藥材的主要集散地。全國還有 1300 多家中成藥廠，生產

9000多種中成藥（含地方標準升國標和保健藥品獲國准字型大小），有40多種劑型。另外全國還有1000多個中藥飲片加工廠，年生產能力約35萬噸。全國有中藥材經營企業30000餘個，基本形成了覆蓋全國城鄉的購銷體系。中藥材年銷售額近150億元，還有許多傳統的地道中藥材出口至100多個國家和地區。如安徽省的四大名藥：茯苓、芍藥、丹皮和菊花馳名中外。

（一）中國中藥材資源分佈狀況

第一位，四川省。主產川連、川貝、川續斷、川楝、麥冬、杜仲、白芍、枳殼、附子、巴豆、使君子、天麻等500餘種。

第二位，浙江省。主產浙貝、延胡索、玄參、菊花、麥冬、白朮、白芍、鬱金、山茱萸等400餘種。

第三位，河南省。主產懷地黃、懷山藥、懷牛膝、懷菊花、金銀花、茯苓、紅花等300餘種。

第四位，甘肅省。主產當歸、大黃、黨參、枸杞、甘草、黃芪等300餘種。

第五位，湖北省。主產黃連、茯苓、杜仲、厚朴、獨活、射干、辛夷等300餘種。

第六位，安徽省。主產茯苓、芍藥、丹皮、菊花、石斛、皖貝母、明黨參、桔梗、半夏、紫菀、太子參、辛夷等300餘種。

（二）中國的道地藥材

「道地藥材」是中醫藥發展過程中形成的具有特殊含

義的名詞。廣義的「道地藥材」指的是特定地區出產的藥材。中醫藥文化源遠流長，而中國地域廣闊、資源豐富，各個地區對中藥的使用品種、使用習慣有所不同，以產地來指代和限定不同來源的、代表不同品質的藥材是比較有效的方法。因而在藥材前冠以產地名稱即是「道地藥材」名稱的由來。

但嚴格意義上的「道地藥材」特指某一地區出產的品質優良的藥材，區別於其他地區的同一來源藥材。所以，一般來說，某一藥材在其產區有悠久的歷史，並且其品質能夠被歷代醫家所稱道，那麼，這種藥材就稱為當地的「道地藥材」。如甘肅的當歸，寧夏的枸杞子，四川的黃連、附子，內蒙古的甘草，吉林的人參，山西的黃芪、黨參，河南懷慶的牛膝、地黃、山藥、菊花，江蘇的蒼朮，雲南的茯苓、三七等。

目前，中國主要「道地藥材」的分佈如下。

① 川藥：川芎、川貝母、烏頭、黃連、川牛膝、麥冬、石菖蒲、薑、丹參、青皮、陳皮、補骨脂、使君子、巴豆、花椒、黃柏。

② 廣藥：廣防己、巴戟天、山豆根、何首烏、高良薑、陽春砂仁、益智仁、檳榔、廣藿香、金錢草、雞血藤、肉桂。

③ 雲藥：三七、雲木香、重樓、茯苓、兒茶。

④ 貴藥：天麻、天門冬、黃精、白及、杜仲、五倍子。

⑤懷藥：地黃、懷牛膝、山藥、茜草、栝樓、天南星、白附子、菊花、辛夷、紅花、金銀花。

⑥浙藥：浙貝母、白朮、元胡、鬱金、薑黃、玄參、烏藥、石竹、山茱萸、烏梅、梔子、菊花。

⑦關藥：人參、細辛、防風、刺五加、薤白、關木通、五味子、牛蒡子。

⑧北藥：黃芪、黨參、遠志、甘遂、黃芩、白頭翁、香附子、北沙參、柴胡、銀柴胡、紫草、白芷、板藍根、知母、蔓荊子、山楂、連翹、苦杏仁、桃仁、小茴香。

⑨西藥：大黃、甘草、當歸、羌活、麻黃、秦艽、茵陳、枸杞子。

⑩南藥：半夏、射干、吳茱萸、蓮、女貞、艾葉、南沙參、明黨參、太子參、蒼朮、芍藥、木瓜、靈芝、薄荷、紫蘇、牡丹、澤瀉。

⑪皖藥：板藍根、芍藥、茯苓、丹皮、木瓜、菊花、桑皮、紫菀、貝母、栝樓。

構成道地藥材的特殊性的因素是多種多樣的，如栽培的道地藥材，有些僅選擇性地生長在特定的生態環境下，改變生長環境後，往往生長不良或質量下降；有的在某一地區有悠久的栽培歷史，在栽培過程中形成了特定的品種；有的發展出特定的栽培和加工技術；還有的選擇了特定土壤和水肥條件等。野生的道地藥材情況則或者由於特定的種下變異，或者由於居群差異，或者由於生長於特別的生態地理環境而發生了一些變化。然而不容忽視的是，在道地藥材的形成過程中，一直有著各種各樣的人為因素，如政治、經濟、文化、交通、地方習俗、市場傾向和認知的局限性等。

「道地藥材」是歷史留給我們的值得珍視的寶貴遺

產，必須本著科學的態度對待「道地藥材」。在發展中藥材規範化生產（GAP）的過程中，一定要緊緊圍繞「道地藥材」做文章，從源頭抓起，實施中藥材種植、採收和加工等的規範化，以實現中藥現代化所要求的「中藥的安全、有效、可控」。

目前，為方便和規範中藥材的流通，在全國建立了一些中藥材專業交易市場，主要有：哈爾濱市三棵樹藥材專業市場、河北省安國中藥材專業市場、山東省鄄城縣舜王城藥材市場、蘭州市黃河中藥材專業市場、甘肅省隴西中藥材專業市場、西安市萬壽路中藥材專業市場、成都市荷花池藥材專業市場、重慶市解放路藥材專業市場、河南省禹州中藥材專業市場、安徽省亳州中藥材專業市場、江西省樟樹中藥材專業市場、湖北省蘄州中藥材專業市場、湖南省岳陽花板橋中藥材市場、湖南省邵東縣藥材專業市場、廣西玉林中藥材專業市場、廣州市清平中藥材專業市場、廣東省普寧中藥材專業市場、昆明市菊花園中藥材專業市場等。

六、藥用植物的栽培分類

中國天然藥物資源豐富，藥用植物種類繁多，既有大量的草本植物藥材，又有許多木本藥材，還有藤本蕨類和低等菌藻類植物，而且種植方式和利用部位不同。因此，中藥材和栽培分類方法亦多種多樣。可依照植物科屬、生態習性、自然分佈等分類，也可根據栽培方式、利用部位或性能功效的不同來分類。

瞭解藥用植物的栽培分類，將有利於掌握其生長發育特性，從而更好地對其進行科學的管理，為其栽培的科學化、規範化，良種的區域化提供依據。目前國內許多藥用植物園，常依其藥用部位或性能功效的不同進行分類，現簡介如下：

（一）按藥用部位的不同分類

藥用植物的營養器官（根、莖、葉），生殖器官（花、果實、種子）以及全株均可加工入藥，按其不同的藥用部位，可分為下列幾類：

（1）根及地下莖類

其藥用部位為地下的根、根莖、鱗莖、球莖、塊莖及塊根等。如人參、丹參、玉竹、百合、貝母、地黃、半夏、山藥、延胡索等。

（2）全草類

其藥用部位為植物的莖葉及全株。如薄荷、絞股藍、腎茶、穿心蓮、斷血流、甜葉菊等。

（3）花類

其藥用部位為植物的花、花蕾或花柱。如辛夷、紅花、菊花、金銀花、款冬花、西紅花等。

（4）果實及種子類

其藥用部位為成熟或未成熟的果皮、果肉、果核或種仁等。如栝樓、山茱萸、木瓜、酸橙、烏梅、酸棗仁、柏子仁、枸杞子等。

（5）皮類

其藥用部位為樹皮或根皮。如杜仲、厚朴、肉桂、丹皮、地骨皮等。

(6) 菌類

為藥用真菌。如茯苓、靈芝、銀耳、猴頭菌等。

(7) 蕨類

供藥用的綠色蕨類植物或孢子體。如伸筋草、鋪地蜈蚣、還魂草、木賊、問荊、瓶爾小草、紫萁、海金沙、狗脊等。

(二)按中藥材的性能功效分類

中藥由於含有多種複雜的有機、無機化學成分，就決定了每種中藥材具有一種或多種的性能和功效。在栽培上可按其不同的性能功效，分成以下幾類：

(1) 解表藥類

凡能疏解肌表，促使發汗，用以發散表邪，解除表症的中藥材，稱為解表藥。如麻黃、防風、細辛、薄荷、菊花、柴胡等。

(2) 瀉下藥類

凡能引起腹瀉，滑利大腸，促進排便的中藥材，稱為瀉下藥。如大黃、番瀉葉、火麻仁、鬱李仁等。

(3) 清熱藥類

凡以清解裏熱為主要作用的中藥材，稱為清熱藥。如知母、梔子、玄參、黃連、金銀花、黃芩、赤芍、丹皮、連翹、板藍根、射干等。

(4) 化痰止咳藥類

凡能消除痰涎或減輕和制止咳嗽、氣喘的中藥材，稱為化痰止咳藥。如半夏、貝母、杏仁、桔梗、枇杷葉、栝樓、紫菀等。

（5）利水滲濕藥類

凡以通利水道、滲除水濕為主要功效的中藥材，稱為利水滲濕藥。如茯苓、澤瀉、金錢草、海金沙、石葦等。

（6）祛風濕藥類

凡以祛除肌肉、經絡、筋骨的風濕之邪，解除痹痛為主要作用的中藥材，稱為祛風濕藥。如木瓜、秦艽、威靈仙、絡石藤、海風藤、徐長卿、昆明山海棠、雷公藤等。

（7）安神藥類

凡以鎮靜安神為主要功效的中藥材，稱為安神藥。如酸棗仁、夜交藤、遠志、柏子仁、合歡等。

（8）活血祛淤藥類

凡以通行血脈，消散淤血為主要作用的中藥材，稱活血祛淤藥。如丹參、雞血藤、川芎、紅花、西紅花、益母草、牛膝等。

（9）止血藥類

凡具有制止體內外出血作用的中藥材，稱為止血藥。如三七、仙鶴草、地榆、小薊、白茅根、斷血流等。

（10）補益藥類

凡能補益人體氣陰陽不足，改善衰弱狀態，以治療各種虛症為主的中藥材，稱為補益藥。如人參、西洋參、黨參、黃芪、白朮、補骨脂、當歸、沙參、女貞子等。

（11）抗癌藥類

凡用於試治各種癌腫，並有一定療效的中藥材，稱為抗癌藥。如喜樹、長春花、茜草、白花蛇舌草、半枝蓮、天葵、豬秧秧、獼猴桃根等。

第二章　藥用植物的生長發育

藥用植物沿著生活史的軌跡不斷演化。從生命的某一個階段（孢子、合子或種子）開始，經過一些發展階段，再出現當初這個階段（這一過程包括生長和發育上的各個方面的發展和變化），被稱作個體發育。就藥用種子植物來說，它的個體發育是從種子萌發開始，經過幼苗長成植株，一直到開花結子的整個過程。

第一節　藥用植物生長和發育的概念

一、藥用植物的生長

生長是指植物的體積或重量不可逆的、永久性的增加，其中包括原生質和新的細胞、組織、器官在數量上的增多和體積或重量上的增長。種子植物（藥用植物多屬於種子植物）在整個生命活動過程中持續不斷地產生新的細胞、組織和器官，這是由於莖或芽和根的尖端組織始終保持分生狀態。

植物的幼苗是由種子萌發的。種子一般具有種皮、胚和胚乳。胚是種子的重要部分，它由胚根（生根）、胚芽（長莖和枝葉）、子葉（貯存和吸收養料）和胚軸（支持幼苗出土）構成。子葉的數目隨植物種類不同而異，有兩個子葉的如豆科的決明子、望江南等，亦稱雙子葉植物；

有一個子葉的如禾本科的薏苡、淡竹葉，百合科的知母、貝母、百合等，稱單子葉植物。

一株植物通常具有根、莖、葉、花、果實和種子等部分，這些部分叫器官。植物的器官各有不同的功能，如根能從土壤中吸收水分和養料，由莖輸送到葉；葉能利用水分、二氧化碳等為原料進行光合作用，製造有機物質，再由莖將這些有機物質輸送到植物體各部分去，以營養植物體本身。這些以營養為主要功能的根、莖、葉等器官稱為營養器官，它們是產生花、果實和種子的基礎。花、果實和種子與植物的生殖有密切關係，稱為生殖器官。

從種子長出根、莖、葉，萌發為幼苗，這個過程稱為營養生長。當營養生長達到了一定階段，便開花，結果，產生種子，繁殖後代，這個過程稱為生殖生長。

藥用植物一生中，以營養生長為主的時期成為營養生長期，以生殖生長為主的時期稱為生殖生長期。藥用植物在營養生長的基礎上進行生殖，兩個時期是交疊進行的。從種子萌發至新種子的產生，要經歷一系列的形態上、結構上和生理上的複雜變化。

植物的生長是由組成它們的細胞的增生和體積加大所引起的。在胚根和胚芽內，有一部分生命力很強的、專門負責生殖的細胞，稱分生細胞，又叫生長點。當這些細胞得到酶所加工的養料後，就有很強的分裂能力。於是，細胞便從 1 個分裂為 2 個，再分裂為 4 個，8 個，乃至千千萬萬個細胞。新分裂出來的細胞，在吸水後體積增大。隨著億萬個細胞一齊伸長，胚根首先突破種皮伸入土中，胚軸也接著伸長，將胚芽送出地面。這樣，一顆種子便萌發為幼苗。

植物細胞生活的基本過程是生長、分化以及伴隨二者的代謝。生長表現為體積的增加，它依據於原生質的增殖和蛋白質、核酸、磷脂和碳水化合物等物質的大量增加。分化是指細胞功能特化的過程。代謝則是細胞中所有化學反應的概括，是一切生命活動能量的來源。

根據細胞生理和形態的特點，可將細胞生長分為 3 個時期：分生期、伸長期和成熟期。

（1）分生期

細胞有很強的同化能力，能迅速合成所需的多種有機物質，形成新的原生質。當原生質增加到一定程度時，便發生細胞分裂。分生期的細胞較小，細胞壁較薄，細胞充滿了原生質，細胞核的相對體積大，液泡很小或沒有，細胞具有強烈的分生能力。分裂形成的細胞，有一小部分仍然繼續分裂，其餘的細胞則進入伸長期。

（2）伸長期

細胞已停止分裂，但細胞代謝能力加強，吸收大量的水分和營養物質。細胞體積增大，原生質數量增加，液泡相應增大，細胞壁也迅速伸展並加固，這時細胞的生長速度受外界條件的影響很大，條件適宜則生長快。

（3）成熟期

細胞體積已停止增大，呼吸強度下降，合成作用減弱，原生質一般不再增加，細胞壁逐漸加厚，硬化。細胞開始特化，即進入分化階段。

這時細胞器的結構與功能逐步專化，同一種結構和功能的一群細胞，組成一種植物組織，有規律地結合構成器官，如根、莖、葉、花、果實等。植物體器官和組織的分化，取決於細胞的分化。

二、藥用植物的發育

植物的生長在時間和空間上是有限的，即都有一個產生、發展、衰老和消亡的過程。因此，植物體在進行生長的同時，還按照一定的遺傳模式，發生一系列有順序、有規律的質的變化，導致由營養體向生殖體的轉化，這種質的轉變過程，稱為發育。

一般高等植物從受精卵開始經歷胚胎期、幼年期、成熟期和衰老期 4 個過程，直至消亡，完成它的個體發育週期。在整個週期中，花的形成則是植物體從幼年期轉向成熟期的顯著標誌。一、二年生和多年生一次性開花植物，在開花結實後迅速趨於衰老和死亡。多年生多次性開花的植物，可年復一年地重複著營養生長和開花結實的年週期，最後也趨向衰亡。

藥用植物在它的個體發育過程中，其結構、生理功能與遺傳信息的轉變，要在營養生長中物質與能量轉變的基礎上才能進行。而且發育所要求的條件與生長並不一致，往往需要特殊的生態環境和活性物質的激發與誘導，以及體內各部分之間的相互協調才能實現。

「開花」是植物體發育成熟的重要標誌。植物開花除在一定季節外，在一天內還有固定的時間。18 世紀瑞典植物學家林奈（Linna），就曾把各種花按開放時間的不同有次序地種在園子裏當做「植物鐘」。

第二節　藥用植物各器官的生長發育

一、根的生長和發育

根是植物體生長在土壤中的營養器官，具有向地性、向肥性和背光性，沒有節和節間的區分。根主要有吸收、輸導、固著、支持、貯藏及繁殖等功能。有些植物的根還具有合成氨基酸、生物激素、生物鹼等有機物的能力。許多藥用植物的根或根皮是重要的中藥材，如人參、三七、黨參、龍膽、何首烏、牡丹等。

根有定根和不定根之分。定根是直接或間接起源於胚根的根。不定根是由胚軸、莖、葉或老根上發生的根。一個植物體所有的根稱作根系。植物根系按形態不同分為直根系和鬚根系。

（1）直根系

主根發達，較粗大，垂直向下生長。絕大多數雙子葉植物的根均屬直根系。直根系藥用植物，種子萌發後，主根生長較快，入土較深，進入生長中、後期，增粗增大較快。地上部分枝葉臨近枯萎時，根的生長減緩下來，物質積累加快。

（2）鬚根系

主根不發達或早期死亡，從莖基部節上生出許多大小、長短相仿的不定根，簇生呈鬍鬚狀，沒有主次之分。單子葉植物的根屬於鬚根系，某些多年生雙子葉植物的根（如細辛、龍膽等）也是鬚根系。禾穀類植物鬚根的數量和重量隨分蘗節的發生而不斷增加。分蘗盛期時，鬚根數量最多；抽穗前後，根的重量最高。

植物根在長期的歷史發展過程中，為適應生活環境條件，在形態、構造和生理功能上產生了許多異常的變化。常見的變態根有貯藏根（如白芷、桔梗、丹參），氣生根（如吊蘭、石斛），支持根（如薏苡、甘蔗），寄生根（如菟絲子、列當、桑寄生），攀緣根（如常春藤、凌霄），水生根（如浮萍）等。

根據根系在土壤中分佈的不同，一般分為深根系和淺根系兩類。前者常見的有甘草、黃芪、紅花等，根入土深度有時可超過 200 公分。像半夏、貝母、天南星、白芷、當歸、白朮、百合等為淺根系植物，其根系絕大部分都分佈在耕作層中。根系的生長具有 3 個方面的特性：

植物根系生長有趨肥性。即根系生長多偏向肥料集中的地方。施磷肥有促進根系生長的作用，適當增施鉀肥利於根中乾物質的積累。

植物根系生長有向水性。一般旱地植物根系入土較深，濕地與水中生長的植物，根系入土則較淺。如黃芪，在沙土、沙質壤土中，主根粗長，側根少，入土深度可達 200 公分；如生長在黏壤或土層較淺的地方，主根入土深 70～110 公分，主根短粗，側根多。另外，土壤肥水狀況對苗期根系生長影響極大，人工控制苗期肥水供應，對定植成活和後期健壯生長發育具有重要作用。

根系生長具有向氧性、趨溫性。土壤通氣良好，是根系生長的必要條件。人參根的向氧性、趨溫性較為明顯。土壤中二氧化碳濃度低時，對根系生長有利，二氧化碳濃度高時，有害於根系生長發育。疏鬆土壤通氣性能好，二氧化碳濃度低，地溫適宜，所以根系生長發育良好。

二、莖的生長和發育

莖是植物體的營養器官，是絕大多數植物體地上部分的軀幹。其上有芽、節和節間，著生葉、花、果實和種子，具有背地性，有輸導、支援、貯藏和繁殖的功能。許多藥用植物的莖或莖皮都是常用的藥材，如麻黃、荊芥、天麻、半夏、杜仲、黃柏等。

莖是由芽發育而來的。一個植物體最初的莖是由種子胚芽發育而成的。主莖是地上部分的軀幹，莖上的分枝由腋芽發育而成。芽根據其生長部位不同可分為頂芽和腋芽，根據其生理活動狀態分為活動芽和休眠芽。

植物莖有地上、地下之分。地下莖是莖的變態。常見的有根莖（如五味子、枸杞、蘆葦、薄荷、知母等），塊莖（如天麻、土貝母、半夏、天南星），球莖（如番紅花、荸薺、慈姑），鱗莖（如百合、貝母、洋蔥）等。它們主要有貯藏、繁殖功能。

莖稈的健壯生長是確保正常生長發育，獲得高產的基礎。藥用植物生長的好壞，不能只看高度一項指標。一般土壤肥力過高，或肥料比例失調（氮肥過高），種植密度過大，光照不足，培土過淺，多雨或颳風等都會引起植物倒伏。植物倒伏後，地上部株體不能正常生長，枝、葉間相互遮掩，光合積累受到嚴重影響，輕者減收，重者株體死亡，使生產面臨絕收境地。為防止藥用植物的倒伏，一般從選用抗倒伏良種、合理密植、配方施肥、加強田間管理等方面著手，以確保藥用植物的高產優質。

三、葉的生長和發育

（一）葉的主要生理功能

葉是植物的重要的營養器官，一般為綠色的扁平體，具有向光性。植物的葉有規律地生於莖（枝）上，擔負著光合作用、氣體交換和蒸騰作用。葉的生長發育程度和葉的總面積的大小，對植物生長發育和產量影響極大。

植物表面上有很多氣孔，是植物光合作用和呼吸作用氣體交換的主要通道。葉是植物進行蒸騰作用的主要器官。根部吸收的水分，絕大部分以水汽形式從葉面擴散到外界，從而調節植物內溫度的變化，同時形成的蒸騰拉力也促進水分和無機鹽的吸收。

有些植物的葉除上述主要功能外，還有貯藏作用，如百合、貝母、洋蔥的肉質鱗片葉；還有少數植物的葉有繁殖功能，如落地生根、秋海棠等。

葉與人類生活關系密切，除供食用以外，有許多植物的葉可供藥用，如大青葉、枇杷葉、桑葉、黃葉等。

（二）葉的分化生長及有關的幾個生理指標

葉的形成是從生長錐細胞的分化開始的。先分化形成葉原基，再進一步分化形成雛葉。條件適宜時，雛葉便長成幼葉。寒冷地區，多年生植物於秋季形成越冬芽，越冬芽分化完畢後不萌動，直接進入休眠階段，翌春條件適宜時，越冬芽中的雛葉伸出芽鱗，葉片、葉柄便快速生長。

離葉葉片各部位通常是平均生長的。

植物葉片生長的大小取決於植物種類和品質，同時也受溫、光、水、肥等外界條件的影響。通常情況下，氣溫偏高時，葉片長度生長快；氣溫偏低時，對葉片厚度、寬度生長有利；適當增施氮肥能促進葉面積增大；生育前期適當增施磷肥，也有促進葉面積增大的作用；生育後期施磷肥，會加速葉片的老化；鉀肥有延緩葉片衰老的作用。

多數藥用植物的葉片隨著植株的生長而陸續生長增多。但是，像人參、西洋參等少數藥用植物，全株葉片總數少，這些葉片為一次性長出，一旦受損後，當年不再長莖葉。至於葉片功能期的長短，也因植物而異。人參、西洋參葉片一次長出，枯萎時死亡，功能期最長（110～150天）。紅花同一植株上中部葉片功能期最長。

葉面積指數是指群體的總綠色葉面積與該群體所占的土地面積的比值。即：

葉面積指數（LAI）= 總葉面積／土地面積

它是用來表示綠葉面積大小的一個指標。其大小隨藥用植物的生長時間而變化，一般出苗時最小，隨著植株生長發育而逐漸增大，植物群體最繁茂時期，葉面積指數最大，此期過後，部分葉片老化變黃脫落，葉面積指數變小。當多數葉片處於光飽和點的光強之下，最底層葉片又能獲得大約 2 倍於光補償點的光強時，植物群體的物質生產可達到最大值。此時的葉面積指數稱作最適葉面積指數。一般認為，葉片上沖，株形緊湊的藥用植物或品種，最適葉面積指數較大；反之則較小。有些藥用植物（忍冬、黨參等）葉面積指數過大，會導致相互遮蔽，降低透光強度，不是引起倒伏，就是引起落花（蕾）、落果（莢）。掌握藥用植物的最適葉面積指數對於合理密植、及時調整田間植株群體的結構具有指導意義。

淨同化率是指單位葉面積在單位時間內所積累的乾物質數量。

它是測定群體條件下藥用植物葉片光合生產率的指標，因藥用植物種類和栽培條件的不同而有所差異。

四、生殖器官的分化發育

花是種子植物所特有的繁殖器官，經由傳粉和授精作用，產生果實和種子，使物種或品種得以延續。許多植物的花可供藥用，如金銀花（雙花）、紅花、菊花、洋金花、旋複花、槐花、辛夷等。一般講花多指被子植物。

1. 花的分化發育

花是由花芽發育而成的。花是一種適應於繁殖的、節間極度縮短的、沒有頂芽和腋芽的枝條。雙子葉植物花芽分化發育過程大致分為花萼形成，花冠和雄、雌蕊形成，花粉母細胞和胚囊母細胞形成，胚囊母細胞和花粉母細胞減數分裂形成四分體，胚囊和花粉成熟等階段，各期的先後因植物而異。

有關誘導開花的機制的研究目前仍沒有定論，影響較大的有成花素假說（柴拉軒，1958），開花抑制物假說，碳氮比假說（klebs）和階段發育學說（李森科，1935）等。近年來還提出了營養物質轉移假說和多因數控制模型。目前已分別在擬南芥和魚腥草的突變中克隆到一系列控制開花過程的基因，進一步證實了多因數控制模型。

2. 開花和傳粉

藥用植物的開花是指花冠由閉合到開放的過程。花開放後，花粉粒成熟，由自花傳粉和異花傳粉，將花粉傳到雌蕊粒頭上。自花傳粉的藥用植物有甘草、黃芪、望江南等，異花傳粉的有薏苡、芥菜、益母草、絲瓜等。自然界異花傳粉植物極普遍，這是進化過程中自然選擇的結果。自花授粉植物中，有些植物異交率較高，一般在30%以上，高者達40%，這些屬常異花授粉植物。

3. 果實和種子的生長發育

果實主要由受精後的子房發育而成，子房壁發育成果皮，胚珠發育成種子。這種純由子房發育而成的果實稱為真果。但有時也有花的其他部分參加，如蘋果、梨等的肉質部分主要是由花托發育而成的，無花果的肉質部分是由花軸發育而成的，等等。這種由子房和花的其他部分共同發育而成的果實稱為假果。因此，果實外為果皮，內有種子。果皮通常有外果皮、中果皮、內果皮的分化。藥用植物果實的構造變化較大，如桃子、曼陀羅、厚朴、枸杞、絲瓜絡等形態各異。

種子主要由胚珠受精發育而來（有時亦有胚珠以外的其他部分參加，這種由胚珠以外的其他部分所形成的種皮，稱為假種皮，如龍眼種子外的白色肉質多汁部分）。其中內、外珠被形成內、外種皮，受精的極細胞形成內胚乳，殘留的珠心組織等形成外胚乳，受精的卵細胞則形成胚。

多數藥用植物的果實和種子的生長，時間較短，速度較快，此時營養不足或環境條件不適宜，都會影響其正常生長和發育。因此，靠種子繁殖的植物必須保證採種用果實和種子的正常發育。

第三節　藥用植物的生育期和生育時期

栽培學意義上，一年生和二年生藥用植物的生育期和多年生藥用植物的年生育期是指從發芽出苗到產品器官成熟之間的總天數。生育時期是指藥用植物一生中，其外部形態上呈現顯著變化的若干階段。以子實為播種材料及收穫產品的藥用植物，全生育期是指從子實出苗到新種子成熟所持續的總天數。以營養體或花、花蕾為收穫物件的藥用植物，其全生育期是指從播種材料出苗到主產品適期收穫的總天數。實行育苗移栽的藥用植物的全生育期分苗（秧）田生育期和本田（田間）生育期。所有植物個體生長進程都包括以下 3 個時期：

（1）種子時期

指種子形成至開始萌發的時期。種子時期可分為 3 個分期，即：

從卵細胞受精始至胚珠發育為成熟種子止，稱此分期為胚胎發育期，是在母體上完成的，其有著顯著的營養物質積累和合成過程。母本植物生長發育良好是促進種子健康發育的基礎，也是以種子入藥的藥用植物栽培達到優質豐產的關鍵。種子成熟後都有不同程度的休眠現象，又稱此分期為種子休眠期。因為藥用植物的類型和特性不一，此期有的較長（如黃連），有的較短（如紅花）。有些靠營養器官繁殖的地下延存器官也存在芽休眠現象，如番紅花的球莖則發生夏季休眠現象，其在貯藏期間進行著葉和花芽的分化。

種子和營養繁殖器官的芽經休眠後，在適宜溫度、水分、氧氣或某些特定條件下（如某些植物種子還要求光照或黑暗條件等），即可發芽或萌發，此分期稱為發芽期。此期長短，因品種而異，但其萌發時都是靠種子內或營養繁殖器官內所貯存的營養物質轉化成為幼苗的結構物質，並要求提供種子和芽萌發以及幼苗出土或抽生新芽的適宜條件。這也是藥用植物栽培的關鍵技術之一。

（2）營養生長期

指植株根、莖、葉等營養器官旺盛生長的時期，這一時期可分為3個分期。幼苗期是從種子萌發後進入幼苗生長的階段，也是營養生長的初期。此期幼苗生長迅速，代謝旺盛，對溫度適應能力較弱，須適當遮陰防強光照射（如人參、三七、黃連等）。多年生藥用植物在此分期即相當返青後的生長初期，開始新苗或新枝抽芽新生。幼苗期後進入營養生長旺盛期。此期按藥用植物各自的遺傳模式和順序，建造出不同形態與結構的營養器官，一年生植物的營養器官生長旺盛，為其開花結果奠定營養基礎；多年生植物的光合產物用於營養器官生長並有剩餘，則逐漸進入養分積累而形成塊根、塊莖、鱗莖、球莖等器官（如鬱金、半夏、貝母、番紅花等）。

二年生或多年生植物在養分貯藏器官形成後，地上部器官則逐漸凋枯或停滯生長而進入休眠期。這種休眠與種子的休眠性質不同，大多是強迫休眠；有的進入休眠是為了適應外界不良環境（如貝母類）。但一年生植物沒有休眠期。上述營養生長分期是緊密聯繫不可分割的，每一個生長期都是為其後一生長期奠定基礎。

（3）生殖生長期

指植株在營養生長基礎上，轉向生殖生長，即孕蕾、開花、結實及形成種子的時期。這時期也可分為3個分期，即：花芽分化期、開花期和果期。

當植物生長到一定時期，在外界環境的某些因素（如光照、溫度的季節變化）的作用下，誘導植物體頂端分生組織的代謝類型發生變化，引起生長錐發生花芽分化，進入生殖生長。也就是植物體在營養生長後，不僅體積和重量有了顯著增長，而且其體內也發生了一系列生理生化變化，從而轉向生殖生長，繼而現蕾、開花。各種植物的花芽分化時期與方式各異，孕蕾時間長短也不同（如山茱萸肉眼現蕾需1年以上）。

一般植物花芽分化期內，其莖葉與根部亦同時生長，應注意儘量創造適宜環境條件以促進花芽分化發育。花芽分化後進入開花期，即現蕾開花到授粉受精的階段。此階段受外界環境因素影響過大。若氣溫過高、過低，光照不足及乾旱都影響花朵開放。開花受精後，子房膨大形成果實和種子，進入結果期。

此期是以果實或種子入藥的藥用植物形成優質高產的重要時期，應注意安排在適宜季節，供給適量、適時的水肥等條件，以利果實和營養器官的生長，促進莖、葉的養分更好地輸送到果實和種子中。

藥用植物生育時期的劃分因植物而異，禾穀類分出苗期、分蘖期、拔節期、孕穗期、抽穗期、開花期、成熟期；豆類分出苗期、開花期、結莢期、成熟期等。多年生藥用植物，既有從種子播種到新種子形成的全生育期中各生育時期的劃分，又有每年從出苗（發芽）生長，到開花、結實、枯萎、休眠的各生育時期的劃分。

第四節 藥用植物生長發育與環境條件

藥用植物生活在田間，周圍環境中的各種因數都與其發生直接或間接的關係，其作用可能是有利的，也可能是不利的。環境中的各種因數就是藥用植物的生態因數，可劃分為氣候因數、土壤因數、地形因數和生物因數。

諸多生態因數對藥用植物生長發育的作用程度並不是等同的，其中日光、熱量、水分、養分、空氣等是藥用植物生命活動不可缺少的，我們稱之為藥用植物的生活因數或基本條件。本節將主要論述有關生活因數對藥用植物生長發育的影響。

一、氣候因數

（一）溫度

每一種藥用植物的生長發育都只能在一定的溫度區間進行，都有溫度三基點：最低溫度、最適溫度、最高溫度。超出這個區間範圍，生理活動就會停止，甚至全株死亡。藥用植物種類很多，對溫度要求也各不一樣，通常根據其對寒、溫、熱的反應劃分為耐寒、半耐寒、喜溫、耐熱 4 類，其最適同化作用溫度分別在 15～20℃、17～23℃、20～30℃和 30℃左右。

另外，就同一品種藥用植物來講，生育時期不同，對溫度的要求也有區別，各個時期對溫度要求也都有三基點。瞭解掌握各生育時期對溫度要求的特性，是合理安排播期和科學管理的依據。

溫度對植物的影響主要是地溫和氣溫兩方面。一般植物在氣溫低於 0℃時，不能生長；在 0℃以上時，生長隨溫度的增高而加快；在 20～25℃時，生長最快；高於 25℃時植物由於呼吸作用加強，乾物質消耗過多，代謝作用受阻，生長逐漸趨於停止，造成灼傷甚至死亡。藥用植物根及地下莖類的生長，一般在 20℃左右條件下，生長較快，地溫低於 15℃雖能生長，但速度減慢。

當然，溫度對於植物生長發育的影響與其他氣候因數也有密切的關係，主要是水分和光照。如果溫度升高而大氣濕度和土壤濕度均較大時，植物體內水分尚能保持正常的動態平衡，反之，則植物的生長將受到限制，甚至遭受旱害。因此，在栽培技術上，常採用灌溉、噴水、遮陰等措施來改變環境條件。

同樣，在光照強度發生變化時，植物的生長對溫度的反應也隨之發生明顯變化。在一定範圍內，光照強度增加，生長的最適溫度有下降的趨勢。

植物體內所進行的生理過程是一系列生物化學反應所組成的，這些反應之所以能迅速進行，是由於植物體內有一系列酶參與的緣故。

酶是植物體內產生的高效的生物催化劑，沒有酶的參與，必將導致植物體代謝過程發生障礙，生命也將停止。而酶是一種具有高度生物活性的蛋白質，酶活性和酶促反應都與溫度有較密切的關係，同樣也存在最低、最適和最高三基點。當溫度超過最高點後，如仍繼續升高，將造成酶的次級鏈發生斷裂，酶蛋白空間結構被破壞，甚至使酶失去活性，酶促反應因而停止，這就是溫度對植物生長發育等生理過程發生影響的機制。

在栽培上，常對種子進行各種催芽處理，都是根據酶促反應與溫度的關係，來控制和提高酶的活性，從而達到增產的目的。

（二）光照

絕大多數的藥用植物，必須在一定陽光照射下進行光合作用，進行一系列的生物化學反應，合成有機物質，成為自身的營養。藥用植物的許多有效成分，如脂類、蛋白質、核酸、揮發油、甙類等的形成和積累，都直接或間接來自綠色植物的光合作用。

藥用植物對光照強度的要求常用光補償點、光飽和點來表示。把植物的光合積累與呼吸消耗相等時的受光強度叫光補償點。把植物的表觀光合強度處於最大值時的植物受光強度叫光飽和點。藥用植物生長發育中，在自然條件下，接受光飽和點（或略高於光飽和點）的光照愈多，時間愈長，光合積累也愈多，生長發育也最佳。

通常藥用植物田間群體的上層接受的光照強度與自然

光強基本一致；株高 1 / 3～2 / 3 處，這一層次接受的光照強度則逐步減弱。一般群體 1 / 3 以下的部位，所受光照強度均低於光補償點。瞭解掌握藥用植物需光強度和群體條件下光強分佈特點，是確定種植密度，行向，植株調整和搭配間、混、套種植物的科學依據。

另外，根據藥用植物對光照強度要求的不同，將它們分為陽生植物、陰生植物和中間型植物。

其中陽生植物要求有充足的直射陽光，如絲瓜、枸杞、山藥、紅花、地黃、薄荷等。陰生植物適宜生長在蔭蔽的環境中，如人參、三七、黃連、細辛、天南星、刺五加等。中間型植物在全光照或稍蔭蔽環境下均能正常生長發育，一般以陽光充足條件下生長健壯，產量高。如麥冬、紫花地丁、芹菜等。

光照的長短和強弱對植物生長發育有很大影響。林奈的「花鐘」現象使我們想到植物體內是否有一種對光十分敏感的物質，能覺察出晝夜長短的變化，使植物做出相應的反應呢？科學家最近十幾年的研究表明，在植物體內發現了一種對光敏感的化學物質叫光敏色素。這種色素在光照下能發生一種變化，每當光照結束後，在黑暗中又會發生另一種相反的變化。植物從這些光敏色素的轉變速度中感覺到晝夜長短。當光敏色素的變化達到某一種植物所需時，這種植物就能開花。因此，我們可以用減少或增加光照時間，使某些植物提前或推遲開花。

根據白天和黑夜長短決定植物開花期的因素，可將植物分為 3 類：

第一類是長日照植物，如天仙子、木槿、小麥、白菜等，在白天較長的條件下才能開花；

第二類是短日照植物，如菊花、蒼耳、穿心蓮、大豆等，在夜晚比較長的條件下才能開花；

第三類是中日照植物，如鳳仙花、梔子、千日紅、千里光、番茄等不受晝夜長短的影響，只要條件適合，一年四季都能開花。

白天和黑夜的循環交替，影響著植物開花結實的現象，稱為光週期。光週期的發現對於研究從外地引進的藥用植物的栽培有著重要的意義。

如長日照植物，從原產地向北移栽時，因夏季日照時間比原產地長，所以就會加速發育，提前開花結實；若從原產地向南移栽時，就會延緩發育期，甚至使植物不能抽穗結實。短日照植物如從原產地向北移栽時，會延緩發育期，使營養器官生長茂盛而不能開花結實；如從原產地向南移栽時，就會提早開花結實。因此，如果栽培以營體為主要收穫對象的藥用植物，可以由調節日照長度，抑制植物轉向生殖生長，再配合水肥等條件，可促進營養體生長發育，從而獲得增產。

一般植物對光能的利用率是很低的，僅占1%，只有可見光的一部分光能被植物所吸收利用，大部分的光能白白浪費掉。因此，在栽培技術上，透過合理密植、調整植物群體結構、控制光合面積、提高光能利用率，是取得增產的重要措施。

（三）水分

藥用植物在生長發育過程中離不開水。水是植物細胞原生質的重要部分，是綠色植物光合作用、呼吸作用的介質和場所。植物體所需的養分（無機鹽類）也必須溶於水中，才能被根吸收利用。

不同種類的藥用植物，對水分的要求也不同。根據它們對水的適應性，可將其分為旱生、水生、中生、濕生 4 種類型。其中，目前栽培最多的都是中生性藥用植物，它對水的適應性介於旱生與濕生之間，主要靠根從土壤中吸收水分。在土壤處於正常含水量條件下，根系入土較深；在潮濕土壤中，根系不發達，多分佈於淺層土壤中，而且生長緩慢；乾旱條件下，根系入土較深，直到土壤深層。

藥用植物在一生中或年生育期內，對水分最敏感的時期稱需水臨界期。一般藥用植物在生育前期和後期需水較少，生育中期因生長旺盛，需水較多。其需水臨界期多在開花前後階段，如瓜類在開花成熟期，蕎麥、芥菜在開花期，薏苡在拔節至抽穗期，茼蒿、黃芪、龍膽等則在幼苗期。

對藥用植物來講，嚴重缺水叫乾旱。植物對乾旱有一定的適應能力，這種適應能力人們稱之為抗旱性。較抗旱的藥用植物有知母、甘草、紅花、黃芪、綠豆、黑芝麻等。土壤含水量較多，致使地表水氾濫，對植物也造成危害，我們稱之為澇害。因此，在發展中藥材生產時，要掌握各類植物對水的適應能力，以便因地因時栽種，調節水分狀況，滿足藥用植物生長發育的需要，取得優質高產。

二、 土壤因數

土壤是藥用植物生長發育的場所和基礎。土壤最基本的特性是具有肥力，因此，土壤才能源源不斷地供給植物生長發育所需的水分、養分和空氣等營養物質。

（一）土壤的組成

土壤
- 固相
  - 礦物質（95%）
  - 有機質（5%）
- 液相 → 土壤液體
- 氣相 → 土壤氣體

土壤是由固體、液體和氣體三相物質組成的一種複雜的自然物體。它們並非孤立地存在和機械地混合，而是相互聯繫，相互制約的有機整體。固體部分有礦物質、有機質和微生物，液體部分為土壤水分，氣體部分為土壤空氣。

（1）土壤礦物質

土壤中含有多種礦物質，占土壤總重量的90%以上，組成了土壤骨架。它是植物礦物質養分的重要來源。土壤礦物質的化學組成很複雜，幾乎包括地殼中所有的元素。其中氧、矽、鋁、鐵、鈣、鎂、鈉、鉀、鈦、碳等10種元素占土壤礦物質總量的99%以上，這些元素中以氧、矽、鋁、鐵4種元素含量最多。

（2）土壤有機質

主要來源於動、植物的殘體和人畜的排泄物，經微生物分解後，成為植物所能吸收利用的養料——無機鹽類。

其形態有：新鮮有機質（未分解有機質）、半分解有機質和腐殖質。土壤有機質對土壤肥力有重要的作用：①是土壤養分的主要來源；②促進土壤結構形成，改善土壤物理性質；③ 提高土壤的保肥能力和緩衝性能；④ 腐殖質具有生理活性，能促進作物生長發育；⑤ 腐殖質具有絡合作用，有助於消除土壤的污染。生產中，我們可以由種植綠肥、增施有機肥料、秸稈還田、調節土壤水熱狀況等方法積累和調控土壤有機質。

（3）土壤微生物

主要包括細菌、真菌、放線菌、藻類和原生動物等。土壤微生物分解礦物質和有機質為植物生長發育提供養分，還能使有機質轉化成腐殖質，提高土壤的肥力。

（4）土壤水分與空氣

「水是莊稼的血液」，它在植物體內不停地流動，把營養物質輸送給各個細胞和組織，並帶走代謝出來的廢物，維持植物體內的生命活動。土壤水分不僅是植物生命的源泉，而且還是植物生命延生的不可缺少的條件。土壤中的水分主要來自大氣降水和人工灌溉。當大氣降水或灌溉水進入土壤後，土粒之間充滿著水，水裏溶解著大量的養分，形成了土壤溶液，植物由根毛的滲透作用，源源不斷地從土壤中吸收水分和養分。但土壤中的水並不能都被根毛所吸收。水在土壤內有 4 種形態：

① 吸濕水。這種水和土粒緊密結合，對土壤的吸附力很強，可達 10 個大氣壓，根毛沒有力量吸收利用這些水。

② 膜狀水。吸濕水達到最大後，土粒還有剩餘的引力吸附液態水，在吸濕水的週邊形成一層水膜，這種水分稱為膜狀水。膜狀水能從膜厚的部位向薄的部位移動，這部分能移動的水可被作物吸收利用。

③ 重力水。這種水由於重力的影響，沿著土壤間的大

空隙向下滲漏，不能在土壤中長期保存，只是在降大雨或灌水之後，充滿了重力水時，才能被根毛吸收利用。土壤所有孔隙都充滿水分時的含水量稱為土壤全蓄水量或飽和持水量。

④ 毛細管水。這是存在於土壤毛細管空隙間的水分。毛細管水是根毛吸收水分的主要源泉，是土壤中的有效水分。毛管懸著水達到最大時的土壤含水量稱為田間持水量。這種水能在土壤中流動，常隨毛細管引力上升到地表而蒸發掉。因此，在田間管理時，應注意及時中耕鬆土，切斷土壤毛細管，減少蒸發，保存有效水分，以利植物吸收利用。

土壤中的空氣，也是植物賴以生存的重要條件。土壤空氣主要由大氣滲入土中的氣體和土壤自身生化反應過程產生的氣體所組成。土壤透氣性能良好，有利於植物生長發育；透氣性能差，會使植株生長受到抑制和毒害。因此，在栽培上當採取中耕除草、施肥、灌溉等綜合措施，改良土壤的通氣性能，使其有利根系吸收氧氣和水分。

(二) 土壤質地

土壤質地是指土壤內大小顆粒組成的百分比率，是土壤的重要物理性狀，土壤中的顆粒直徑大於 0.03 毫米的稱礫，介於 0.01～0.03 毫米的稱沙粒，小於 0.01 毫米的稱黏粒。根據土壤中礫、沙粒和黏粒所占比例不同，可將土壤分為沙土、黏土和壤土。

(1) 沙土

礫、沙粒的含量達 90%以上的土壤稱為沙土。沙土土壤疏鬆、多孔，通氣、透水等性能良好。但易漏水，保水保肥能力差，土溫變化劇烈，手摸之有粗糙感。用水浸濕後，不能搓揉成團。一般不適於栽培藥用植物。

（2）黏土

黏粒含量占60%～80%的土壤稱為黏土。黏土通氣、透水性能差，結構緻密，易板結，耕作困難。但保水保肥能力強。用水浸濕後，能搓成條，可變成環狀，加壓無裂痕。一般藥用植物都不適宜在黏土上種植。

（3）壤土

介於沙土與黏土之間的土壤稱為壤土，其通氣、透水、保水保肥、供水供肥以及耕作性能都較好。用水浸濕時，可捏成團，不能搓成條。壤土特別是沙質壤土，最適宜種植大部分藥用植物，尤其是根和地下莖類藥用植物，如丹參、桔梗、北沙參、貝母、延胡索、黃連、細辛等。

附：土壤質地的改良措施

①增施有機肥料；②摻沙摻黏、客土調劑；③翻淤壓沙、翻沙壓淤；④引洪放淤、引洪漫沙；⑤根據不同質地採用不同的耕作管理措施。

（三）土壤結構

土壤結構是指土壤中土粒排列組成狀況。在土壤中，由腐殖質與鈣質將分散的土粒黏結在一起所形成的土團，稱為團粒結構。有團粒結構的土壤，鬆而不散，濕而不黏，能很好地調節土壤水分和空氣，具有通氣、透水、保肥、保水的良好性能。同時，還有利於土壤微生物的活動和繁衍，有利於土壤中養分的保存和釋放，能源源不斷地供給植物生長發育所需的營養物質。因此，具團粒結構的土壤，適宜栽培大多數的藥用植物。對於非團粒結構的土壤，在栽培管理上，常通過改良土壤的結構，使其形成團粒結構的土壤。

（四）土壤酸鹼度

指土壤中酸、鹼程度的反應，是土壤的重要性質之一。通常用 pH 表示。pH > 7 為鹼性土，嘗之有澀味。pH < 7 為酸性土，有酸味。一般黃、紅壤多屬於酸性土。pH = 7 為中性土，不澀也不酸。分級指標如下：pH = 9.5 反映鹼性極強。

一般北方土壤為中性或鹼性反應，pH 在 7.0～8.5 之間。而南方紅壤、黃壤等多表現為酸性反應，pH 在 5.0～6.5 之間，個別的土壤甚至 pH 達 4。中國土壤反應大多數 pH 在 4～9 之間，在地理分佈上有「東南酸而西北鹼」的規律性，即由北向南，pH 逐漸降低。

多數藥用植物喜在中性、微酸性或微鹼性土壤中生長，有些如厚朴、梔子、白朮、延胡索、肉桂等喜在酸性土壤中生長；枸杞、北沙參、酸李、麥冬等則喜在鹼性土壤中生長。

土壤酸鹼性是影響土壤養分有效性的重要因素之一。大多數養分在 pH6.5～7.0 時有效性最高或接近最高。就磷來講，如土壤 pH = 7 時，水溶性磷酸鹽易與土壤中游離的鈣離子作用，生成磷酸鈣鹽，使其有效性大大降低。又如，在石灰性土壤 pH > 7.5 的條件下，由於鐵形成了氫氧化鐵沉澱，使作物因鐵的有效性降低而出現缺鐵。鐵鹽的溶解度隨酸度增加（pH5～7.5）而提高。

在強酸性（pH = 5）土壤中，由於游離鐵的數量很高而常使作物受害。總之，土壤的pH不同，土壤中某些養分的形態就會發生變化，養分的有效性也就會產生差異，最終會反映在作物對養分的吸收上。因此，瞭解土壤酸鹼性與養分有效性的關係，對指導施肥很有幫助。

此外，也可以通過調節土壤酸鹼性來控制土壤養分的有效性。在改良強酸性土時，通常需施用石灰。石灰需要量是根據潛在酸的含量換算成所需施用石灰的數量。一般強酸性土壤每0.0667公頃要施用石灰幾十千克至幾百千克，每隔幾年施用1次。在改良強鹼性土壤時，一般採用施用石膏的辦法。

（五）土壤肥力

所謂肥力是指土壤供給植物正常生長發育所需水、肥、氣、熱的能力。水肥氣熱相互聯繫，相互制約。衡量土壤肥力高低，不僅要看每個肥力因素的絕對貯備量，還要看各個肥力因素搭配得是否適當。

土壤肥力可分為自然肥力、人工肥力、有效肥力、潛在肥力和經濟肥力。

自然肥力包括土壤所共有的容易被植物吸收利用的有效肥力和不能被植物直接利用的潛在肥力。

人工肥力是指經由種植綠肥和施肥等措施所創造的肥力，其中也包括潛在肥力和有效肥力。由人工勞動中所進行的各種生產措施的調節，使土壤肥力為植物生長所利用的就是經濟肥力。

肥沃土壤的標誌是：具有良好的土壤性質，豐富的養分含量，良好的土壤透水性和保水性，通暢的土壤通氣條件和吸熱、保溫能力。因此，提高土壤肥力和培育肥沃土壤是從事農業生產的首要任務。

培育肥沃土壤的主要措施是：

（1）監測土壤肥力

建立土壤肥力監測資訊網，長期監測記錄土壤肥力變化動向，根據土壤肥力變化規律、肥力水準及其特點，採取相應的耕作、輪作、施肥和管理等培肥措施和種植相適宜的植物種類，調控植物持續增產。

（2）深耕與適度免耕結合

深耕可疏鬆和增厚活土層，改善耕層土壤理化、生物等性狀及其耕性和生產性能，熟化土壤，使生土變熟土，死土變活土，熟土變肥土。適度的免耕（在深耕基礎上）可保持土體的良好結構及土層的鬆緊度和通透性，減少頻繁耕翻對土體結構的破壞，有益於保持土壤肥力。

（3）增施有機肥料

如人糞尿、餅粕、家畜家禽糞便、草木灰、骨粉、生活垃圾、堆肥、廄肥、污泥、海肥、微生物肥、秸稈肥、沼氣發酵肥、綠肥等。

有機肥料是種多元素緩效肥料，除可供給植物營養物質外，對改善土壤理化性狀、耕性和土壤生物活性具有獨特的作用。特別是有機肥在土壤中分解及轉化為有機質——腐殖質後，這些有機膠體與土壤無機膠體相互融合形成土壤有機無機複合膠體，這對土壤水穩性團粒結構的形成及耕性的改善起到重要作用，可使沙土變黏，黏土變疏鬆，創造好的土壤保水保肥性能和耕性。

（4）秸稈還田

這不僅可以加速土壤有機質的積累，促進土壤團粒結構的形成和耕性改善，也為土壤微生物活性和繁殖提供豐富的營養物質及能量來源，增加土壤中酶類的活性，加強土壤微生物固氮效果。在秸稈腐解過程中釋放出大量的二氧化碳有利於植物進行光合作用，釋放出的有機酸有助於土壤中磷、鉀和微量元素的分解、轉化與釋放，並提高和補充土壤中磷、鉀和微量元素的供應，這對提高土壤肥力水準有重要作用。

（5）合理施用適量的化學肥料

化肥是一種速效性單性無機肥，除了少量的根外施用外，大多數化肥都是施入土壤，經由土壤生物化學的作用與轉化後，向植物根系提供某種速效養分，它在植物的增產上的效果達到30%～35%。同時化肥施入土壤中，也為土壤微生物的活動和繁殖提供營養物質來源，對促進植物根系生長和分佈，以及保持土壤肥力起到良好的效果。

三、肥　料

（一）肥料的種類

「莊稼一枝花，全靠肥當家」。肥料是爭取藥用植物栽培優質高產的物質條件之一。中國肥料種類很多，根據其來源、成分和製造方法的不同，分為有機肥料、化學肥料（包括微量元素肥料）和間接肥料三大類。

有機肥料是指一切含有機質的肥源的總稱，主要指農家肥。有機肥主要含遲效性養分，需要經過微生物分解，才能轉變成為植物可以吸收利用的養料。它是一種肥勁較穩、肥效較長並含有多種營養元素的完全肥料。一般都作基肥施用，是栽培各類中藥材奪得高產穩產的重要物質基礎。

化學肥料又稱無機肥料，是應用化學合成或由礦石精製而成的肥料。化學肥料成分單一，但肥分含量高，體積小，多數易溶於水，肥效快速，使用方便，是栽培藥用植物不可缺少的重要肥源。尤其是栽培全草類，花、果實類藥用植物，施用得當，增產效果顯著。微量元素肥料主要有鐵、硼、錳、銅、鋅、鉬、氯、鈣、鎂、硫等，這些元素雖然在植物體內含量極少，但對植物生長發育起著至關重要的作用。

其主要品種：鐵肥有硫酸亞鐵、硫酸亞鐵銨、螯合態鐵，硼肥有硼砂、硼酸、硼泥，鋅肥有硫酸鋅、氯化鋅、氧化鋅和螯合態鋅，錳肥有硫酸錳、氯化錳、碳酸錳和含錳玻璃，銅肥有五水硫酸銅、一水硫酸銅、螯合態銅和含銅礦渣，鉬肥有鉬酸銨、鉬酸鈉和含鉬礦渣。

間接肥料包括石灰、石膏以及各種菌肥等。這類肥料的特點是不含有植物營養的三要素（氮、磷、鉀），但施後可以調節土壤的酸鹼度，改良土壤的結構，促進土壤中有益微生物活動，改善植物營養條件，從而也間接地起到促進作物增產的作用。

微生物肥料是由一種或數種有益微生物、培養基質和添加劑培製而成的生物性肥料，通常也叫菌劑或菌肥，包括固氮菌類、磷細菌、鉀細菌、抗生菌類，還有具有加速有機肥堆腐速度、除臭等功能的微生物菌劑。其中固氮菌類包括共生固氮菌，如豆科作物的根瘤固氮菌、自生固氮菌和聯合固氮菌。微生物肥料除含有生物活性的微生物以外，還含有調節植物生長的多種調節劑、氨基酸等。

市場上主要的肥料品種有：矽酸鹽菌劑、複合菌劑和複合微生物肥料。

（二）施肥基本原則

1. 有機肥料與化學肥料配合施用

「以有機肥為主，農家肥與化肥配合施用」是中國勞動人民從生產實踐中總結出的一條科學施肥的寶貴經驗。根據各類肥料的特點，以有機肥（即農家肥）作基肥，化肥作追肥，二者相互配合施用，不僅可以取長補短、緩急相濟，能按照植物生長發育的特性，有節奏地平衡供給植物以養分，而且還能逐步改良土壤，提高地力，相互促進，增進肥效和節約化肥，對降低生產成本等有著重要的作用。

2. 氮、磷、鉀等肥料配合施用

各類藥用植物在整個生育期內，有規律地按比例吸收各種營養元素，而各種營養元素對植物生長發育所起的生理作用，又是同等重要而不可互相代替的。我們施用一種肥料，增加某一個元素的供應量，實際上並不只是影響這一元素的營養，還會影響許多其他元素的吸收和利用。

例如，當氮素過多時，會使植物體內的磷和鉀素含量降低，也會引起硼、鋅、銅的缺乏。同樣，過量施用磷肥，也會減少植物體對氮、鋅、銅、鐵等元素的吸收，反而引起一種或幾種元素的缺素症。由此可見，不加分析地施用各種肥料，認為施肥的種類越多越好，不僅得不到好的效果，反而會造成不良的後果。

3. 重視施肥技術，提高肥料利用率

如何使用同樣多的肥料，增產更多的中藥材商品，就必須重視和提高施肥技術，其中包括施肥種類、時間、數量和方法等技術問題。

（1）根據植物種類及其營養特性來選擇肥料種類

要栽培全草類和葉類藥用植物，應適當增施氮肥；花、果實和種子類，則應多施磷肥；根及地下莖類，宜氮、磷、鉀肥配合施用。

如喜在鹼性土壤生長的藥用植物枸杞、蔓荊子、酸棗等，可多施鹼性肥料；喜在酸性土壤中生長的貝母、梔子、厚朴等應多施用酸性肥料。

（2）按照植物的吸肥規律適時追肥

藥用植物在不同的生育期，對肥料的要求也不相同，如在生育前期，應多施氮肥，以促其莖葉生長；生育後期，則應多施磷、鉀肥，以促進果實早熟、子粒飽滿。對於多年生，尤其是根及地下莖類藥用植物，如芍藥、黨參、牛膝、黃連、人參、西洋參、丹參等，栽後需要多年才能收穫，應重施農家肥，增施磷、鉀肥，再配合施用化肥，以供整個生育期的需要。而對一、二年生的全草類、葉類藥用植物，如紫蘇、薄荷、穿心蓮、腎茶等，因生長週期短，地上部分供藥用，可少施農家肥，適當地多施些化肥，以促進莖葉生長，增加產量。

（3）根據植物對養分吸收、貯藏、利用規律，正確掌握施肥時期

如栽培多年生木本藥用植物山茱萸、吳茱萸、杜仲、厚朴、辛夷等，應重視春季萌芽前後，或花前花後施肥。在這段時期內，可適時施用2～3次人糞尿或氮素化肥。冬季要重施臘肥，若把氮素化肥和有機肥混合施用，則能取得良好的效果，因木本藥用植物在早春萌發、生長，開花結果，主要靠前一年或前幾年貯存在樹體內的有機養分。因此，當秋季植物體進入休眠前，施入大量的有機肥料和少量氮素化肥，增加植物體內有機物質的積累，為下一年豐產打下良好的基礎。

（4）根據土壤類型和植物特性，採用有效的施肥方法

植物根部先端的鬚根，是吸收養分最強的部位，應將肥料施在鬚根分佈最多的地方，如山茱萸、辛夷、酸棗等幼樹都採用環狀、穴狀、放射狀施肥法。當根系滿布行間時，改為溝狀施肥法。

施用銨態氮肥時，應採用深施覆土的施用原則，以防氨的揮發損失。施用硝態氮肥時，應注意防止養分的淋失。磷、鉀肥在土壤中易被固定，應把磷、鉀肥同有機肥混合施入土壤深處，才能發揮肥效。

藥用植物施用化肥不當，可能造成肥害，發生燒苗、植株萎蔫等現象。例如，一次性施用化肥過多或施肥後土壤水分不足，會造成土壤溶液濃度過高，作物根系吸水困難，導致植株萎蔫甚至枯死。

施氮肥過量，土壤中有大量的氨或銨離子，一方面，氨揮發，遇空氣中的霧滴會變成鹼性小水珠，灼傷作物，

在葉片上產生焦枯斑點；另一方面，銨離子在亞硝化細菌作用下轉化為亞硝酸鹽，汽化時產生的二氧化氮氣體會毒害作物，使作物葉片上出現不規則水漬狀斑塊，葉脈間逐漸變白。此外，土壤中銨態氮過多時，植物會吸收過多的氨，引起氨中毒。

過多地使用某種營養元素，不僅會對作物產生毒害，還會由於拮抗作用妨礙作物對其他營養元素的吸收，引起缺素症。例如，施氮過量會引起缺鈣；硝態氮過多，會引起缺鉬失綠；鉀過多會降低鈣、鎂、硼的有效性；磷過多會降低鈣、鋅、硼的有效性。

為防止肥害的發生，生產上應注意結合上述技術原則合理施肥。一是增施有機肥，提高土壤緩衝能力。二是按規律施用化肥，根據土壤養分水準和作物對營養元素的需求情況，合理施肥，不隨意加大施肥量。追施肥掌握薄肥勤施的原則。三是全層施肥，同等數量的化肥，在局部施用時往往造成局部土壤溶液濃度急劇升高，傷害作物根系。改為全層施肥，讓肥料均勻分佈於整個耕層，能使作物避免受傷害。

（三）配方施肥技術

配方施肥技術是指透過土壤測試，及時掌握土壤肥力狀況，按不同藥用植物的需肥特徵和農業生產要求，實行有機肥與化肥、氮肥與磷鉀肥、中微量元素等肥料適量配比平衡施用，提高肥料養分利用率，促進藥用植物高產、優質的一種科學施肥方法。

隨著現代醫藥科技對中藥材品質要求的提高，在藥用植物規範化生產（GAP）過程中，如何科學施肥、提高肥效、減少肥害已成為一項重要研究內容。配方施肥也將成為藥用植物規範化生產的必由之路。技術要點如下。

（1）土樣採集

按水田、旱地等不同利用方式和不同土壤類型分區取樣。在藥用植物種植施肥前取樣，對前茬採用了穴、條施肥的田塊應避開施肥的溝、穴。平地每 13.34 公頃左右取一個土樣，山地每 6.67 公頃左右取一個土樣。新建立的 GAP 基地需要根據土壤使用的歷史合理增加樣本數量，以確保土樣具有代表性。

每個土樣在所代表的區域面積內按「蛇形」或「梅花形」選擇有代表的 5～10 點為取樣點，每點垂直採集耕層（0～20 公分）0.1～0.2 千克土，混合即為所取土樣，每樣 0.5～1 千克。樣袋內置和外掛各一個標籤。

（2）田間基本情況調查

調查記載所取樣田（地）塊前茬種植的作物、產量水準、施肥水準、土壤類型及取樣地點等內容。

（3）土樣分析

按有關國標、行標或土壤分析技術規範分析所需測定的土壤養分屬性，包括土壤有機質、pH、鹼解氮、有效磷、速效鉀、有效硼和有效鋅等專案。

（4）制定合理平衡施肥方案

根據所採集的基礎信息數據，建立 GAP 基地土肥水等基礎信息數據庫，應用測土配方平衡施肥專家系統軟體分析處理基礎信息數據，按照基地整體規劃，制定不同田（地）塊的不同藥用植物的平衡施肥方案。針對目前中藥材各大產區的種植狀況，總體平衡施肥方案應是「增施有機肥和鉀肥，補施硼鋅等微肥，適量減施氮磷肥」。

（5）施肥指導

針對目前採用的「公司＋農戶」式的GAP基地建設模式，應加強對藥農的施肥技術指導。主要通過技術培訓講座與印發測土配肥通知單等方式進行：在農戶購肥、施肥前，請技術人員面對農戶、村組幹部進行技術培訓講座，以提高廣大農戶對測土配方施肥技術及其技術物化產品的認識，同時推薦印發測土配方平衡施肥方案，使技術入戶到田，指導農戶購買和施用優質的配方適宜的配方肥料（BB肥、複混肥、有機複合肥等）。同時設置田間試驗示範樣板，供農民現場觀摩學習。

按測土配方平衡施肥方法施肥，可有效改善土壤缺素狀況，促進土壤養分平衡供應，提高肥料利用率和經濟效益，促進中藥材穩產、高產、優質。當季肥料養分利用率可提高5%～15%，作物增產8%以上，一般每0.0667公頃平均節本增收50元以上。

附：GAP基地允許使用的肥料

一、允許使用的肥料種類

（一）農家肥

農家肥是在農村中就地取材的自然肥料，它含有大量的有機質，又含有大量的氮、磷、鉀和其他多種營養元素，長期施用能增進土壤的團粒結構，改善土壤性質，提高土壤的保水、保肥能力和通氣性，尤其適用於多年生藥用植物、根及根莖類藥用植物。

常見的農家肥料有人糞尿、家畜糞尿、廄肥、堆肥、漚肥、沼氣池肥、餅肥、禽糞和草木灰等，但上述農家肥料必須未經污染，施用前應經過充分發酵腐熟。

（二）綠肥

綠肥為青嫩植物直接翻壓或割下堆漚所製成的肥料。豆科綠肥可以固定大氣中的氮，富集土壤中的磷和鉀。中國綠肥資源豐富，目前已栽培利用和可供栽培利用的綠肥植物就有 200 多種，是藥用植物 GAP 種植中有待開發利用的重要天然肥源。

中國南方各省主要利用冬閒田栽培紫雲英、金花菜、箭舌豌豆、肥田蘿蔔以及蠶豆、豌豆和油菜等作為主要作物的肥源，而北方各省區以串生綠肥居多，種類有箭舌豌豆、草木樨、綠豆等。施用綠肥時由於會產生有機酸，要適量施用石灰以中和這些有機酸。

（三）稈肥

稈肥是重要有機肥源之一，作物秸稈含有相當數量的為作物所必需的營養元素，在適宜條件下通過土壤微生物或牲畜消化的作用，可使營養元素返回土壤，被藥用植物植株所吸收利用，稱作秸稈還田。

秸稈還田有堆漚還田、過腹還田（牲畜糞尿）、直接翻壓還田、覆蓋還田等多種形式。直接翻壓還田操作時秸稈要直接翻入土中，注意與土壤充分混合，不要產生根系架空現象，並加入含氮豐富的人畜糞尿，也可用一些氮素化肥，調節還田後的碳氮比為 20：1。

（四）商品有機肥

以動植物殘體、排泄物、生物廢棄物等為原料加工製成的肥料。

（五）腐殖酸類肥料

腐殖酸是動、植物殘體在微生物作用下生成的高分子有機化合物，廣泛存在於土壤及泥煤中，以含有腐殖酸的自然資源為主要原料製成，含有氮、磷、鉀等營養元素及某些微量元素，有改良土壤性質、優化土壤結構、提高植物營養、刺激植物生長等作用。可作基肥和追肥用，也可以浸種、拌種和蘸根。常見的腐殖酸類肥料，有腐殖酸銨、腐殖酸磷、腐殖酸鉀、腐殖酸鈉、腐殖酸鈣和腐殖酸氮磷等。

（六）微生物類肥料

由特定的微生物菌種生產的活性微生物製劑，具有無毒無害，不污染環境的特點。可由微生物活動改善藥用植物的營養或產生激素，促進植物生長，對減少中藥材硝酸鹽含量，改善中藥材品質有明顯效果。目前微生物肥料分為5類：

① 微生物複合肥。以固氮類細菌、活化鉀細菌、活化磷細菌3類有益細菌共生體系為主，互不拮抗，能提高土壤營養供應水準，是生產無污染綠色中藥材的理想肥源。

② 固氮菌肥。能在土壤中和藥用植物根際固定氮素，為藥用植物植株提供氮素營養。

③ 根瘤菌肥。能提高根際土壤中氮素供應。

④ 磷細菌肥。能把土壤中難溶性磷轉化為可利用的有效磷，改善土壤中的磷素營養。

⑤ 磷酸鹽菌肥。能將土壤中的雲母、長石等含鉀的磷酸鹽及磷灰石分解，釋放出鉀素營養。

（七）有機複合肥

有機物和無機物的混合或化合製劑。例如，經無害化處理後的禽糞便，加入適量鋅、錳、硼等微量元素製成的肥料。

（八）無機（礦質）肥料

包括礦物鉀肥和硫酸鉀、礦物磷粉、煅燒磷礦鹽、粉狀硫肥（限在鹼性土壤中適量施用）、石灰石（限在酸性土壤適量施用）。

（九）葉面肥料

葉面肥料中不得含有化學合成的生長調節劑。允許使用的葉面肥有微量元素肥料，即以銅、鐵、錳、鋅、硼等微量元素及有益元素配製的肥料。使用此類肥料要注意選擇合適的濃度和用量，在確保肥效和藥效的情況下，可結合病蟲害防治，將肥料與農藥混合噴施。

（十）植物生長輔助物質肥料

如用天然有機物提取液或接種有益菌類的發酵液，再添加一些腐殖酸、藻酸、氨基酸、維生素等營養元素配製成的肥料。

（十一）允許使用的其他肥料

不含合成添加劑的食品，紡織工業品的有機副產品；不含防腐劑的魚渣、牛羊毛廢料、骨粉、氨基酸殘渣、家畜加工廢料、糖廠廢料、城市生活垃圾等有機物製成的肥料。使用前一定要經過無害化處理，達到標準後才能使用，而且每年每公頃農田限制用量為黏性土壤不超過 45 噸，沙性土壤不超過 30 噸。

二、限制使用化學肥料

《中藥材生產品質管制規範》（GAP）在限制商品藥材硝酸鹽含量的同時，還要求在施肥過程中要保持或增加土壤肥力及土壤的生物活性。

氮肥施用過多會使商品藥材中的亞硝酸鹽積累並轉化為強致癌物質亞硝酸銨，同時還會使藥材質地鬆散，易患病害，藥用果實中含氮量過高還會促進腐爛，不易保藏。但生產無公害中藥材不是絕對不用化學肥料（硝態氮肥要禁用），而是在大量施用有機肥的基礎上，根據藥用植物的需肥規律，科學合理地使用化肥，並要限量使用。

原則上，化學肥料要與有機肥料、微生物肥料配合使用，可作基肥或追肥，有機氮與無機氮之比以 1：1 為宜（大約掌握廄肥 1000 千克加尿素 20 千克的比例）。用化肥追肥應在採收前 30 天停用。

另外，要慎用城市垃圾肥料。各種肥料必須經國家有關部門批准後才能使用。

藥用植物缺肥症狀

藥用植物與其他農作物一樣，缺肥會影響其生長，從而造成不同程度的減產，甚至全部失收。現把藥用植物的缺肥症狀列於下，供參考。

缺氮：植株淺綠，基部葉片變黃，乾燥時呈褐色，莖短而細，分枝（分櫱）少，出現早衰現象。

缺鉀：莖軟細，直立株易倒伏，葉片邊緣黃化、焦枯、碎裂，脈間出現壞死斑點，整個葉片有時呈杯捲狀或皺縮在一起，褐根多。澱粉含量高的藥用植物，生長後期需鉀量更大，如山藥、天花粉、葛根等。

缺鎂：葉片變黃，葉脈仍綠，但葉脈間變黃，有時呈紫色，並出現壞死斑點。

缺鐵：脈間失綠，呈清晰的網紋狀，嚴重時整個葉片（尤其幼葉）呈淡黃色，甚至發白。

缺磷：植株深綠，常呈紅色或紫色，乾燥時暗綠，莖短而細，基部葉片變黃，開花期推遲，種子小，不飽滿。

缺硼：表現為頂端出現停止生長的現象，幼葉畸形、皺縮，葉脈間不規則退綠，例如砂仁的「花而不實」等，都是由於缺硼和授粉不好造成的。

缺鋅：表現為葉小簇生，葉面兩側出現斑點，植株矮小，節間縮短，生育期間推遲，如薏苡的蒼白苗等。

缺銅：新生葉失綠，葉尖發白，捲曲呈紙撚狀，葉片出現壞死斑點，進而枯萎死亡。如生地的頂端變白，最後枯皺而死等。

缺錳：脈間出現小壞死斑點，葉脈出現深綠色條紋並呈肋骨狀。比如橘紅的缺錳病。

第五節　藥用植物的產量和品質

一、藥用植物的產量

（一）藥用植物的產量與產量構成

藥用植物栽培的目的是為了獲得較多的有經濟價值的藥材。人們常說的產量是指有經濟價值的藥材的總量。實際上，栽培藥用植物的產量包括兩部分：生物產量和經濟產量。生物產量是指藥用植物透過光合作用形成的淨的乾物質重量，即藥用植物根、莖、葉、花、果實等的乾物質重量。經濟產量是指栽培目的所要求的有經濟價值的主產品的數量或重量。栽培目的不同，各種藥用植物提供的主產品也不相同。

藥用植物的產量是由其單株產量和單位面積的株數兩個因素構成的。由於藥用植物的種類不同，其構成產量的因素也有所不同。如表：

各類藥用植物單位面積產量的構成因素

藥用植物類別	產量構成因素
根類藥材	株數、單株根數、單根鮮重、乾鮮比
全草類藥材	株數、單株鮮重、乾鮮比
果實類藥材	株數、每株果實數、單果鮮重、乾鮮比
種子類藥材	株數、每株果實數、每果種子數、種子鮮重、乾鮮比
葉類藥材	株數、每株葉數、單葉鮮重、乾鮮比
花類藥材	株數、每株花數、單花鮮重、乾鮮比
皮類藥材	株數、每株皮鮮重、乾鮮比

藥用植物作為栽培的群體，在一定條件下，構成產量的各因素之間存在著一定相互制約關係。例如，單位面積的植株數不能無限增多以求高產，因在一定營養面積（包括空間）內過分密植，營養生長不良則影響單株產量，個體生物產量減少，經濟產量也會降低。

但又不能認為單株產量低就經濟產量絕對低，因為栽培目的是要求單位面積株數、單株產品器官數、單個產品器官重量與有效成分含量的乘積（即總產量或總有效成分含量）達到最大數值，所以只要是上述 3 個產量構成因素中 1 個或 2 個因素較好，其乘積（總值）則可提高，達到優質高產的目的。

（二）藥用植物產量形成的影響因素

藥用植物產量的形成首先取決於光合產物的形成，其次要考慮植物體內物質的消耗、運轉、分配和積累；只有光合產物形成多，體內物質消耗少，其產量形成才會多。因此，影響藥用植物產量形成的因素主要有下述兩個方面。

1. 影響光合物質形成的因素

光合產物的形成主要依靠光合作用，而藥用植物光合作用的強弱又與光合面積、光合能力及光合時間 3 個因素密切相關。

藥用植物光合面積的影響：

決定藥用植物光合面積大小的主要因素是葉面積的大小，只有增加葉面積才能有效提高光合作用。增加葉面積的主要措施是合理密植，合理擴大單位面積的葉面積，以增加光合作用，進而提高產量。但也不能過度密植，這是因為雖然在生長發育初期擴大了葉面積，利於光能吸收，但隨著個體逐漸長大，株間光照減弱，光合作用降低，嚴重時甚至可引起植株倒伏，葉片脫落而減產。

例如，人參種植密度若為 60～80 株／公尺^2，或者密至 100 株／公尺^2，則因過度密植使葉片相互遮蔽，光合效率降低，造成人參根支頭小，單產低。當改為 30～40 株／公尺^2，結果產量與品質均有提高。

由此可見，藥用植物的群體結構是否合理，對產量影響很大。而群體結構的合理與否，在很大程度上取決於株間光照；葉面積又是影響株間光照的最大因素，所以，通常以葉面積指數作為植物群體大小的指標。一般作物的最大葉面積指數為 2.5～5，具體要根據其肥水條件和光照條件來確定。

藥用植物光合能力的影響：

光合能力亦稱光合強度，是決定植物體內有機合成的重要因素，所以，光合強度的大小與產量的關係比其他因素更為密切。光合強度通常以單位面積在單位時間內同化CO_2的數量表示。光合能力一般以光合生產率為指標，而光合生產率通常用每平方公尺葉面積在較長時間內（一晝夜或一週）增加幹物質重的克數來表示。

光合能力隨藥用植物內外因素而變化。主要內因有藥用植物的遺傳特性、葉片狀況及光合物質貯運等。光合能力隨葉片的角度、各部分空間配置、葉片年齡壽命、肥水充足與否等而變化。如葉小而近直立者，葉面積上下部分佈比較均勻，則比葉大而平展或稍下垂的株間光照好，光能利用率高。

光合強度隨葉齡增加而增加，達到高峰點後又迅速下降。一般在日照強、肥水充足時，葉色濃綠，葉壽命較長，光合強度也較高。在藥用植物栽培上，採用合理修剪整枝、調節植株空間配置與群體結構及搭蔭棚架、間作等都是改善光合效率的有力措施。

另外，藥用植物經光合作用形成光合產物後，運轉貯存的途徑、速度和數量，貯存藥用部位的大小等也影響著光合強度。如光合產物運轉迅速，貯存量大時，光合強度則增加；反之則減少。

影響藥用植物光合能力的外界因素主要有氣象因數（如光照、溫度）和水肥管理等。光照強度對藥用植物的光合能力影響最突出，其次是CO_2、溫度及水肥等條件的影響。如當光合作用旺盛時，作物株間CO_2濃度可降至0.02%甚至0.01%，可見在光照和水肥充足、溫度適宜條件下的光合旺盛期間，CO_2 的虧缺則可極大影響光合能力。因此就需要人工補充 CO_2 以促進光合作用，提高產量。

水肥條件中，肥料三要素（氮、磷、鉀）中氮對光合能力的作用廣泛而強大；水分也極重要，只有葉肉內水分接近飽和狀態時，植物光合才最旺盛，當水分虧缺時光合作用即受到影響，嚴重時甚至造成葉片萎蔫，氣孔關閉，CO_2 進入嚴重受阻，使溫度升高，呼吸加強，運轉中斷，光合能力大大降低。

2. 影響光合物質積累的因素

影響藥用植物光合物質積累的因素主要有以下兩個方面。

藥用植物呼吸消耗的影響：

藥用植物一生的呼吸消耗，一方面把光合產物分解、轉化到植物的生命活動中去，另一方面還產生具有高度生理活性的中間產物，這是許多重要物質（如蛋白質、核酸等）合成的原材料。所以呼吸是代謝的中心環節。但呼吸過強，消耗過多，對植物光合物質的積累不利。如栽培中密度過大，通風不良，夜間散熱過慢，則是群體內溫度偏高而影響光合物質積累，不利產量提高。適當減少呼吸消耗，主要依靠溫度調節。

藥用植物光合物質運轉與分配的影響：

為了使光合物質更多地向藥用植物經濟產品部位（即藥用部位）運轉集中，分配得當，首先必須使作物能健全地生長，能製造更多的光合物質，如保證充足的肥水條件等。其次，要採取適當的栽培措施，如合理密植、修剪整枝、摘花疏果等，調節植株及群體結構，促進產品器官的生長發育，提高經濟產量。

(三) 提高藥用植物產量的途徑

(1) 增加光合作用的器官，滿足產品器官生長發育的需要

即採取合理密植增加植株與群體的葉片和根的數目，創造適宜藥用植物生長發育的溫、水、肥條件，根據藥用植物生長發育特性和規律適時、適量供給水肥，做好防寒保溫。

(2) 延長葉片壽命

植株葉片的壽命除與遺傳因素有關外，與光、溫、水、肥等因素也有很大關係。一般地，光照強、肥水充足、葉色濃綠，葉子壽命就長，光合強度也高。特別是延長最佳葉齡期的時間，光合積累率高。

(3) 增加群體的光照強度

露地栽培的藥用植物，要保證供給的光照強度使群體各葉層接受光照強度總和為最大值。合理搭配種植藥用植物，可有效提高光能利用率，進而提高群體產量。

(4) 採取積極的栽培措施，調節光合產物更多流向產品器官

如摘花摘蕾、整枝修根等。

二、藥用植物的品質

藥用植物品質的好與壞，直接關係到臨床用藥的安全有效性。其必須符合國家藥典及有關品質標準要求。藥用植物的品質，主要包含兩方面：一是外觀品質，指產品色

澤、形態性狀、質地及氣味等傳統標準；二是內在品質，指產品內含物的質與量（有效成分的組成與含量，有無農藥殘留等）。

（一）藥用植物的品質形成

藥用植物在生長時期，經一系列新陳代謝過程，形成積累了各種各樣化學物質。這些物質就是藥用植物所獲經濟產品（藥材）的品質內涵。儘管經濟產品多種多樣，所含化學物質成分也多種多樣，結構複雜，效用各異，但它們的品質形成與產量構成，均主要來源於光合作用產物的積累、轉化和分配，並透過藥用植物體適宜的生長發育和代謝活動及其他生理生化過程來實現。即主要是由植物體光合初生代謝產物，如碳水化合物、氨基酸、脂肪酸等，作為最基本的結構單位，再由體內一系列酶的作用，完成其新陳代謝活動，從而使光合產物轉化、形成結構複雜的一系列的代謝產物。目前已明確的藥用成分種類有：糖類、萜類、木質素類、甙類、揮發油、鞣質類、生物鹼類、氨基酸、多肽、蛋白質和酶、脂類、有機酸類、植物色素類、無機成分等。

藥用植物的品質受外界環境的影響很大。同一種植物在不同的環境條件下生長，其有效成分會有所不同。同時，生產條件和技術也會影響到品質（包括內在品質和外觀品質）。

（二）影響藥用植物品質的因素

影響藥用植物品質的因素很多，主要有以下幾方面。

（1）藥用植物的種與品種的因素

也就是遺傳因素的問題。如紅花、枸杞、地黃、薄荷等，目前已有大面積的人工栽培。可是由於各地品種選育工作進度不一，就出現多種品種同時在生產中存在，其品質也就出現一定的差異。

享有盛譽的寧夏枸杞，以大麻葉品種為最佳，果大、肉厚、汁多、味甜，而其他品種遠不如它。可是現階段寧夏栽培的枸杞中，仍有許多地區不是大麻葉品種。也有些藥用植物在引種時出現了變異，其品質也會發生改變。

（2）氣候生態因素的影響

藥用植物藥效成分的積累、產品的整體形狀和色澤等受地理、季節、溫光等因素的影響，出現的差異也是很大的。從緯度看，中國藥用植物中揮發油的含量，越向南越高，而蛋白質、生物鹼越向北含量越高。光照充足可使某些藥材藥效成分含量增加，如薄荷、人參、芸香等。生長季節引起含量的差異更明顯，細辛活性成分花期最高，金銀花蕾期最高，人參待枯萎期皂甙含量最高。根及根莖類藥材的形狀還更多受土壤因素的影響。

（3）栽培與加工技術的影響

就栽培技術而言，選擇品種的優劣，不僅關係到產量，也影響到品質；選地整地是否符合藥用植物生長發育或代謝要求，播種期的早晚、施肥、灌水、生長調節和收穫期的早晚等均會影響到產品的產量、形狀、質地和有效成分的含量。

加工技術的優劣則直接關係到產品的內在質量與外在質量。例如，含揮發性成分的藥材，採收後不能在強光下曬乾，必須陰乾。當歸曬乾、陰乾的產品色澤、氣味、油性等性狀均不如薰乾的好。

（三）提高藥材品質的途徑

1. 科學規劃藥用植物生產基地

對中藥材生產基地生態環境的調查分析，主要是對環境品質、土壤利用歷史進行研究。環境品質調查包括生產基地周圍和上游有無農藥生產企業、化工企業及其他會對中藥材產生污染的企業，生產基地生物群落的病蟲害狀況及其與藥用植物的關係。

種植基地土地利用情況調查，主要是對土壤施用農藥（尤其高殘毒農藥）的情況，以及當地農業生產中農藥的使用情況進行調查。在此基礎上做出合理規劃以避免環境對藥用植物的農藥污染。

2. 培育抗病蟲害能力較強的品種

目前，中藥材生產品種多數是混雜群體，如川麥冬從葉形、株形分就有 4 個類型，川芎從莖色上分就可分為 3 個類型，味連從花、果、葉分可分為 3 個類型。

這些類型的產量特性、抗性都有一定差異，故進行品種培育不但要以品質、產量為重要指標，同時也應重視藥用植物品種的抗性特徵，選擇綜合效益好的品種作為基地發展的主導品種，並要不斷選育新的優良品種，建立起良性的品種體系。

3. 加強田間管理，減少病蟲害發生

田間管理對藥用植物病蟲害的發展有較大影響，及時除草、清理田間、修剪病蟲殘株及枯枝落葉，結合深耕細

作、冬耕曬土可大大減少病蟲害的發生率和危害程度。同時，透過水分田間管理既可調節中藥材生長，減少生理性病害發生，增強藥用植物抵禦病原菌的侵襲，又可控制致病微生物繁殖。

此外，施肥是中藥材優質高產的保障。但目前藥用植物的施肥研究技術相當薄弱，根本談不上科學合理的施肥。施肥的盲目性，造成藥材營養失去平衡，這是其產生生理病害的主要原因。因缺乏植物營養知識，將生理病害當做病理性病害，噴施農藥進行防治的現象普遍存在，不但不能解決生產問題，反而造成了浪費和農藥污染。

4. 科學防治藥用植物病蟲害

（1）藥用植物病蟲害的生物與農業防治

生物防治就是利用某種有益的生物消滅或抑制某種有害生物的方法，包括改變生物群落，以蟲治蟲、以菌治蟲、保護和繁殖有益動物等。農業防治是透過栽培管理措施減少或防治病蟲害發生，促進藥用植物生長發育。常用的有合理輪作、合理間套作、調節播種期、合理施肥等。

（2）藥劑防治

要根據病蟲害的種類或病害的發生發展規律找出防治方法，適時防治。在施用藥劑時，要對病害或蟲害的發生特性和農藥特性進行全面分析，做到對症用藥。一是要選用恰當的藥劑種類；二是要選用高效低毒低殘留農藥；三是採用恰當的施用方法；四是防止藥材的農藥殘留。

農藥施用時間除考慮病蟲害的防治效果，還應考慮對中藥材產品質量的影響，根據農藥殘留的時間長短，最後一次施藥要保證在收穫前產品中無殘留。如防治菌核病的異菌服，最後一次施用要在收穫前60天進行；而三唑酮的最後一次施藥離收穫的時間比較短，只要5天以上就可以。

5. 改進加工與貯藏技術

（1）規範中藥材加工技術

目前多數中藥材的採收加工都是沿用傳統的方法，且是分散在藥農一家一戶進行，很難保證質量穩定和統一。在加工過程中，常用保鮮劑、防腐劑處理，或用特殊煙薰，如白芷乾燥過程要用硫黃煙薰以殺死表面的病原菌，而試驗表明白芷若能及時乾燥，不用硫黃煙薰也不會發生腐爛。

故建議藥材基地建立規範的中藥材初加工工廠，分散種植的中藥材，可由收購鮮藥材進行加工。這樣既可保證中藥材品質，又可由規模加工、規範的分級包裝提高藥材附加值。這是中藥材產地加工的發展趨勢，也是實施《中藥材生產品質管制規範》的基本要求。

（2）規範中藥材貯藏技術

蟲蛀、黴變、泛油、變色等是中藥材貯藏中的常見問題，傳統方法是噴灑防蟲藥劑、烘曬、煙薰等，這往往會引起中藥材品質變化或受到藥劑污染。改進傳統包裝、建立規範的貯藏設施迫在眉睫。如實行真空包裝或充入惰性氣體保存中藥材，可破壞蟲害與微生物的繁殖條件，能有效地防治藥材蟲蛀、黴變和泛油。有研究表明，利用密封材料實行真空低溫保存，麥冬可3～5年不出現蟲蛀、泛油。在建立中藥材倉儲設施時，應具備防鼠、防蟲功能，溫、濕度調節功能及通風避光功能。

附：藥用植物的引種馴化

一、引種的意義及其主要內容

藥用植物的引種馴化，就是透過人工培育，使野生植物變為家栽植物，使外地植物（包括國外藥用植物）變為本地植物的過程。也就是人們經由一定的手段（方法），使植物適應新環境的過程。

藥用植物引種馴化，大致有以下幾種情況：

① 野生藥源不能滿足需要，迫切需要人工馴化培育，進行栽培生產。如細辛、巴戟天、川貝母、金蓮花、龍膽、冬蟲夏草、秦艽、七葉一枝花和金蕎麥等。

② 藥物生長年限較長，需要量大，必須有計劃地栽培生產。如山茱萸、黃連、五味子、厚朴等。

③ 野生藥源雖有一定分佈，但需要量大，不能滿足供應的。如射干、何首烏、桔梗、丹參等。

④ 野生藥源尚多，但較分散，採集花費勞力多，在有條件的地方可適當地進行人工栽培或半野生半家栽。如甘草、麻黃、金錢草、半夏、薯蕷、沙棘等。但對野生群叢也要加以保護。

⑤ 已引種成功的藥用植物，需擴大繁殖，以滿足藥用。如水飛薊、顛茄、番紅花、西洋參等。

⑥ 歷來依靠進口之藥材，極待引種、栽培以逐步滿足藥用的需要。如乳香、沒藥、血竭、膨大海等。

二、引種馴化的步驟和方法

1. 引種的步驟

（1）鑒定引種的種類　中國藥用植物種類繁多，其中不少種類存在「同名異物」或「同物異名」的情況。就常用的四五百種中藥而言，名稱混亂的就有 200 種左右。因此，在引種前必須進行詳細的調查研究，對植物種類加以準確的鑒定。

（2）掌握引種所必需的資料　首先要掌握藥用植物原產地和擬引種地區自然條件資料，根據引種的藥用植物生物學與生態學特性，創造條件，使之適應新的環境條件。有些藥用植物對外界條件要求不太嚴格，原產地和引種地區條件差別不大，引種馴化就比較容易。不同氣候帶之間相互引種時，則需由逐步馴化的方法，使之逐漸地適應新的環境。

（3）制定並實施引種計畫　根據調查所掌握的材料和引種過程中存在的主要問題來制定引種計畫。如南藥北移的越冬問題，北部高山植物南移越夏問題，以及有關繁殖技術等，提出解決上述問題的具體步驟和途徑，然後付諸實施。

2.引種的基本方法

主要分簡單引種法和複雜引種法。

（1）簡單引種法　在相同的氣候帶（如溫帶、亞熱帶、熱帶），或環境條件差異不大的地區之間進行相互引種。包括以下幾個方面：

① 不需經過馴化，但需給植物創造一定的條件，可以採用簡單引種法。如向北京地區引種牛膝、牡丹、商陸、洋地黃、玄參等，冬季經過簡單包紮或覆蓋防寒即可過冬；另一些藥材如苦楝、泡桐等，第一、二年可於室內或地窖內假植防寒，第三、四年即可露地栽培。

② 由控制生長、發育使植物適應引種地區的環境條件的方法也屬於簡單引種法。如一些南方的木本植物可由控制生長使之變為矮化型或灌木型，以適應北方較寒冷的氣候條件。

③ 把南方高山和亞高山地區的藥用植物，向北部低海拔地區引種，或從北部低海拔地區向南方高山和亞高山地區引種，都可以採用簡單引種法。例如：雲木香從雲南維西海

拔3000公尺的高山地區直接引種到北京低海拔（50公尺）地區，三七從廣西和雲南海拔1500公尺山地引種到江西海拔500～600公尺地區，人參從東北吉林省海拔300～500公尺處引種到四川金佛山海拔1700～2100公尺和江西廬山海拔1300公尺的地區，都獲得成功。

④ 亞熱帶、熱帶的某些藥用植物向北方溫帶地區引種，變多年生植物為一年生栽培，也可以用簡單引種法。如金蕎麥、穿心蓮、澳洲茄、薑黃、腎茶、蓖麻等。

⑤ 亞熱帶、熱帶的某些根莖類藥用植物向北方溫帶地區引種，採用深種的方法，也可以用簡單引種法獲得成功。同樣，從熱帶地區向亞熱帶引種也可採用此法。如三角薯蕷和纖細薯蕷引種到北方將根莖深栽於凍土層下面，可以使其安全越冬。黑龍江從甘肅引種當歸，播種後當年生長良好，但不能越冬，採用冬季窖藏的方法，第二年春季取出栽培，秋季可採挖入藥，這也屬於簡單引種法。

⑥ 採用秋季遮蔽植物體的方法，使南方植物提早做好越冬準備，能在北京安全越冬，也屬於簡單引種法。

此外，還有秋季增施磷、鉀肥，增強植物抗寒能力的方法等。總之，上述的一些引種情況都是屬於簡單引種法的範疇，不需要使植物經過馴化階段，但並不是說植物本身不發生任何變異了。事實上，在引種實踐中，很多種藥用植物，引種到一個新的地區，植物的變異不僅表現在生理上，而且明顯地表現在外部形態上，特別是草本植物表現更為突出。例如，東莨菪從青海高原或從西藏高山地區引種到北京，其地上部幾乎變為匍匐狀。

（2）複雜引種法　在氣候差異較大的兩個地區之間，或在不同氣候帶之間進行相互引種，稱複雜引種法，亦稱地理階段法。如把熱帶和南亞熱帶地區的蘿芙木由海南、廣東北部逐漸馴化移至浙江、福建落戶，把檳榔從熱帶地區逐漸引種馴化到廣東內陸地區栽培等。

① 進行實生苗（由播種得到的苗木）多世代的選擇。在兩地條件差別不大或差別稍稍超出植物為適應範圍的地區，多採用此法。即在引種地區進行連續播種，選出抗寒性強的植株進行引種繁殖，如洋地黃、苦楝等。

② 逐步馴化法。將所要引種的藥用植物，按一定的路線分階段地逐步移到所要引種的地區。這種方法需要時間較長，一般較少採用。

第三章　藥用植物栽培技術基礎

第一節　栽培制度

栽培制度是各種栽培植物在農田上的部署和相互結合方式的總稱。它是某單位或某地區的所有栽培植物在該地空間上和時間上的配置（佈局），以及配置這些植物所採用的間作、套作、輪作、再生作、復種等種植方式組成的一套種植體系。

栽培制度是發展農業生產帶有全局性的措施。合理的栽培制度既能充分利用自然資源和社會資源，又能保護資源，保持農業生態系統平衡，達到全面持續增產，提高勞動力生產率和經濟效益。

一、復　種

復種是指在一年內，在同一土地上種收兩季或多季植物的種植方式。按年和收穫次數分有：一年一熟，一年兩熟，一年三熟，一年四熟，兩年三熟等。復種指數是以全年播種總面積占耕地總面積的百分數來表示，以衡量大面積復種程度的高低。

復種指數（%）：全年播種總面積／耕地總面積 × 100

一個地區能否復種和復種程度的大小，是有條件的。影響條件主要分自然條件（熱量和降水量）和生產條件

（水利、肥料和人畜動力等）。隨著現代農業的發展，生產條件影響已越來越小，因而自然條件的影響就顯得非常重要。

對於熱量條件，在安排復種時，既要掌握當地氣溫變化和全年大於0℃、大於0℃以上的積溫狀況，又要瞭解各種植物對平均溫度和積溫的要求。安徽省自北向南大於10℃以上的年積溫為3500～6000℃，一年可兩熟，甚至三熟。水分條件的影響主要在於針對當地的年降雨量和季節分佈，選擇適宜的藥用植物品種，進行合理的復種。

二、單作與間、混、套作

單作是指在一塊田地上，一個完整的生育期間只種一種植物，如人參、當歸、鬱金等多採用單作。

間作指在同一塊土地上，同時或同季節成行或成帶狀（若干行）間隔地種植兩種或兩種以上的生育季節相近的植物。如玉米間白朮、貝母間綠豆（芝麻）等。

混作是指在同一塊田地上，同時或同季節地將兩種或兩種以上生育季節相近的植物，按一定比例混合撒播或同行混播種植的方式。如玉米混大豆、山茱萸混黃芩等。混作和間作可提高田間密度，充分利用空間，增加光能和土地利用率。

而套作則是指在同一塊田地上，不同季節播種或移栽兩種或兩種以上生育季節不同的植物。如白芍套花生（芝麻）、香瓜套棉花等。它能充分利用時間和空間，使田間在全部生長季度內始終保持一定的葉面積指數，充分利用植物生育前期和後期的光能提高土地利用率。

實施間、混、套作，必須注意以下幾點：

(1) 選擇適宜的植物種類和品種搭配

株形方面，要選擇高稈與矮稈，垂直葉與水平葉，深根與淺根相搭配。適應性方面要選擇喜光與耐陰，喜溫與喜涼，耗氮與固氮等植物搭配。根系分泌物要互利無害。品種搭配上，主作物生育期可長些，副作物的要短些（混作中要一致）。

(2) 建立合理的密度和田間結構

間、混、套作時，其植物要有主副之分。就密度而言，主要植物應占較大比例，可接近單作時密度，副作物占較小比例，密度小於單作。總密度要適當，既要通風、透光良好，又要盡可能提高葉面積指數。高、矮稈植物間作時，行比要做到高要窄、矮要寬；行向上，對矮稈植物，東西向比南北向要好得多。

(3) 採用相應的栽培管理措施

間、混、套作中作物間爭光、爭水、爭肥的矛盾更加劇烈。為確保豐收，必須提供充足的水分和養分，使間、混、套作植物平衡生長。

附：藥用植物與農作物間套模式

農作物和藥用植物的間作套種，是新時期科學種田的一種體現，能有效地解決糧、藥間的爭地矛盾，充分利用土地、光能、空氣、水肥和熱量等自然資源，發揮邊際效應和植物間的互利作用，以達到糧、藥雙豐收的目的。

一、農作物餘零地邊間套模式

一塊田地間，可耕面積約為70%，而田間地頭、溝渠路壩約占30%，山區、丘陵所占比例更大。利用這些閒置餘地種植一些適應性強、對土壤要求不嚴的藥用植物品種，既有效地利用了土地，增加了相當可觀的效益，又減少了水分和養分的蒸發，控制了因雜草生長而給農作物帶來的病蟲危害。

如耐澇、耐旱，對氣候、土壤要求不嚴的藥用植物金銀花，在地邊、路沿、渠旁，按株距80公分挖穴，每穴內沿四周栽花苗6棵，每0.0667公頃地的餘零地邊約可栽60穴，每穴年單產商品花0.5千克。市場價格30元每千克，每穴年效益15元。適宜餘零地邊種植的藥用植物品種有：甘草、草決明、急性子、蒼朮、五味子、木瓜、王不留行、玉竹、黃芪、紅花、龍膽、大黃等。

二、高稈與矮稈間套模式

高稈的農作物與矮生的藥材合理搭配，利用立體複合群體，發揮垂直分佈空間，增加復種指數，遵循前熟為後熟，後熟為全年的原則，提高光能與土地的利用率，從而大幅度增加經濟效益。如板藍根—玉米—柴胡，一年三種兩收種植模式，早春在耕細耙勻的土地上做成寬1.5公尺、兩邊留排水溝的高畦，3～4月在高畦上播種板藍根，5～6月於排水溝內按株距60公分，點播玉米，每株留苗2棵，常規管理；8月份待玉米完成營養生長時板藍根就可刨收，接茬播種柴胡，這時玉米的遮陰能夠為柴胡的萌發提供良好的條件，15～20天柴胡就可出齊苗，9～10月份玉米收穫後，柴胡苗就可茁壯生長。

適合此模式套種的農作物品種有：玉米、高粱、甘蔗、棉花等莖稈高大、能提供蔭蔽環境的農作物種類。搭配種植的藥用植物品種有生長時間較短、耐陰的板藍根、白芷、桔梗、川芎、白朮、丹參、射干、薏苡仁、柴胡、半夏、太子參、黃連、草珊瑚、草果等。

三、深根系與淺根系間套模式

根據植物品種的特性和營養，合理地組合成具有多層次地利用土地、光能、空氣和熱量等資源的群體，使之加大垂直利用層的厚度，使投入盡可能多地轉化為經濟產品，達到增產增效的目的。如在西瓜地裏套種草決明、白朮等。由於西瓜根系淺，不能吸收利用土層較深的營養而生長，但需水、肥量又大，必須人為地增施水肥等營養物質，但其吸收率低。而套種在內的藥用植物草決明、白朮等，因其吸收利用了表層多餘的營養而減少了養分流失，而且能吸收土層較深的養分來滿足生長的需要。

適合此模式的農作物品種有：冬瓜、南瓜、紅薯、馬鈴薯、大豆等，搭配種植的藥用植物品種有：甘草、金銀花、黃芪、桔梗、白朮、白芷、紅花、山藥、薏苡、木瓜、知母、生薑、西紅花。

藥用植物與農作物的間、套作方法還有：

隔畦間套、隔行間套、畦中間套、埂畦間套和混作等，無論採用任何間套方式，都應注意株形龐大與瘦小、寬葉與窄葉、平行葉與直立葉、生長期長與生長期短等的合理搭配，注意各種植物與光、溫度、水分和其他營養條件的關係，注意藥用植物品種的道地性。

三、輪作與連作

輪作是指在同一塊田地上，按照不同植物或不同復種方式的順序，輪換種植植物的栽培方式。連作是指在同一塊田地上重複種植同種植物或用同一復種方式連年種植植物的栽培方式。

連作易導致作物生育不良，產量下降，主要原因為：

① 植物生長發育全程或某個生育時期所需的養分不足或肥料元素的比例不適宜。

② 病菌害蟲浸染源增多，發病率、受害率加重。

③ 土壤中該種植物自身代謝產物增多，土壤 pH 等理化性狀變差，施肥效果降低。

④ 伴生雜草增多。

而輪作增產則是世界各國的共同經驗。首先，輪作能充分利用土壤營養元素，提高肥效。其次可減少病蟲害，克服自身排泄物的不利影響。另外，輪作還可以改變田間生態條件，減少雜草危害。由此可見，科學的輪作方式對農業生產有著非常大的作用。

第二節　土壤耕作

藥用植物對土壤總的要求：要具有適宜的土壤肥力，經常不斷地為作物提供足夠的水分、養料、空氣和適宜的溫度，並能滿足藥用植物在不同生長發育階段對土壤的要求，以保證其生長發育的需要。栽培藥用植物的理想土壤應當是：

① 有肥厚的土層和耕層，耕層至少在 25 公分以上。

② 耕層土壤鬆緊適宜，並相對穩定，保證水、肥、氣、熱等肥力因素能同時存在。

③ 土壤質地沙黏適中，含有較多的有機質，具有良好的糰粒結構。

④ 土壤的 pH 適度，地下水位適宜，土壤中不含有過

多的重金屬和其他有毒物質。這同時也是土壤耕作的最高目標。

但我們在進行生產操作過程中，還應注意根據藥用植物本身的生長習性和生物學特性，因地制宜地選擇土地種植。如人參、黃連等喜生長在富含腐殖質的土壤，白朮、貝母等喜在酸性或微酸性土壤中生長，枸杞、甘草、北沙參等喜在鹼性土中生長。選擇適宜的地塊後，要根據各地的氣候和栽培植物特性來確定耕作的時間與方法。全田耕翻在前作收穫後進行，而一般是隨收隨耕。安徽省一般於春秋兩季進行，以秋季為好。

整地深度應視藥用植物種類及土壤狀況而定：一、二年生草本植物宜淺，根及地下莖類以及木本藥用植物宜深。但同時注意，深耕時不要一次把大量生土翻上來，深耕和施肥要與土壤改良結合起來。

整地應先翻起土壤，細碎土塊，清除瓦片、石礫、殘根及雜草等物。土壤耕翻後，因過於鬆軟，土壤毛細管作用被破壞，根系吸水困難，故耕後（或播種後）還須適度鎮壓。

整地耙平後，要根據藥用植物種類和生長特性、地區和地勢的不同而選擇做畦或起壟。冬季作物，畦向以東西為好，夏季則以南北向為好。莖類藥材，宜做高畦，畦面高度一般為 20 公分左右；低畦多適用於雨量較少地區或喜濕潤的藥用植物，一般畦面低於走道 10～15 公分，平畦則適用於地下水位較低、土層深厚、排水良好的地塊。做壟時，地表面積比平作增加 25%～30%，土溫的日差較大，且便於排水防澇，利用培土促進根系生長，提高抗倒伏能力。壟作一般的高度為30公分，壟距30～70公分。

第三節　播種材料與播種技術

藥用植物的繁殖方法，基本上分為兩大類：有性繁殖和無性繁殖。前者以種子為播種材料，後者以植物的莖、芽、葉、根等營養器官為播種材料。近年來，隨著科學技術的發展，也有採用組織培養的方法繁殖藥用植物新個體（見附錄2）。

一、營養繁殖

高等植物的一部分器官脫離母體後能重新分化發育成一個完整的植株的特性，叫做植物的「再生作用」。營養繁殖就是利用植物營養器官的這種再生能力來繁殖新個體的一種繁殖方法。

營養繁殖的後代來自同一植物的營養體，它的個體發育不是重新開始，而是母體發育的繼續，因此，營養繁殖的新個體開花結實早，且能保持母體的優良性狀和特徵。但是，營養繁殖的繁殖係數較低，有的種類如地黃、山藥等長期進行營養繁殖容易引起品種退化。

常用的營養繁殖方法有以下4種：

1. 分離繁殖

將植物的營養器官分離培育成獨立新個體的繁殖方法。此法簡便，成活率高。分離時期因藥用植物種類和氣候而異，一般在秋末或早春植株休眠期內進行。根據採用母株的部位不同，可分為分球（如番紅花、半夏），分塊

（如山藥、地黃、何首烏、白及等），分根（如丹參、薄荷、紫菀等），分株（如砂仁、牡丹、芍藥、沿階草等）。

2. 壓條繁殖

將母株的枝條或莖蔓埋壓土中，或在樹枝上用泥土、青苔等包紮，使之生根後，再與母株割離，成為獨立植株。壓條法有普通壓條法、波狀壓條法、堆土壓條法、空中壓條法等。馬兜鈴、玫瑰、何首烏、蔓荊子、連翹等都可以用此法繁殖。

3. 扦插繁殖

割取植物營養器官的一部分，如根、莖、葉等，在適宜條件下插入基質中，利用其分生功能或再生能力，使其生根或發芽成為新的植株。通常用木本植物枝條（未木質化的除外）扦插叫硬枝扦插，用未木質化的木本植物枝條和草本植物扦插叫綠體扦插。

（1）扦插時期

露地扦插的時期因植物種類、特性和氣候而異。草本植物適應性較強，扦插時間要求不嚴，除嚴寒酷暑外，均可進行。木本植物一般以休眠期為宜。常綠植物則適宜在溫度較高、濕度大的夏季扦插。

（2）促進插條生根的方法

① 機械處理。對扦插不易成活的植物，可預先在生長期間選定枝條，採用環割、刻傷、縊傷等措施，使營養物質積累於傷口附近，然後剪取枝條扦插，可促進生根。

② 化學藥劑處理。如丁香、石竹等插條下端用 5%～10%的蔗糖溶液浸漬 24 小時後扦插，效果顯著。也有採用

濃度為 0.03%～0.1%的高錳酸鉀處理插條，可以促進氧化，使插條內部的營養物質轉變為可溶態，增強插條的吸收能力，加速根的形成。

③ 生長調節劑處理。生產上通常使用萘乙酸、2，4-D、吲哚乙酸等處理插條，可顯著縮短插條發根的時間，誘導生根困難的植物插條生根，提高成活率。如以 0.1% 2，4-D 粉劑處理枳殼插條發根率可達 100%。

④ 黃化處理。扦插前選取紙條用黑布、泥土等封裹，遮陰，3 週後剪下扦插，易於生根。

（3）扦插方法

生產中應用較多的是枝插法。木本植物選一、二年生枝條，草本植物用當年生幼枝作插穗。扦插時選取枝條，剪成 10～20 公分的小段，上切面在芽的上方微斜，下切面在節的稍下方剪成斜面，每段應有 2～3 個芽。除留插條頂端 1～2 片葉（大葉只留半個葉片）外，其餘葉片除掉。然後插於插床內，上端露出土面為插條的 1 / 4～1 / 3，並遮陰，經常澆水，保持濕潤，成活後移栽。

4. 嫁接繁殖

嫁接繁殖是指把一種植物的枝條或芽接到其他帶根系的植物體上，使其癒合生長成新的獨立個體的繁殖方法。人們把嫁接用的枝條或芽叫接穗，把下部帶根系的植株叫砧木。嫁接繁殖能保持植物優良品種的性狀，加速植物生長發育，提前收穫藥材，增強植物適應環境的能力等。藥用植物中採用嫁接繁殖的有訶子、金雞納、木瓜、山楂、枳殼、辛夷等。

嫁接的方法有枝接、芽接 2 種：

（1）枝接法

又可分為劈接、切接、靠接等形式，最常用的是劈接、切接。切接多在早春樹木開始萌動而尚未發芽前進行。砧木直徑以 2～3 公分為宜，在離地面 2～3 公分或平地處，將砧木橫切，選皮厚紋理順的部位垂直劈下，深 3 公分左右，取長 5～6 公分帶 2～3 個芽的接穗削成兩個切面，插入砧木劈口，使接穗和砧木的形成層對準，紮緊後覆土。

（2）芽接法

芽接是在接穗上削取一個芽片，嫁接於砧木上，成活後由接芽萌發形成植株。根據接芽形狀不同又可分為芽片接、梢接、管芽接和芽眼接等幾種方法，目前應用最廣的是芽片接。在夏末秋初（7～9 月），選徑粗 0.5 公分以上的砧木，切一個「丁」字形口，深度以切穿皮層，不傷或微傷木質部為度，切面要求平直，在接穗枝條上用芽接刀削取盾形稍帶木質部的芽，插入切口內，使芽片和砧木內皮層緊貼，用麻皮或薄膜綁紮。

二、有性繁殖

有性繁殖又叫種子繁殖。一般種子繁殖出來的實生苗，對環境適應性較強，同時具有技術簡便、繁殖係數大、利於引種馴化和新品種培育等特點。種子是一個處在休眠期的有生命的活體。只有優良的種子，才能產生優良的後代。

藥用植物種類繁多，其種子的形狀、大小、顏色、壽命和發芽特性都不一樣，因此，在生產中只有充分瞭解藥用植物種子的特性，才能做好播種和育苗工作。現將藥用植物有性繁殖方法介紹如下。

（一）種子特性

1. 種子休眠

種子休眠是由於內在因素或外界條件的限制，在條件適宜情況下暫時不能發芽或發芽困難的現象。種子休眠期的長短，隨植物種類和品種而異。種子休眠的原因很多，有內因、有外因，主要有以下幾個方面：

一是種皮的障礙，由於種皮太厚太硬或有蠟質，透水透氣性能差，影響種子的萌發，如蓮子、穿心蓮等；

二是後熟作用，由於胚的分化發育未完全（如人參、銀杏等），或胚的分化發育雖已完全，但生理上尚未成熟，還不能萌發（如桃、杏）；

三是在果實、種皮或胚乳中存在抑制性物質，如氫氰酸、有機酸等，阻礙胚的萌芽。

2. 種子發芽年限

指種子保持發芽能力的年限。各種藥用植物種子的壽命差異很大。壽命短的只有幾天或不超過 1 年，如肉桂種子，一經乾燥即喪失發芽力，當歸、白芷種子的壽命不超過 1 年，多數藥用植物種子發芽年限為 2～3 年，如牛蒡、薏苡、水飛薊、桔梗、板藍根、紅花等。貯藏條件適宜可以延長種子的壽命，但是，生產上還是以新鮮種子為好，因為隔年種子往往發芽率很低。

部分藥用植物種子在生產中可利用的年限如下表：

瞭解藥用植物種子的特性後，在選用種子時還要注意

部分藥用植物種子可利用年限

名稱	可利用年　限	名稱	可利用年　限	名稱	可利用年　限
當歸	1年	荊芥	1年	甘草	3年
白芷	1年	藿香	2年	柴胡	1年
北沙參	1年	絞股藍	1年	紅花	2年
獨活	1年	草決明	1年	龍膽	半年
前胡	1年	肉桂	隨採隨播	遼細辛	趁鮮播種
川烏	1年	黃芪	2年	百合	立即播種
防風	1年	人參	1年	澤瀉	1年
黃芩	1年	連翹	1年	白朮	1年
芍藥	立即播種	木瓜	1年	懷牛膝	1年
明黨參	半年	牛蒡	5年	杜仲	1年
丹參	半年	玄參	半年	牡丹	隨採隨播
厚朴	立即播種	大黃	1年	蒼朮	半年
板藍根	2年	五味子	隨採隨播	紫蘇	1年
知母	1年	徐長卿	3年	薏苡	2年
三七	隨採隨播	王不留行	2年	天南星	1年
穿心蓮	4年	桔梗	1年	葫蘆巴	2年
馬兜鈴	1年	銀杏	1年	枸杞	立即播種
栝樓	1年	射干	2年	半枝蓮	1年
黨參	1年	黃精	2年	小茴香	1年

（張永清、徐凌川，1997）

把握好種子的品質檢驗，確保種子達到真、純、淨、壯、飽、健等幾個方面的品質要求，為優質高產打好基礎。

（二）播種前的種子處理

針對生產中經常出現的問題，播種前，還要對種子進行處理。

在播種之前進行種子處理，對於防治種子傳帶的病蟲害、打破休眠、提高發芽率和發芽勢、促進植株健壯生長、提高藥材的產量與品質等，都有著十分重要的作用。

1. 物理因素處理

（1）浸種

用冷水、溫水或冷、熱水變溫交替浸種，不僅能使種皮軟化，透性增強，促進種子的萌發，而且還能殺死種子內外所帶的病菌，防止病害的傳播。浸種的時間和溫度，需要根據種子種類及處理目的等來確定，如穿心蓮種子在37℃的溫水中浸24小時可顯著促進發芽。薏苡種子在冷水中浸泡1～2晝夜後，再放入開水中進行短時間的燙煮處理，取出後用冷水沖洗冷卻，反覆多次直到沖洗流出的水沒有黑色為止，可以有效地防治薏苡黑粉病。

另外，用活性水處理也能顯著提高藥用植物種子的品質。將一些藥用植物的插條用冷水或溫水浸泡數小時或更長的時間，能除去部分抑制生根的物質，進而提高成活率，如將雲杉插條用35℃溫水浸泡2小時後進行扦插，其成活率可達75%左右。

（2）曬種或晾種

利用太陽的能量曬種，可促進種子的後熟，提高發芽率和發芽勢，還能在一定程度上防治病蟲害。曬時要注意經常翻動種子，使其受熱均勻，並要防止混雜，保證種子的純度。曬種時間的長短要根據種子本身的特性和溫度高低而定。一些進行無性繁殖的藥用植物，如地黃、芍藥等，其種子在播種之前都需要進行攤晾，使其傷口的水分喪失一部分，以保證在播種後不產生腐爛現象。

（3）機械損傷

對於皮厚，堅硬不易透水、透氣的藥用植物種子，通損傷種皮，可以使其透性增強，從而促進萌發。例如，在土壤溫度適宜的情況下，可將杜仲翅果剪破，直接取出種子進行播種；黃芪、穿心蓮等藥用植物的種子表面帶有一層蠟質，使種子不易吸水，經由細沙的摩擦可破壞此層蠟質，再用35～40℃的溫水浸種，就能顯著提高其發芽率。

（4）層積處理

許多藥材的種子具有一定的休眠性，必須由層積處理，滿足其後熟條件後才能萌發，如銀杏、山茱萸、人參、黃連、吳茱萸等。層積時，先將種子與腐殖質土或清潔細沙按1：3的比例充分拌和，裝於花盆或小木箱中，存放在陰涼的地方，如果種子數量較多，也可選擇高燥陰涼處挖坑，坑的大小視種子的數量而定，將種子與細沙分層堆放在坑內，最上面再蓋1層細沙，使之稍高出地面。

根據地區和種子種類的不同，保持不同的層積溫度和時間。如東北地區層積人參種子時，一般是在採收後，在25℃的溫度下層積80～90天，再經冬季低溫處理，翌春就可很快出苗。在層積期間，要經常檢查，以免種子腐爛或提早發芽。

（5）射線處理

用α、β、γ、X射線等低劑量處理藥材種子，可促進發芽，使植株生長旺盛，並且早熟，增產。

2. 化學物質處理

（1）一般藥劑處理

採用一般藥劑處理藥材種子，或者是為了消毒，或者是為了促進萌發，但要注意選擇適宜的種類，並掌握好適當的濃度和處理時間。

例如，許多藥用植物的種子在播種前用0.3%～1%的硫酸銅溶液浸種4～6小時，然後用清水沖洗乾淨後播種，可起一定消毒作用，顯著減少種子萌發過程病菌對幼苗的危害；用0.1%的鹽酸水溶液浸泡丁香、衛茅等藥用植物的插條，可顯著促進生根；將桔梗種子用0.3%～0.5%的高錳酸鉀溶液浸泡24小時，可使種子和根的產量分別提高28.6%～33.3%和21%～51.5%，等等。

（2）肥料處理

上述的一般藥劑中，有些本來就屬於微量元素肥料，除此之外，還可採用一些通常的肥料進行處理。例如用腐熟的人尿與水對半摻勻，將藥用植物種子置於其中浸泡一晝夜，瀝乾後播種，可促進發芽，提前出苗，並且幼苗發根多，生長健壯，藥材的產量有顯著的提高。又如，將草木灰加適量水調成糊狀，把藥用植物種子拌於其中，放置36小時，撈出晾乾後再播種，也有顯著的增產效果。

（3）生長激素處理

許多藥用植物的種子在播種之前用生長激素處理，可促進發芽、出苗，提高藥材的產量。如用赤黴素處理牛膝、白芷、防風、桔梗等的種子，均可提高發芽率。常用的生長刺激素有2，4-D、吲哚乙酸、α-萘乙酸、赤黴素等。所用溶液的濃度和浸種時間，要因化學物質和藥材的種類不同而異。

3. 生物因素處理

在藥材生產上主要是利用細菌肥料進行拌種，目的是增加土壤中有益微生物的數量，把土壤或空氣中藥用植物不能利用的元素，變成可吸收利用的養料，滿足藥用植物生長發育的需要，增加藥材的產量。常用的菌肥有根瘤菌劑、固氮菌劑、磷細菌劑和「5406」抗生菌肥等。如在種植草決明和望江南時，採用根瘤菌肥拌種，一般可使藥材的產量提高10%以上。

（三）播種方法

按照具體操作的不同，可將播種方法分為以下3種：

（1）條播

所謂條播是按一定距離在畦面上開出1條小溝，把藥材種子均勻地撒在溝中，蓋上細土。為使種子在溝內分佈均勻，開溝時要使溝底平坦，溝的深淺要一致。這種方法在藥材生產中比較常用，田間管理方便，也省勞力。常進行條播的藥材主要有薏苡、牛膝、草決明等。

（2）點播

所謂點播是按一定的株、行距在畦面上挖穴，每穴播下兩至數粒種子，然後再蓋細土。此法最為節省種子，將來植株的營養面積比較一致，田間管理方便，缺點是在播種時較為費工。它適用於種子較大或種子數量較少，需精細管理的藥材，如絲瓜、瓜蔞等。

（3）撒播

所謂撒播是把藥材種子均勻地撒在畦面上，再蓋一層細土。撒種時手不宜過高，以免把種子撒在畦外或被風吹走，但過低又不易將種子撒勻。一般風天、雨天不進行撒種。在撒播小粒種子時，為使撒得均勻，在播種之前要摻拌細沙或草木灰。

此法比較節省勞力，但較費種，技術不熟練時，容易造成植株疏密不勻，將來出苗及植株的生育進程也常不一致，同時給施肥、中耕、除草等田間管理工作均帶來不便，因此，此法多在苗床育苗時採用，大田播種較少採用。

（四）播種時應注意的幾個問題

為了提高出苗率，使植株生長茁壯，在實際播種時還要注意以下幾個問題：

（1）確定適宜的播種期

藥用植物的種類不同，生長習性不同，各地的氣候、土壤等具體條件也有不同，這些因素對藥用植物播種期都會產生影響。一般來講，一年生的草本藥用植物大部分要在春季進行播種；多年生草本藥用植物適宜在春季或秋季播種；核果類的木本藥用植物，如銀杏、核桃等，則適宜在冬季播種；一些比較特殊的藥用植物，如細辛、芍藥等，適宜在夏季播種。一般耐寒性差、生長期較短的一年生草本植物以及沒有休眠特性的木本植物宜春播，如薏苡、紫蘇、荊芥、川黃柏等。耐寒性強、生長期長或種子需休眠的植物宜秋播，如北沙參、白芷、厚朴等。同一種藥用植物，在不同地區播種期也不一樣，如紅花在南方宜秋播，而在北方則多春播。

（2）掌握適宜的播種深度

播種的深淺和覆土厚薄，直接影響到種子的萌發、出苗和植株生長，甚至決定著播種的成敗，一般情況下，大粒種子可適當深播，小粒種子要適當淺播；同樣大小的種子，單子葉植物可適當深播，雙子葉植物則要適當淺播；疏鬆細碎的土壤要適當深播，黏重板結的土壤則要淺播；在氣候寒冷，氣溫變化大，多風乾燥的地區要適當深播，反之就要適當淺播。

播種深度一般是種子直徑的2～3倍。一般極小粒種子為0.15～0.5公分，即隱約可見的程度；小粒種子0.5～1.0公分；中粒種子為1～3公分；大粒種子為3～5公分，在乾旱條件下可達8公分。

（3）控制適宜的播種量

所謂播種量是指單位面積土壤內需要播下的種子的數量。單位面積土壤內播種量的多少，應根據種子的質量、千粒重、土壤狀況和播種時期等情況來確定。在一般情況之下，適當增加播種量，實行密植可提高藥材產量，但也不是越密越好，要根據植物的特性，以深耕為基礎，以水肥為前提，來確定適宜的種植密度。單位面積土壤內的播種量通常用下式來計算：

$$\text{每0.0667公頃土地播種量} = \frac{\text{每0.0667公頃株數} \times \text{單粒重}}{\text{利用率} \times (1 - \text{損失率})}$$

$$\text{利用率} = \text{種子淨度} \times \text{發芽率}$$

（4）做好播種之後的管理

採取適當措施對播種地進行管理，對保證苗齊、苗全、苗壯具有重要作用，主要從以下幾個方面進行：

① 適當進行覆蓋。目的是保蓄土壤水分，防止因水分蒸發使鹽鹼上升或造成土壤板結，同時對提高地溫、防止

鳥害有好處。覆蓋材料包括：塑膠薄膜、稻草、秸稈、簾子、苔蘚、樹木枝條以及腐殖土和泥炭等。

② 根據墒情合理灌溉。土壤水分過多會使種子腐爛，所以要使水分適宜。地表乾旱時可細霧噴水。

③ 及時鬆土和除草。由於灌溉常使土壤板結，所以要及時鬆土，以免影響幼苗出土和生長。若播前未使用除草劑，播種後或噴除草劑或人工除草，都要及時進行。若採用化學除草，則應選用低毒、低殘留的安全藥劑。

三、育苗和移栽

在栽培過程中，多數藥用植物都可採用直播的方法進行生產和繁殖，但也有些藥用植物由於種子特別小，或者在種子發芽和幼苗的生長過程中有特殊要求或需要精細管理的，需要進行育苗移栽。

（一）育苗的方法與苗床管理

1. 育苗的方法

在藥材生產中，常用的育苗方法有以下幾種：

（1）露地育苗

就是在苗圃時不加任何保溫措施，露地培育種苗的一種方法。露地育苗可經濟利用土地，延長植物的生長期，提高藥材的產量。一般用於多年生藥用植物，如不需提早播種育苗，而由於種粒小（龍膽、黨參等）田間出苗率低的；如苗期需要遮陰（當歸、五味子、細辛、龍膽、黨參等），防澇，防高溫的；如需要拌菌栽培（天麻）；如苗期占地時間較長（人參、貝母、黃連、牡丹等）的。

（2）冷床育苗

就是土壤中不加發熱材料，僅利用太陽熱能進行育苗。其構造由風障、土框、玻璃窗或塑膠薄膜、草簾 4 部分組成。由於其設備簡單，操作方便，保溫效果較好，在藥材生產中經常被採用。冷床的位置應以向陽背風，排水良好的地方為宜。選好床地後，一般按東西長 4 公尺、南北寬 1.3 公尺的規格挖床坑，坑深 10～13 公分，然後在床坑的四周用土築成床框，北床框高出地面 30～35 公分，南床框高出地面 10～15 公分，東西兩邊床框成一斜面，將床底整平後即可裝入床土。床土一般用細沙、腐熟的馬糞或堆肥和肥沃的農田土混合製成，保持細碎、鬆軟。冷床育苗的播種時間一般是在 4 月上旬。

（3）溫床育苗

溫床的位置和構造大體上與冷床相同，所不同的是溫床不僅利用太陽的熱能，而且床內還要填充釀熱物來加強床溫，因而溫床的保溫能力要比冷床高得多，這是寒冷地區種植藥材，特別是南藥北移需要提早播種，延長其田間生長期的一種有效的育苗方法。

溫床的種類很多，一般常用的有木框溫床、土框溫床和蒿草框溫床等。

木框溫床是用 2～3 公分厚的木板，做成長約 2 公尺、寬 1.3 公尺的床框，床框南面高約 20 公分，北面高約 50 公分，南北做成 8～10 度的傾斜面。床框上面再安 3 根支木，以防木框彎曲。木框溫床的保溫效果良好，移動方便，容易調節釀熱物的填充量和木框的高低。土框溫床是用土坯砌成的；蒿草框溫床一般是用秫秸沿著床坑圈編而成的，它們的保溫效果均不如木框溫床好，但經濟實用。

溫床的床蓋有 2 種：玻璃窗和薄膜窗。前者的透光性強，後者經濟實用。床坑深度一般為 40～60 公分，坑底四周宜深，中部宜淺，以便調節溫度。溫床熱源主要是釀熱物的發酵釀熱，常用的釀熱物有馬糞、牛糞、羊糞、落葉、稻草等；釀熱物的填充時間一般選在床坑挖好以後、播種前 2 週進行。

附：

凡在堆積過程中能產生高溫的農家肥料都叫熱性肥料，如馬糞分解時發熱量大，故屬熱性肥料，羊糞、兔糞也屬熱性肥料。凡在堆積過程中發熱量低的農家肥都屬冷性肥料，如牛糞分解慢發熱量低，不產生高溫，故屬冷性肥料，豬糞也屬冷性肥料。如羊糞也可把它視為溫性肥料，因它的發熱量介於馬糞與牛糞之間。熱性肥料用在育苗溫床最合適。

(4) 溫室育苗

即在用人工加溫，有完善防寒設備的專門房舍內育苗。溫室向陽一面的房頂用玻璃覆蓋，透光性良好。其類型也有許多，有單斜面、雙斜面、不等式、連接式溫室等。溫室的溫度可按培育藥材的種類不同進行人工調節和控制。

2. 苗床管理

苗床管理非常重要，主要是使苗床保持一定的溫度和濕度。為了保溫，用塑膠薄膜覆蓋者，晚上要蓋草簾，早上再打開，以提高床內的溫度。打開草簾的時間要根據天氣情況而定，晴天陽光好時可早打開，陰天或風天晚打開，早蓋上。

在藥苗基本出齊後，要進行放風。放風時要由小到大，時間由短到長，並隨時根據天氣變化和幼苗生長情況來靈活掌握，目的是使小苗逐漸得到鍛鍊，生長茁壯。苗床水分要控制好。前期少澆水。隨著苗齡的增大和通風時間的加長，逐漸增加水量，但仍要注意避免因床內濕度過高引起葉斑病和立枯病等。在移栽之前，還要適當進行蹲苗，加強放風，直至揭去覆蓋物，使幼苗適應外部的環境，並成長為一再所要求的壯苗的標準：根系發達、莖稈粗壯、葉色翠綠、苗齡適宜。

（二）移栽

在移栽藥材種苗時，為了提高成活率，應該注意以下幾個方面的問題：

（1）培育壯苗

種苗茁壯是提高移栽成活率的關鍵。為了培育壯苗旺苗，要根據藥材品種的不同而採用相應的方法，一般是選用無病良種，提高育苗質量，加強苗期管理等。

（2）移栽大田要精耕細作

大田的具體情況如何，是提高移栽成活率的基礎。精耕細作包括深耕細耙，平整地塊，做大小行、寬窄行，整地前要施足農家肥，合理施用各種化肥，整地後在四周挖好排水溝，視種植面積的大小在田間再縱橫挖若干條與四周相通。

（3）適時移栽

藥苗過大過小均不利於成活，一定要做到適時移栽。

一般來講，草本藥用植物要在幼苗長出4～6片真葉時移栽，而木本藥用植物則需培育1～2年後才能移栽。在1年之中，木本藥用植物一般在休眠期和大氣濕度較大的季節移栽最為適宜，如杜仲、厚朴等落葉木本，多在秋季落葉後至春季萌發前移栽。移栽時應選擇無風陰天及晴天傍晚進行。

（4）移栽前控制好苗田水分

在移栽前的一段時間內，要控制好苗田的水分，適當少澆水，可起到蹲苗的作用，促進藥苗根系的發育。在移栽時，如果苗田土壤較為乾燥，要先行澆水，使土壤鬆軟，便於起苗，帶土移栽更易成活。

（5）掌握移栽技術

在起苗時不要傷根傷苗，隨起隨栽，起多少栽多少。栽植時要按規定的行株距進行穴栽，做到合理密植。栽植深度以不露出或稍超過苗根原入土部分為宜。要使藥苗的根系自然伸展，覆土要細，適當壓實，栽後要澆透定根水。木本藥用植物一般都要採用穴栽，穴要大，穴底要平，適施基肥。栽苗時要將主根剪短，常綠幼苗還要剪去部分枝葉，苗要栽正。栽後及時澆水，覆土，壓實。

（6）栽後保苗措施

秧苗移植總要損傷根部，妨礙水分和養分的吸收，致使秧苗有一段時間停止生長，待新根發生後才恢復生長，人們把這一過程稱為還苗。還苗時間越短越好，這是爭取早熟、豐產的一個重要環節。為此，近年各地多推行營養缽（杯、袋）育苗，特別是根系恢復生長慢的植物（瓜類）以塑膠杯、紙袋、營養塊育苗移栽為最佳。採用其他方式育苗的可帶土移栽（儘量多帶土）。栽後太陽光過強時，應進行適當遮陰；偶爾遇霜可用覆土防寒，或薰煙、灌水防霜凍；還苗前應注意澆水，促進成活。

再者要及時查苗補苗。木本類苗木怕凍的應包被防寒；為防止因抽乾死苗，可結合修剪定型適當短截。此外，還要及時除草、防病防蟲、追肥、灌水等。

第四節　田間管理

田間管理是獲得優質高產的重要環節之一。常言道：「三分種，七分管，十分收成才保險。」田間管理就是充分利用各種有利因素，克服不利因素，做到及時而又充分地滿足植物生長發育對光照、水分、溫度、養分及其他因素的要求，使藥用植物的生長發育朝著人們需要的方向發展。

田間管理包括間苗、定苗、中耕除草與培土、追肥、灌水與排水、病蟲害防治等，有部分藥用植物還必須進行打頂與摘蕾、整枝修剪、覆蓋與遮陰等管理。

一、間苗與補苗

藥用植物種子細小的很多，有些藥用植物成熟度不一致，為保證苗齊苗壯，常加大播種量，因此，出苗後田間密度較大，必須及時間苗，除去過密、瘦弱和有病蟲的幼苗。又因苗期氣候多變，常因乾旱、病蟲危害造成缺苗，所以，間苗工作分兩次進行。第一次間苗，是疏去過密和弱小的秧苗，株距為定苗距離的 1 / 2 左右。第二次間苗又稱定苗，株行距與正常生長要求的一樣。通常間苗宜早不宜遲。若遲間苗，幼苗生長過密，植株細弱，有時還會因過密通風不良招致病蟲危害。另外，間苗偏晚不僅影響附近幼苗生長，而且還浪費地力，多消耗人工。

結合間苗還要及時進行補苗，把缺苗、死苗和過稀的地方補栽齊全。

二、中耕培土和除草

藥用植物生長過程中，由於田間作業人畜踐踏、機械壓力、降雨等作用使土壤逐漸變緊，孔隙度降低，表層土壤板結。所以，必須鬆土，通常借助畜力、機械力鬆土，故又稱中耕。結合中耕把土壅到植株基部，俗稱培土。許多藥用植物整個生育期中要進行多次中耕培土，如薏苡、黑豆、桔梗、紫蘇、甜菜、白芷、玄參、地黃等。

中耕可以疏鬆土壤，消滅雜草，減少地力消耗，增加土壤通透性，促進微生物對有機質的分解，提高土壤養分，抑制鹽分上升；培土可以保護芽頭（玄參），增加地溫，提高抗倒伏能力，利於塊根、塊莖的膨大（如玄參、半夏等）或根莖的形成（如黃連、玉竹等），在雨水多的地方，有利於排水防澇。

中耕培土的時間、次數、深度（或培土高度）要因植物種類、環境條件、田間雜草和耕作精細程度而定。一般植物中耕 2～3 次，以保持田間表土疏鬆、無雜草。中耕深度，在北方第一次多採用耠子鬆土，深 8～10 公分，通常第一次中耕是鬆土而不培土，耠地時耠起的土壅不到苗根部。第二次中耕採用小鏵子，耕深 7～8 公分，培土 1～2

公分。第三次中耕採用大鏟子犁地，深度 10～15 公分，苗株基部培土 2～3 公分。

中耕培土以不傷根、不壓苗、不傷苗為原則。一般 3 次中耕培土管理要在莖稈快速伸長前完成。多年生藥用植物應結合防凍在入冬前培土 1 次。

田間雜草是影響藥材產量的因素之一。防除雜草的方法很多，如精選種子、輪作換茬、水旱輪作、合理耕作、人工直接鋤草、機械中耕除草、化學除草等。化學除草是使用化學除草劑除草，它是農業現代化的一項重要措施，具有省工、高效、增產的優點，近年有較大的發展。

除草劑的種類很多，按除草劑對藥用植物與雜草的作用可分為：選擇性除草劑和滅生性除草劑。選擇性除草劑利用其對不同植物的選擇性，能有效地防除雜草，而對藥用植物無害，如敵稗、滅草靈、2，4-D、二甲四氯、殺草丹等。滅生性除草劑對植物缺乏選擇性，草苗不分，不能直接噴到藥用植物生育期的田間，多用於休閒地、田邊、田埂、工廠、倉庫或公路和鐵路路邊，如百草枯、草甘磷、五氯酚鈉、氯酸鈉等。

化學除草多採用土壤處理法，即將藥劑施入土壤表層防除雜草，莖葉處理方法很少用。土壤處理要求在施藥之前先澆 1 次水，使土壤表面緊實而濕潤，既給雜草種子創造萌發條件，又能使藥劑形成較好的處理層。

一般施藥後 1 個月內不進行中耕。土壤處理的關鍵是施藥時期，據農作物、蔬菜上的應用經驗認為，種子繁殖的植物應在播後出苗前（簡稱播後苗前）雜草正在萌動時施藥效果最好。

通常播種後兩三天內施藥效果最佳。育苗移栽田塊多在還苗後雜草萌動時施藥，未還苗施藥容易引起藥害。不論播種田還是移栽田都不能施藥太晚，施藥太晚雜草逐漸長大，降低防除效果，有時栽培植物種子萌發還會引起藥害。

需要注意的是，由於藥用植物栽培涉及的植物種類多，因此專門針對藥用植物田間雜草的除草劑種類較少，而多是使用適用於同一科類的糧食作物或其他經濟作物的除草劑。在藥用植物栽培過程中使用除草劑，一定要慎重，盡可能先試用。具體方法如下：

① 選取健壯藥用植物 3～5 株，株形較小者可適當多選；

② 嚴格按除草劑使用說明操作，調配適宜濃度的除草劑水溶液，並按要求的量噴施；

③ 觀察兩週。如藥用植物無不良反應（如葉片發黃、萎蔫、捲縮等），則可大範圍使用。如出現不良反應，則視為該除草劑對藥用植物產生藥害，不能在該藥用植物種植的田間施用。

附：藥用植物三階段除草法

藥材播種前除草法

這是最重要的除草時期，藥農應爭取一次施藥保證藥材在整個生長期不受雜草危害，可選用的藥劑有 48% 氟樂靈乳油和 50% 乙草胺乳油。48% 氟樂靈乳油能有效防除一年生、靠種子繁殖的禾本科雜草，如馬唐草、牛筋草等，也可防除小粒種子的闊葉草，其田間持效期為 2～3 個月。種子類藥材在播種前 5～10 天，雜草萌發出芽前，每 0.0667 公頃用 48%氟樂靈乳油 80～100 毫升對水 40～50 千克對藥田表土噴施。噴藥後隨即淺翻土壤 5～7 公分。50%乙草胺主要使雜草的根停止生長，對多種一年生禾本科雜草有特效，也可除去部分小粒種子的闊葉草。50%乙草胺應在播種前（播後不久也行）或移栽田作畦後移栽前 3～5 天雜草出土前施用。每 0.0667 公頃用 70～75 毫升藥劑對水 40～60 千克均勻噴灑表土。

值得注意的是禾本科藥材不宜使用。

藥材播後苗前除草法

可用 20%克無蹤水劑和 41%農達水劑。對播種後需 10～30 天才出苗的藥材如防風、柴胡等，每 0.0667 公頃用 20%克無蹤水劑 150～250 毫升對水 25～30 千克，或用 41%農達水劑 150～200 毫升對水 30～40 千克，在雜草見綠而藥材尚未出苗前噴灑，除掉雜草。藥材出苗後絕不能使用這兩種藥劑除草，以免殺死藥苗。

藥材出苗後除草法

可選用 6%克草星乳油和 8%高效蓋草能，6%克草星乳油對一年生禾本科雜草和闊葉草都有很好的防除效果，對多年生雜草亦有明顯的抑制作用。每 0.0667 公頃用 6%克草星乳油 70～80 毫升對水 30～40 千克，在雜草平均高度 5 公分以下時噴施。8%高效蓋草能施藥適期長，殺草譜廣，能有效防除一年生禾本科雜草如牛筋草、馬唐草、狗尾草、狗牙根、白茅根等多年生雜草。

一般每 0.0667 公頃用該藥劑 25～30 毫升對水 20～30 千克，以扇形噴頭於雜草 3～6 葉期作莖葉噴霧處理。蓋草能對板藍根、白朮等闊葉藥材無影響，但對禾本科類藥材如薏苡等有危害。

三、追肥

追肥是補充基肥的不足，以滿足藥用植物在不同生長發育時期的需要。一、二年生草本藥用植物在苗期進行追肥，可促進莖葉的生長，此時氮肥可稍多一些。在以後的生長期，磷、鉀肥應逐漸增加。在生長旺盛期，其追肥次數要相應增多。多年生藥用植物追肥次數可少些。

一般追肥時期：第一次在春季開始生長後；第二次宜在開花前；第三次宜在開花後；第四次在秋季葉枯後，宜在植株的根旁補以堆肥、廄肥、餅肥等有機肥料。

追肥時應注意：

① 要選晴天，土壤乾燥時追施，因陰雨天不但養分不易被根部吸收，而且肥液易被雨水沖失，造成浪費；

② 施用的肥料必須是充分腐熟的有機肥，並用水稀釋後才可施用，這樣肥分吸收較快，且不會造成燒傷現象；

③ 藥用植物的根系分佈較廣時，吸收養分和水分全靠鬚根。因此，肥料應在根際周圍開環狀溝施下，不要太靠近植株，以免引起灼傷。

四、灌溉

藥用植物雖然可以從天然降水獲得所需的水分，但由於降雨不均，尤其是在乾旱季節，缺水對植物生長發育影響很大，因此應進行及時的人工灌溉。

幼苗移栽或定植後的灌溉與其成活關係甚大，因幼苗在移植後，根系尚未與土壤充分密接，而且由於移植損傷了部分根系，吸水力減弱，此時如不及時灌水，幼苗的生長最易因乾旱而死亡。因此，一般在移植後，要連續灌水3～4次，幼苗生長才可以穩定下來，以後視天氣情況適當予以灌溉。每次灌水應充分灌足，灌透。

灌水量及次數，視季節、土質及藥材種類不同而異。一般在夏季和春季乾旱時期，應多次灌水。一、二年生草本藥用植物及球、鱗莖類藥材容易受到乾旱影響，灌溉次數應較地下根和根莖類藥材為多。灌水量視天氣情況而定，晴天又風大時要多灌水，陰天又無風時少灌或不灌水；沙土及沙壤土的灌水次數應較黏重土質為多。

灌水時間視季節而異，夏季灌溉應在清晨或傍晚進行，因此時水的溫度與土溫相差較小，不致影響根系的活動。傍晚灌溉尤為重要，可以避免水分的迅速蒸發。冬季灌溉應在中午前後進行，因冬季早晚氣溫較低。5～6月份由於氣溫逐漸升高，植物需水量也日益增加，必須及時灌溉，充分滿足藥用植物對水分的需要；7～8月份天氣火熱乾燥，正是植物生長旺盛季節，這時不能缺水，否則影響植物的生長發育。

花、果類藥用植物在開花期和結果期，一般應少灌水或不灌水，以免引起落花落果現象。

當雨水過多時，應及時疏溝排水，尤其是栽培根及地下莖類中藥材時，更應注意做好排水工作，否則容易引起爛根現象，造成減產，甚至絕產。多年生藥用植物，在土地凍結前，還應灌1次「封凍水」，以利藥用植物安全越冬。

五、植株調整

栽培的藥用植物（全草入藥類除外）並不是整株都能

作為藥材使用，能作為藥材使用的即產品器官只是很少的一部分。為使栽培藥用植物能達到高產穩產和優質，就必須在其生長發育中，人為地調整某些植物的生長與發育的速度，修整個體的株形結構，使之利於藥用器官的形成。下面是草本植物植株調整技術的介紹。

草本植物植株調整的主要內容有摘心、打杈、摘蕾、摘葉、整枝壓蔓、疏花疏果、修根等。進行植株調整的好處是：

① 平衡營養器官和果實的生長；

② 抑制非產品器官的生長，增大產品器官的個體並提高品質；

③ 調節植物體自身結構，使之通風透光，提高光能利用率；

④ 可適當增加單位面積內的株數，提高單位面積產量；

⑤ 減少病蟲害和機械損傷。

（1）摘心打杈

在栽培管理上把摘除頂芽叫摘心，亦稱打頂、摘頂；摘除腋芽叫打杈。打頂可以抑制主莖生長，促進枝葉生長，像以花頭入藥的菊花，其花頭著生於枝頂，摘心後可使主莖粗壯，減少倒伏，並使分枝增多，增加花頭數目。

一般生育前期摘心 1～3 次，可使番瀉葉在摘心後枝葉繁茂，提高了葉的產量。摘心、打杈可以抑制地上部分的生長，促進地下器官的生長與膨大，如烏頭、澤瀉，又如絲瓜、栝樓、蓽茇、巴戟天、何首烏、望江南等。所以這類藥用植物栽培管理上，到生育中期後要摘心、打杈，保證部分枝幹花果正常成熟。

（2）摘蕾摘葉

根及地下莖類入藥的藥用植物，如人參、西洋參、三七、黃連、貝母、知母、射干、半夏、北沙參、澤瀉、芍藥、烏頭、玄參、黃芩等。進入開花結果年齡後，年年開花結實。花果消耗掉大量營養物質，嚴重影響根及地下莖的產量。在栽培管埋上，除了留種田外，其餘田塊上的花蕾都要及時摘除，這樣既可提高產量，又能提高產品品質。

如人參，在五年生留種 1 次，參根增產 14%；在第五、六年 2 年連續留種，參根減產 29%，在第四、五、六年 3 年連續留種，參根減產 44%。平貝母摘蕾鱗莖產量增加 10%～15%，生物鹼含量提高 1.6%～3.0%。像何首烏、絲瓜等藥用植物，莖基部的老葉，到生育後期同化作用減弱，甚至同化作用積累的有機物少於自身呼吸作用的消耗，這樣葉子的存在既不利於光合積累，又影響通風透光。

在栽培上，常在葉子光合積累小於呼吸消耗時，及時摘除老葉，以保證整體光合積累都貯於產品器官之中，保證穩產高產。一般老葉是以葉片 80%變黃時為標準。

（3）整枝壓蔓

南瓜和冬瓜的種子、葉、皮、藤、果實均屬中藥，其原植物是爬地生長。經壓蔓後，不僅植株排列整齊，受光良好，管理方便，而且還可促進發生不定根，增加根吸收營養和水分的能力，從而促進果實發育，增進品質。

此類植物腋芽常發育分枝，特別是坐果前面莖節上的分枝，與果實競爭養分，嚴重影響果實的產量和品質。所以，結合壓蔓管理，要除去分枝和腋芽，保證 1～2 個主幹上的果實健康發育。

（4）疏花疏果

以果實、種子入藥的藥用植物（如薏苡、枸杞、山茱萸等），或靠果實、種子繁殖的藥用植物，種子、果實生長的好壞直接關係到藥材的產量和品質，直接影響播種、出苗質量。從目前商品和種子質量要求上看，果大子大品質最佳。生產上採用的疏花疏果技術就是培育大果大子的重要措施之一。疏花疏果培育大果技術在果樹、蔬菜上早已廣為應用。

在藥用植物中需要進行疏果的植物有栝樓、羅漢果、南瓜、冬瓜和一些果藥兼用的果樹。

（5）修根

少數藥用植物（如烏頭、芍藥等）在栽培上需要經由修根來提高藥材的產量和品質。例如烏頭生長發育過程中，塊根周圍生有許多小塊根。如不修除任其自然生長，形成的塊根數量多，個頭小，產品商品等級低，不適合加工附片。雖然產量高，但產值低。如果進行修根，去掉多數小塊根，只留 1～2 個大的塊根，使營養集中供給 1～2 個塊根生長，其結果是塊根個頭大、品質好，雖然產量不及不修根者，但產值高，銷售快。又如浙江及安徽亳州地區栽培芍藥要修去側根，即為了保證主根肥大。

六、搭棚支架

對於一些攀緣、纏繞和蔓生性的藥用植物，生長到一定高度時，需搭棚支架，以牽引其枝蔓的發生。如天門冬、黨參、蔓生百部、山藥等株形較小的種類，只需在株旁立竹竿支柱即可；而忍冬、五味子、栝樓、木鱉子、羅漢果等株形較高大的種類，則應搭設支架，以利藤蔓匍匐在棚架上生長。

七、防寒越冬

為了避免或減輕冷空氣的侵襲，提高土溫，減少地面夜間的散熱，加強近地面空氣的對流，使藥用植物免遭寒凍危害，要根據各地氣候條件的不同，採用不同的防寒方法。常用的方法有下面幾種：

（1）覆蓋法

在霜凍來到之前，可在畦面上覆蓋雜草、落葉、馬糞及草席等物，直到晚霜過後，再將畦面覆蓋物除去。此法防寒效果較好，簡單易行。亦可採用玻璃窗、塑膠薄膜防止低溫和霜凍。

（2）培土法

冬季地下部分全部休眠的地下根及根莖類，灌木狀木本藥用植物，可採用在其根際周圍培土的辦法防寒，如牡丹、芍藥等。待春季來到後或發芽前，再將所培土扒開。

（3）薰煙法

對一些露地越冬的二年生藥用植物，可採用在其地面堆草薰煙的辦法來防霜凍。薰煙時，用煙和水汽組成濃密的煙霧，能減少土壤熱量的散失，從而防止了土溫的降低；同時，發煙時煙粒吸收熱氣，使水汽凝成液體而放出熱量，以提高氣溫，防止霜凍。但薰煙法只有在溫度不低於 –2℃時使用才有效果。

（4）灌水法

冬灌也能減少或防止凍害。春灌有保溫、增溫的效果。因水的比熱容比乾燥的土壤和空氣的比熱容大得多，灌溉後土壤的導熱能力提高，深層土壤的熱易於傳導上來，因而可以提高近地表空氣的溫度；同時，灌溉又可提高空氣中的含水量，而空氣中的蒸汽凝結成水滴時，則放出潛熱可以提高氣溫。

（5）淺耕法

對表土層進行淺耕，可減低因蒸發而產生的冷卻作用，並因淺耕後的表土組織疏鬆，有利於太陽熱量的導入。再鎮壓，更可增強土壤對熱的傳導作用，並可防止已吸收熱的散發而保持土壤下層的溫度。

（6）密植防寒法

密植可以增加單位面積莖葉數目，從而減低了地面熱的輻射，起到保溫作用。

此外，設立風障，減少氮肥，增施磷、鉀肥，對木本藥用植物樹幹或植株用稻草或草袋進行包紮等均為有效的防寒越冬措施。

第五節　藥用植物的採收

合理採收中草藥，對保證藥材質量，保護和擴大藥源，具有重要意義。中國勞動人民對中草藥的採收積累了豐富的經驗。如「春採茵陳夏採蒿，知母黃芩全年刨，秋天上山挖桔梗，及時採收質量高」，說明了採收季節對保證中草藥質量的重要性。但是中草藥的合理採收，不但與採收季節有關，而且與中草藥的種類、藥用部分都有關。採收時，不但要考慮中草藥的單位面積產量，而且還要考慮有效成分的含量，只有這樣才能獲得高產優質的藥材。

藥用植物種類繁多，藥用部位不同，其最佳採收的時間也不相同。所謂最佳採收期，是針對中藥材的質量而言的。中藥材品質的好壞，取決於有效成分含量的多少，與產地、品種、栽培技術和採收的年限、季節、時間、方法等有密切關係。為保證中藥材的品質和產量，大部分藥用植物成熟後應及時採收。

藥用植物的成熟是指藥用部位已達到藥用標準，符合國家藥典規定和要求。藥材質量包括內在質量和外觀性狀，所以藥用植物最佳採收期應在有效成分含量最高，外觀性狀（包括形、色、質地、大小等）最佳的時期進行，才能得到優質的藥材，達到較好的效益。

根據前人經驗，結合影響藥材性狀和品質的因素及藥用植物生長發育過程中營養物質貯失規律，按藥用植物藥用部分的不同，對藥用植物的最佳採收期簡述如下。

一、以根及根莖類入藥的藥用植物品種

此類中藥材一般以根及根莖結實，根條直順、少分叉、粉性足的質量較好，採收季節多在秋、冬或早春，待其生長停止、花葉凋謝的休眠期及早春發芽前採收。大部分品種在秋季植株停止生長後或春季發芽前採收，因為在秋季到初春時，藥用植物根莖部貯存了大量營養物質，有效成分含量最高，營養物質最豐富，品質最好。但也有例外情況，如黃芪、草烏、黃連、黨參等在秋季採收，而太

子參、半夏、附子等則以夏季刨收有效成分含量高，品質好。現把部分品種最適宜的採收期分述如下，供參考。

早春採收：甘草、丹參、拳參、虎杖、赤芍、北豆根、地榆、苦參、遠志、甘遂、白蘞、獨活、前胡、藁本、防風、柴胡、秦艽、白薇、紫草、射干、莪朮、天麻、黃芩、南沙參、桔梗、蒼朮、紫菀、漏蘆、三棱、百部、黃精、玉竹等。

秋季採收：黃芪、狗脊、防己、威靈仙、草烏、白芍、黃連、升麻、商陸、常山、人參、三七、當歸、羌活、北沙參、龍膽、白前、徐長卿、地黃、續斷、黨參、香附、白附子、天冬、山藥、白及等。

冬季採收：大黃、何首烏、牛膝、板藍根、葛根、玄參、天花粉、白朮、澤瀉、天南星、木香、土茯苓、薑黃、鬱金等。

夏季採收：延胡索、附子、川烏、太子參、貫眾、川芎、白芷、半夏、川貝母、浙貝母、麥冬等。

二、以花入藥的藥用植物品種

花類中藥材多在花蕾含苞未放時採收，品質較好，如花已盛開，則花易散瓣、破碎、失色、香氣逸散，嚴重影響品質。

如，金銀花應在夏秋花蕾前部膨大由青轉黃時，丁香在秋季花蕾由綠轉紅時，辛夷在冬末春初花未開放時，玫瑰在春末夏初花將要開放時，槐米在夏季花蕾形成時，採收最適宜，其有效成分含量高，品質好。

但也有部分花類中藥材品種需在花朵開放時採收，例如，月季花在春夏季當花微開時，鬧羊花在4～5月份花開時，洋金花在春夏及花初開時，菊花在秋冬花盛開時，紅花在夏季花由黃變紅時，為最適宜的採收期。

三、以果實及種子類入藥的藥用植物品種

果實類中藥材多在自然成熟或將近成熟時採收較好，種子類中藥材應在種子完全發育成熟、子粒飽滿、有效成分含量高時採收較好。

如火麻仁、馬兜鈴、地膚子、青箱子、五味子、王不留行、肉豆蔻、萊菔子、覆盆子、木瓜、山楂、栝樓、苦杏仁、鬱李仁、烏梅、金櫻子、沙苑子、草決明、補骨脂、枳殼、吳茱萸、巴豆、酸棗仁、膨大海、大風子、使君子、河子、小茴香、蛇床子、山茱萸、連翹、女貞子、馬錢子、菟絲子、牽牛子、天仙子、枸杞子、牛蒡子、薏苡、砂仁、草果、益智仁等。

對成熟度不一致的品種，應隨熟隨採，分批進行，如急性子、千金子等。

四、以葉入藥的藥用植物品種

葉類中藥材品種宜在植株生長最旺、花未開放或花朵盛開時採收。此時植株已經完全長成，光合作用旺盛，有效成分含量最高，如大青葉、紫蘇葉、番瀉葉、臭梧桐葉、艾葉等。

五、以全草入藥的藥用植物品種

全草入藥的中藥材應在植株生長最旺盛而將要開花前

採收，如薄荷、穿心蓮、伸筋草、魚腥草、淫羊藿、仙鶴草、透骨草、馬鞭草、藿香、澤蘭、半枝蓮、白花蛇舌草、千里光、佩蘭、蒲公英、茵陳、淡竹葉、石斛等。但也有部分品種以開花後秋季採收，其有效成分含量最高，如麻黃、細辛、垂盆草、紫花地丁、金錢草、荊芥等。

第六節　藥材的儲藏

一、中藥材貯藏與周圍環境的影響

（一）藥材的防霉

大氣中存在著大量的霉菌孢子，如散落在藥材表面上，在適當的溫度（25℃左右）、濕度（空氣中相對濕度在85%以上或藥材含水率超過15%）以及適宜的環境（如陰暗不通風的場所）、足夠的營養條件下，即萌發成菌絲，分泌酵素，分解和溶蝕藥材使藥材腐壞，以及產生穢臭惡味。因此，防霉的重要措施是保證藥材的乾燥，入庫後防濕、防熱、通風，對已生霉的藥材，可以用撞刷、晾曬等方法簡單除霉，霉跡嚴重的，可用水、醋、酒等洗刷後再晾曬。

（二）藥材的防蟲

蟲蛀對藥材的影響甚大，對於大量貯存保管的藥材倉庫，主要是用磷化鋁等化學藥劑薰蒸法防蟲和殺蟲。對於藥房中小量保存的藥材，除藥劑殺蟲外，還可採用下列方法防蟲。

(1) 密封法

一般按件密封，可採用適當容器，用蠟或泥封固，怕熱的藥材可用乾沙或稻糠埋藏密封，貴細藥材，可充二氧化碳或氮氣密封。

(2) 冷藏法

溫度在5℃左右即不易生蟲，因此，可採用冷窖、冷庫等乾燥冷藏。

(3) 對抗法

這是一種傳統方法，適用於數量不多的藥材。如澤瀉與丹皮同貯，澤瀉不生蟲、丹皮不變色，蘄蛇中放花椒，鹿茸中放樟腦，栝樓、蛤士蟆油中放酒等均不生蟲。

(三)藥材的其他變質情況

(1) 變色

酶引起的變色，如藥材中所含成分的結構中有酚羥基，則在酶作用下，經過氧化、聚合，形成了大分子的有色化合物，使藥材變色，如含黃酮類、羥基蒽醌類、鞣質類等藥材，則容易變色。

非酶引起的變色原因比較複雜，或因藥材中所含糖及糖酸分解產生糖醛及其類似化合物，與一些含氮化合物縮合成棕色色素使藥材變色；或因藥材中含有的蛋白質中的氨基酸與還原糖作用，生成大分子的棕色物質，使藥材變色。此外，某些外因如溫度、濕度、日光、氧氣、殺蟲劑等多與變色的快慢有關。因此，防止藥材的變色，常需乾燥避光冷藏。

(2) 泛油

泛油指含油藥材的油質泛於藥材表面以及某些藥材受潮、變色後表面泛出油樣物質。前者如柏子仁、杏仁、桃仁、鬱李仁(含脂肪油)、當歸、肉桂(含揮發油),後者如天門冬、孩兒參、枸杞等(含糖質)。藥材泛油,除油質成分損失外,常與藥材的變質相聯繫,防止泛油的主要方法是冷藏和避光保存。

此外,如中草藥由於化學成分自然分解、揮發、昇華而不能久貯的,應注意貯存期限。其他如松香久貯,在石油醚中溶解度降低;明礬、芒硝久貯易風化失水;洋地黃、麥角久貯有效成分易分解等。

貯藏藥材應根據不同種類採取不同的措施,以保證乾燥、防止霉爛,避免蟲、鼠危害。貯藏期間一般以室溫15~18℃、相對濕度在20%~50%為宜。

近年來,加工貯藏藥材用的現代化空調設備日漸普及,化學乾燥劑的應用也逐步得到推廣,藥材的乾燥加工和貯藏方法得到不斷改善與提高。

二、中藥材的貯藏方法

中藥材採收加工後,因受周圍環境和自然條件等因素的影響,常會發生霉爛、蟲蛀、變色、泛油等現象,導致藥材變質,影響或失去療效。必須及時進行科學的包裝、貯藏,才能保持其品質和價值。若包裝貯藏不當,使其出現蟲蛀、霉爛、變質、揮發和變味等現象,不僅失去藥效,而且用後還會產生毒副作用。

藥材最好是放在高燥涼爽、空氣流通的地方貯藏,根據藥材性狀不同，貯存保管的方法也應加以區別。

(一)根據藥用部位

(1) 根莖類藥材的貯藏

這類藥材乾燥後需放置於通風、陰涼、低溫、乾燥的場所貯藏。不宜堆積過高，最好用容器盛裝；夏季注意翻曬，預防蟲蛀。

(2) 根類藥材的貯藏

這類藥材一般存放在冷涼低溫的地方。雨季到來之前，可用硫磺薰蒸 1 次，然後晾曬再行裝入容器內保持乾燥。

(3) 種子、果實類藥材的貯藏

這類藥材在貯藏中應注意防鼠、防蟲。雨季空氣濕度大、溫度高，要防止發霉、出油。

(4) 皮類、葉類藥材的貯藏

此類藥材乾燥加工後應打捆或用筐簍盛裝，放置在通風冷涼處。對於比較貴重的品種如桂皮等，應裝入內襯鋁皮的木箱，在箱內放進矽膠乾燥劑，密閉貯藏。

(5) 花類藥材的貯藏

花類藥材貯存以能夠保持其色鮮味正為原則，一般宜用木箱包裝。如金銀花每箱包裝 25 千克，密封，使與外界空氣隔絕。夏季放進冷藏倉庫效果良好。

(二)根據有效成分

(1) 含揮發油類藥材的貯藏

如細辛、川芎、白芷、玫瑰花、佛手花、月季花、木香和牛膝等多含揮發油，氣味濃郁芳香，色彩鮮豔，不宜長期暴露在空氣中。因此，此類藥材宜用雙層無毒塑膜袋包裝。袋中放少量石灰明礬，乾燥的鋸木屑、穀殼等物。紮緊後貯藏於乾燥、通風、避光處。

（2）脂肪類、糖類和蛋白質等易外滲藥材的貯藏

如鬱李仁、薏苡仁、柏子仁、杏仁、芡實、巴豆、木鱉子和蓮子肉等藥材多含澱粉、脂肪、糖類和蛋白質等成分，若遇高溫則其油易外滲，使藥材表面出現油斑污點，引起變質、酸敗和變味。因此，此類藥材不宜貯藏在高溫場所，更不宜用火烘烤，應放在陶瓷缸、壇，玻璃缸、瓶內或金屬桶等容器內，貯藏於陰涼、乾燥、避光處，可防蟲蛀和霉爛變質。

（3）澱粉類藥材的貯藏

如明黨參、北沙參、何首烏、大黃、山藥、葛根、澤瀉和貝母等多含澱粉、蛋白質、氨基酸等多種成分，因此，宜用雙層無毒塑膜袋包裝紮緊後放在裝有生石灰或明礬、乾燥鋸木屑、穀殼等物的容器內貯藏，可防蟲蛀、回潮、變質和霉爛。

（4）含糖類藥材的貯藏

如白及、知母、枸杞子、玉竹、黃精、地黃、天冬、黨參和玄參等含糖類較高的藥材，易吸潮而糖化發黏，且不易乾燥，致使霉爛變質。因此，這類藥材首先應充分乾燥，然後裝入雙層無毒的塑膠袋內包好紮緊，放在乾燥、通風而又密封的陶瓷缸、壇、罐內，再以生石灰或明礬，乾燥且新鮮的鋸木屑、穀殼等物覆蓋防潮。

第四章
藥用植物病蟲害及其防治技術

藥用植物在栽培過程中，常常遭受各種自然災害，其中經常發生而又危害嚴重的是病蟲危害。據安徽農業大學植保系專家調查，危害中藥材的病蟲害近百種，每年因病蟲害造成的產量損失占30%左右。直接影響了中藥材的生產和出口創匯。因此，防治藥用植物病蟲害，已成為提高中藥材品質和產量的重要措施。

第一節　藥用植物病害的基本知識

藥用植物病可分為兩大類：

一類是由於不良環境條件造成的，如缺乏某種營養物質或土壤鹽分過多，溫度過高或過低，乾旱或水澇造成水分變化，以及近代工業所造成的化學污染和傷害等，這些物理和化學的因素是非生物的，當然不能浸染和繁殖，因此，稱為非浸染性病害或稱非寄生性病害。

另一類是由於病原微生物浸染引起的，如真菌、細菌、病毒、類菌原體、線蟲等，能夠浸染、繁殖和傳播，因此，稱為浸染性病害或稱傳染性病害。因為它們是寄生在植物體內的，故這類病害也稱寄生性病害。

此外，高等植物的寄生也能引起病害。在藥用植物的病害中，絕大多數是浸染性病害，而其中由真菌引起的病害又占全部浸染性病害的60%以上。

浸染性病害根據病原生物不同分為下列幾種：

（1）真菌性病害

由真菌浸染所致的病害種類最多，如人參銹病，西洋參斑點病，三七、紅花的炭疽病，延胡索的霜霉病等。

真菌性病害一般在高溫多濕時易發病，病菌多在病殘體、種子、土壤中過冬。病菌孢子借風、雨傳播。在適合的溫、濕度條件下孢子萌發，長出芽管侵入寄主植物內為害。可造成植物倒伏、死苗、斑點、黑果、萎蔫等病狀，在病部帶有明顯的霉層、黑點、粉末等徵象。

（2）細菌性病害

由細菌浸染所致的病害，如浙貝軟腐病、佛手潰瘍病、顛茄青枯病等。侵害植物的細菌都是桿狀菌，大多具有一至數根鞭毛，可通過自然孔口（氣孔、皮孔、水孔等）和傷口侵入，借流水、雨水、昆蟲等傳播，在病殘體、種子、土壤中過冬，在高溫、高濕條件下易發病。細菌性病害症狀表現為萎蔫、腐爛、穿孔等，發病後期遇潮濕天氣，在病部溢出細菌黏液，是細菌病害的特徵。

（3）病毒病

如顛茄、白朮的花葉病，地黃黃斑病，人參、澳洲茄、牛膝、曼陀羅、泡囊草、洋地黃等的常見病害都是由病毒引起的。病毒病主要借助於帶毒昆蟲傳染，有些病毒病可由線蟲傳染。病毒在雜草、塊莖、種子和昆蟲等活體組織內越冬。病毒病主要症狀表現為花葉、黃化、捲葉、畸形、簇生、矮化、壞死、斑點等。

(4)線蟲病

植物病原線蟲，體積微小，多數肉眼不能看見。由線蟲寄生可引起植物營養不良而生長衰弱、矮縮，甚至死亡。根結線蟲造成寄主植物受害部位畸形膨大，如人參、西洋參、麥冬、川烏、牡丹的根結線蟲病等。胞囊線蟲則造成根部鬚根叢生，地下部不能正常生長，地上部生長停滯黃化，如地黃胞囊線蟲病等。

線蟲以胞囊、卵或幼蟲等在土壤或種苗中越冬，主要靠種苗、土壤、肥料等傳播。

一、植物病害的症狀

植物感病後，在形態上所呈現的病變，稱症狀，它包括病狀和病症兩部分。植物感病後所發生的病變表現出來的反常狀態為病狀；病原物在植物發病部位所形成的特徵結構稱為病症。一般植物的病狀容易被發現，而病症常常要在植物病害發展到某一階段才能表現出來。

(一)病狀

植物的病狀主要有下列幾種類型：

(1)腐爛

植物的塊根、塊莖、鱗莖、球莖以及葉片和果實都能受到軟腐細菌的侵害而發生腐爛。腐爛又可以分乾腐、濕腐、軟腐、根腐、莖基腐等。

(2)壞死

多發生在葉、莖、果、種子等器官上，造成局部細胞壞死，出現斑點與枯焦。如黑斑、褐斑、灰斑、角斑、輪紋斑等。在葉片上的病斑，可以見到呈水浸狀或「泊漬狀」，對光透視，比較透明。葉片發病後期，有些病斑會脫落而形成穿孔。

（3）萎蔫

由於植物的莖或根的維管束受病原菌浸染，大量菌體堵塞導管或產生毒素，阻礙和破壞導管水分的運輸，使莖、葉缺水而表現為永久性萎蔫，又分為急性萎蔫與慢性萎蔫兩種。

（4）腫瘤或畸形

細菌浸染植物組織後，植物組織發生刺激性病變，使局部細胞增生、組織膨大成為腫瘤，或生長發育受到抑制，引起畸形。

（二）病症

植物病症的表現因病原物不同而異，其中真菌病害表現出各種各樣的病症，常見的有霉狀物，如霜霉、灰霉、赤霉等；粉狀物如白粉、黑粉、銹粉等，以及小黑點、粒狀物等。細菌病害則多在病部產生菌膿，乾燥後形成菌痂。

二、病害的發生和流行條件

（一）病害發生過程

病原物與寄主接觸，侵入，直到出現症狀，產生繁殖體所經過的全部過程，稱為病程。一般分為侵入期、潛育期和發病期3個階段。

1. 侵入期

從病原物與寄主接觸，侵入，到建立寄生關係的這段時間，稱侵入期。

（1）侵入的途徑

① 接侵入：一些真菌可以自完好的寄主的表皮直接侵入。而病毒與細菌均無此能力。落在植物表面的真菌孢子，當有水分或適宜條件時，發芽產生芽管，芽管伸長與較堅硬的植物表皮相接觸，芽管頂端膨大形成壓力胞緊貼表皮，此時壓力胞產生一較細的侵入絲穿過表皮進入寄主體內。

② 然孔口：真菌和有些細菌可以從植物體表的自然孔口如氣孔、皮孔和水孔等侵入。真菌芽管具有孔口向性，具有向孔口接近的能力與趨向性。

③ 傷口：植物表面有兩類傷口，一類是病蟲傷、機械傷、凍傷、霉傷、自然孔口及肉眼可見的傷口，另一類是微傷、肉眼看不清的傷口，但真菌、細菌、病毒等病原物可通過侵入。

總之，在3類主要病原物中，病毒只能通過傷口侵入，細菌可以由自然孔口與傷口侵入，真菌除上述途徑外，還能直接侵入植物體內。

（2）侵入的條件

① 濕度：病害往往在雨季發生，多雨的年份病害流行，潮濕的環境病情嚴重，這與侵入所需的高濕條件是分不開的。

② 溫度：每種真菌的孢子都具有最高、最適、最低的萌發溫度三基點。離開它所需要的適溫越遠，則所需要萌

發的時間越長。

③ 養分：一般真菌在萌發時依靠其孢子的本身養分，一旦芽管伸長吸收水分時就能從周圍吸收養分，當植物外表有水分時，常有自體內排出或大氣中深入的養分供給病菌。

④ 光線：一般來說，病原菌在有光和無光時均能萌發。但也有孢子在黑暗的環境時萌發很好，有的則要在有光的條件下萌發更快，如銹菌夏孢子。

2. 潛育期

從病原菌與寄主建立了營養關係到植物表現出明顯的症狀為止，這一段時期稱潛育期。這是病原物在寄主體內繁殖、擴展的時期，也是寄主植物對病原物產生反應的時期。在這一時間中，植物和病原物進行著激烈的鬥爭。病原物的浸染能力與寄主的反抗能力的鬥爭結果，才能決定植物是否發病。

潛育期的長短與病原物的生物學特性，寄主植物的種類和生長發育情況以及溫度等有密切關係。短的只要 2～3 天，長的達數月、1 年或更長的時間，一般為 5～10 天。

3. 發病期

寄主植物受病原物浸染之後，經過潛育期一系列的鬥爭和發展，當病原物取得主導地位，發展到從植物外表上可以看到植物的病態，如組織腐爛、病理性的植株萎蔫等，這個時期稱發病期。

當被浸染的植物表現出症狀時，病原物也已到達繁殖時期，多數真菌形成繁殖體後，在發病部位產生孢子，成為下一代浸染來源。大多數的植物浸染性病害在浸染過程停止後，症狀仍然存在，直至寄主植物死亡。

（二）病害流行條件

植物病流行的條件是很高的，主要是寄主、病原物和環境條件 3 個方面的相互作用的結果，稱為病害流行三要素。這裏所說的三要素，具有質和量的含義，同時具有變化消長的含義。

① 寄主方面：感病性強（質），大量集中栽培（量）。

② 病原物方面：致病性強（質），數量多（量）。③ 環境條件方面：氣象、土壤因素以及農業栽培條件等，必須有利於病原物的浸染、繁殖、傳播、越冬而不利於寄主的抗病性，它們都表現為一定的質和量的關係。

只有具備上述三方面因素，病害才能流行。這說明三要素同等重要，缺一不可。

不同的病害或同一種病害，在不同情況下，流行的主導因素也各異。如人參立枯病，土壤中病原物總是存在的，人參品種對立枯病的抗病性也有顯著差異，只要是地溫較低，濕度較大，幼苗過密時，均能降低人參的抵抗力，導致幼苗大量發病。因此，苗期低溫高濕是人參立枯病流行的主導因素。

一般植物浸染性病害的流行需要同時具有：大量感病寄主植物的存在、致病力強的病原物的大量積累、外界環境條件有利於病害的發生，植物病害才能發生流行。

（三）病原物的傳播途徑

（1）風力傳播

許多真菌的傳播都是借風力傳播的，因為真菌產生的孢子體小而輕，便於飛散。如銹病孢子、霜霉病的分生孢子等。

（2）雨水傳播

細菌和產生流動孢子的真菌，常借助雨水的溶解、飛濺而傳播，如遇風夾雨更使病原物在田間擴大散播。土壤中的病菌還可以借流水進行傳播。

（3）昆蟲傳播

昆蟲本身不僅能攜帶病原物，而且在植物體上造成的傷口常成為細菌侵入的門戶。許多病毒還以昆蟲為主要傳播媒介，如蚜蟲、葉蟬、飛虱等。

（4）人為傳播

帶病的種子、苗木及其他繁殖材料，透過調運造成人為傳播。如使用帶有病原菌的種子、苗木、糞肥來進行播種、移栽、施肥，把病原菌傳播到田間，成為病害的浸染來源。此外，整形、修剪、摘心、嫁接等技術措施也使一些病毒病等進行傳播。

第二節　葉部病害及其防治技術

植物的葉片面積大，又暴露在空間，與病原物接觸機會多，受外界環境條件的影響也較大。因此，葉片是容易發生病害的器官。病原物中的真菌、細菌、病毒和線蟲，都能浸染葉片造成病害，而且種類很多。

據記載統計的 61 種藥用植物上，就有 394 種病害，其中，葉部病害有 229 種，占 58.1%。

葉部常見的病害類型有：霜霉病、白銹病、白粉症、煤汙病、銹病、葉斑病、炭疽病、葉枯病、花葉和畸形等。

一、霜霉病和白銹病

霜霉病和白銹病是普遍發生、危害性較嚴重的病害。在低溫多雨的環境條件下，發病迅速，短期內就能造成病害大發生，如元胡霜霉病、菊花霜霉病、牛蒡白銹病、牽牛白銹病等。

（1）霜霉病

危害葉片和嫩莖。葉片發病初為褪綠病斑，病斑邊緣不明顯。病斑擴大後，多被葉脈限制，形成不規則病斑。主要特點是在葉片背面有一層霜狀霉層，霉層呈密集狀或稀疏狀。霉層顏色初為白色，後期變為灰色至灰黑色，最後使葉片變黃枯死。嫩莖發病，也產生白色霉層，造成幼莖腫大彎曲。

（2）白銹病

危害葉片和嫩莖。葉片發病，正面為黃白色斑點，有時幾個小斑連成大斑，葉片背面有白色疱斑，疱斑破裂，散出白色的粉末。嚴重時病斑連接成片，使葉片枯萎。嫩莖發病，產生白色疱斑，使幼莖腫大彎曲。

霜霉病和白銹病的防治：① 選擇抗病力強的品種栽培。② 選用瑞毒霉或乙膦鋁等藥劑防治。③ 清除病殘體，做好田間衛生。④ 加強田間管理，提高植物抗病力和降低田間濕度能減輕發病。

發生霜霉病的藥用植物有：元胡、黨參、北沙參、附子、當歸、大黃、菊花、板藍根、枸杞等。

發生白銹病的藥用植物有：牛膝、山藥、板藍根、黃芪、牽牛等。

二、白粉病

白粉病也是藥用植物常見的嚴重病害之一。在田間和溫室中均能發生危害，致使植株生長衰弱，嚴重時甚至枯死。白粉病危害植物的葉片和嫩莖，也可危害花和果實。葉片發病，初期為近圓形的白色絨狀霉斑，霉斑不斷擴大，相互連接成片，使整個葉片或嫩莖佈滿白色霉層，像撒了一層麵粉。

發病後期，霉層顏色逐漸變為灰色至灰褐色，在霉層中產生褐色至黑色小顆粒即病菌的孢子。發病嚴重的葉片逐漸變褐乾枯而死。嫩梢發病時，常使幼葉捲曲不能展開，生長緩慢，最後造成嫩梢枯死。

防治方法：① 收穫後處理好病殘體，消滅越冬病源。② 加強田間管理，降低田間濕度。③ 合理密植。④ 防治效果較好的藥劑有粉銹寧和抗菌索 120 等。

發生白粉病的藥用植物有：三七、川芎、牛蒡、黃連、黃芪、紅花、菊花、枸杞、栝樓等。

三、銹病

銹病屬真菌病害，危害植物的葉片、嫩莖、花和果實。銹病病斑上生有皰狀或刺毛狀物，黃色或銹褐色，疱斑破裂後，散發出黃色或鐵銹色粉末狀物。

銹菌是一類多孢子類型真菌，有的是在兩種不同類型的植物上輪換寄生，稱轉主寄生，有的只是在一種植物上寄生，稱單主寄生。因此，銹病的發病的規律也有兩種類型：

① 轉主寄生型，病菌必須要在兩種不同的植物上輪換寄生，才能完成其生活史週期。如木瓜銹病先在檜柏株上寄生，再轉到木瓜上寄生。

② 單主寄生型，病菌只在一種藥用植物上就能完成生活史週期。銹病孢子萌發侵入寄主植物，需要高溫的條件，在葉面有水時或飽和濕度時更易萌發侵入寄主。因此，銹病常在陰雨連綿的環境下發生嚴重。

防治方法：① 選用抗病品種。② 噴灑粉銹寧、羥銹寧等防治銹病效果較好的藥劑。③ 清除轉主寄主植物。④ 改善栽培條件。

發生銹病的主要藥用植物有：三七、元胡、白朮、芍藥、白芷、當歸、貝母、北沙參、黨參、黃芪、紫菀、紫蘇、荊芥、薄荷、紅花、菊花、忍冬、白扁豆、木瓜等。

四、葉斑類病害

藥用植物葉片上產生的枯死斑點，統稱葉斑病，也是一種常見病害，能造成毀滅性危害。發病部位主要是葉片，也能危害嫩梢或果實，形成枯死斑點。

病斑形狀有：圓斑、輪紋斑、角斑，或病斑破裂形成孔洞。

病斑顏色有：褐色、灰褐色或紅褐色。

葉斑類病是真菌病害，是以菌絲、分生孢子器（即病部小黑點）在病葉和病株上越冬，翌年春季形成分生孢子隨風雨傳播。在雨水多、缺肥、管理粗放、植株生長衰弱的情況下發病嚴重。氮肥施用過多、植株幼嫩、枝葉茂密的地塊發病也嚴重。

防治方法：① 收穫後徹底清除病殘物體，燒毀深埋。② 合理施肥，加強田間管理。③ 實行輪作。④ 發病初期噴施多菌靈、托布津、代森鋅或波爾多液等藥劑。

發生葉斑病的藥用植物主要有：牛膝、甘草、天南星、決明、紅花、枸杞、山藥、木瓜、薄荷、菊花、金銀花、桔梗、白芍、白朮、白芷等。

五、葉枯類病害

葉枯類病害是藥用植物葉片上的嚴重病害，在大量發生時，造成葉片枯死脫落。藥用植物發病時先在葉尖或葉緣發生，擴展較快，後期病斑連成片，呈焦枯狀，或枯死脫落。病斑的顏色有：灰色、灰褐色、褐色。有的有輪紋，其邊緣的顏色較深或帶紅色。後期，病斑上出生不同顏色的霉狀物，如黑色霉狀物、灰色霉狀物、墨綠至黑紫色霉狀物。

葉枯病為真菌病害，以菌絲、分生孢子、菌核等在病殘植株上越冬，翌年春浸染藥用植物引起發病，產生孢子後，隨風雨向周圍傳播，從傷口或自然孔口侵入。在雨水多的情況下發病嚴重。

防治方法：① 收穫後徹底燒毀病殘體。② 增施磷鉀肥，加強田間管理，促進植株生長健壯。③ 發病初期噴施多菌靈、乙膦鋁、托布津、代森鋅等藥劑。④ 實行輪作。

發生葉枯類病害的藥用植物有：貝母（灰霉病、黑斑病），芍藥（灰霉病），牡丹（紅斑病），麥冬（黑斑病），板藍根（黑斑病），紫菀（黑斑病），枸杞（疫病），菊花（葉枯線蟲病）等。

第三節　根及根頸部病害及其防治技術

一、立枯病

立枯病是發生在藥用植物幼苗上的常見病害，危害嚴重，常造成幼苗成片枯死。

發病初期，在幼苗近地面莖基部出現黃褐色濕潤狀長形病斑，病斑向莖部周圍擴展。條件適宜時，病斑擴展很快，形成繞莖病斑。病斑處失水乾縮，呈褐色粗線狀。如拔起病苗，可見病部有蛛絲狀物，並帶有土粒。由於莖基部乾縮，失去輸送養分和水分的功能，使幼苗枯萎，成片倒伏枯死。發病較晚的，由於木質化程度高，呈現立枯狀，故稱立枯病。

立枯病是真菌病害，以其菌絲、菌核在土壤中或雜草中過冬。翌春遇到適宜的寄主植物，從傷口侵入或直接侵入，使幼苗莖部發病。苗期如遇多雨、低溫天氣，或土壤排水不良，或幼苗密度過密，造成幼苗生長不良等情況時，立枯病發生嚴重。

防治方法：① 在播種前對土壤進行消毒。② 實行輪作。③ 加強田間管理，降低土壤濕度。④ 進行藥物浸種或拌種，即將種子放入 65%退菌特 500 倍液或 50%敵克松 500 倍液中浸泡 10～30 分鐘。⑤ 發病期要及時拔除病苗燒毀，並對苗床灌藥（50%的多菌靈可濕性粉劑）防治。

發生立枯病的藥用植物有：人參、三七、白朮、芍藥、北沙參、西洋參、荊芥、防風、黃芪、菊花、杜仲等。

二、猝倒病

此病與立枯病相似，常使幼苗成片倒伏枯死，危害較嚴重。幼苗出土前和出土後均會發生猝倒病。種子在出苗前後發病，則胚芽和子葉腐爛，造成爛種。猝倒病在幼苗莖基部近地面處出現水漬狀黃褐色腐爛病斑，似開水燙過一樣，使組織軟化，病部迅速腐爛。植株倒伏後，葉片可仍為綠色，似突然猝死，故稱猝倒病。拔苗觀察，病部常有白色絲狀物。

猝倒病為真菌病害。病菌以卵孢子在土壤中越冬，菌絲也能在土壤中腐生存活。翌春病菌侵害幼苗，引起病害，常在病部產生白色絲狀物。病菌形成孢子後，隨雨水傳播，造成擴大蔓延。在低溫、潮濕和黏重的土壤中發病嚴重。

防治方法：① 加強田間管理，降低田間濕度，提高地溫。② 施用腐熟的有機肥料。③ 合理密植，在苗期勤鬆土，少澆水，促進幼苗生長健壯。④ 播前施用 5%瑞黴素顆粒劑，每 0.0667 公頃 2.2 千克，撒在地表，翻入土中，對土壤進行消毒處理。⑤ 幼苗出土後，噴灑 25%瑞黴素

600～800 倍液或噴灑 160 倍等量波爾多液防治。

發生猝倒病的藥用植物有：人參、牛膝、桔梗、紅花、穿心蓮等。

三、根腐病

根腐病是藥用植物普遍發生，危害嚴重的一種病害。根．塊根．塊莖．鱗莖等均會感病腐爛，嚴重影響藥材的產量和品質。此病發生初期，先是個別的支根或鬚根變褐腐爛，逐漸向主根擴展，主根發病後，導致全根或根莖腐爛。發病初期植株不表現症狀，隨著根部腐爛程度的加劇，吸收水分和養分的功能逐漸減弱，隨著病情的加重，葉色由綠逐漸變黃，葉片變小，萎蔫狀況不能恢復，最後葉片自上而下逐漸枯死。

造成根腐病的病原物主要為真菌和細菌。病原物都是在土壤中的病殘體上越冬，能在土壤中存活數年，也有在種栽上越冬。病菌多從根部傷口處侵入，當根部受線蟲、其他地下害蟲危害後，病菌也能被帶入。在土壤黏重，水分過多的情況下發病嚴重。

防治方法：① 實行輪作，最好是與禾本科作物實行 3 年以上輪作。② 對土壤進行消毒。③ 及時防治地下害蟲、蟎類昆蟲。④ 增施經過充分腐熟的有機肥。⑤ 繁殖材料在播種前進行藥劑（退菌特或托布津）消毒。

發生根腐病的藥用植物有：白朮、生薑、貝母、芍藥、牡丹、地黃、玄參、黨參、太子參、板藍根、黃芪、牛膝、菊花、紅花、枸杞、杜仲等。

四、白絹病

在多年生的草本藥用植物中發生較多，也是危害嚴重、普遍發生的一種病害。白絹病危害植物近地面處的莖和根，病部變褐腐爛，嚴重時髒爛呈亂麻狀，在其發病部位長出一層白色絹絲狀物，故稱白絹病。

在土壤濕度較大時，菌絲可長出地表，在被害植物上和地表上有一層白色絲狀物，並可見白菜子大小的菌核。菌核初為白色，逐漸變為黃褐色。由於根或莖被害，植株輸送水分受阻，最後逐漸萎蔫枯死。

白絹病為真菌病害。病菌以菌絲和菌核在土壤中或植物病殘體上以及雜草中越冬，翌春遇適宜寄主植物侵入危害。

防治方法：① 與禾本科作物輪作。② 土壤施用適量石灰可減輕發病。③ 加強田間管理，降低田間土壤濕度。④ 用木霉菌防治，效果良好。

發生白絹病的藥用植物有：白朮、芍藥、太子參、北沙參、黃芪、玄參、地黃、桔梗、附子、黃連、菊花等。

第四節　莖部病害及其防治技術

一、枯萎病和黃萎病

由於病原菌侵入植物的導管，菌體堵塞了導管，或產生的毒素破壞了導管運輸水分的能力，而引起全株發病。病株最初是下部葉片表現失綠，然後逐漸變黃枯死，但多數不脫落。剖視病株莖部，維管束變為褐色或黃色。

此病為真菌病害，病菌主要在土壤中越冬，也可在病殘體上或肥料中越冬。病菌從根部或莖部侵入後，沿導管擴展，先後蔓延到枝、葉柄直到葉脈，也有的侵入種子。病菌在導管中大量生長繁殖，並產生有毒物質，破壞了導管的輸水功能或徹底堵塞住導管，使植物發生萎蔫，逐漸變黃枯死。

防治方法：① 實行輪作。② 深翻土壤，精耕細作。③ 增施腐熟的有機肥。④ 加強田間管理，及時排除田間積水。⑤ 發現病株，噴灑多菌靈或托布津等藥劑，尤其注意對莖基部噴藥。

發生莖部枯、黃萎病的藥用植物有：桔梗、荊芥、黃芪等。

二、菌核病

菌核病從幼苗期到成株期都能發生。幼苗發病，是在近地面莖部產生褐色水漬狀病斑，然後很快腐爛造成幼苗倒伏枯死。在病部可見長串白色絲狀物（菌絲）。成株發病，多在近地面處的黃葉、葉柄或葉片上出現水漬狀淡褐色病斑，病斑後期變成灰白色，腐爛成亂麻狀，剝開病莖，內有黑色菌核。

菌核病為真菌病害，病菌以菌核在土壤中越冬越夏，有的在種子中越冬。當地溫適宜時菌核萌發形成子囊孢子浸染藥用植物。在陰雨連綿、空氣濕度大、施氮肥多或受寒流影響時，都能使植株抗病力降低，造成病害嚴重發生。

防治方法：① 實行水旱輪作，或與禾本科作物輪作。② 深翻土壤，使菌核翻入土中。③ 發病期噴灑紋枯利或托布津等藥劑防治。

發生菌核病的藥用植物有：人參、川芎、元胡、白朮、貝母、牛蒡、丹參、牡丹、板藍根、紅花、細辛等。

第五節　藥用植物害蟲的基本知識

一、什麼是昆蟲

昆蟲是動物中種類多、分佈廣的一個大類群，且與人類有密切的關係，其中很多種類危害藥用植物，如蚜蟲、紅蜘蛛、介殼蟲、金龜子、蜻象、蟎蟲等，稱為害蟲。也有一部分昆蟲，如家蠶、蜜蜂、紫膠蟲、白蠟蟲、五倍子等，能為人類提供物質財富，稱為資源昆蟲。

還有一些昆蟲，如寄生峰、寄生蠅、螳螂、七星瓢蟲等，可間接地為人類服務，稱為「害蟲的天敵」。它們對害蟲的發生起著抑制作用，有些天敵甚至成為某些害蟲長期不能發生危害的主要控制因素。因此，所有這些對人類有益的昆蟲稱為益蟲。

為了使我們瞭解昆蟲的一些基本知識，下面將介紹有關昆蟲的基本特徵。

（一）昆蟲（成蟲）的主要特徵

昆蟲屬節肢動物門，昆蟲綱。所以，昆蟲既具有節肢動物所共有的特徵，又具有不同於節肢動物門中其他各綱

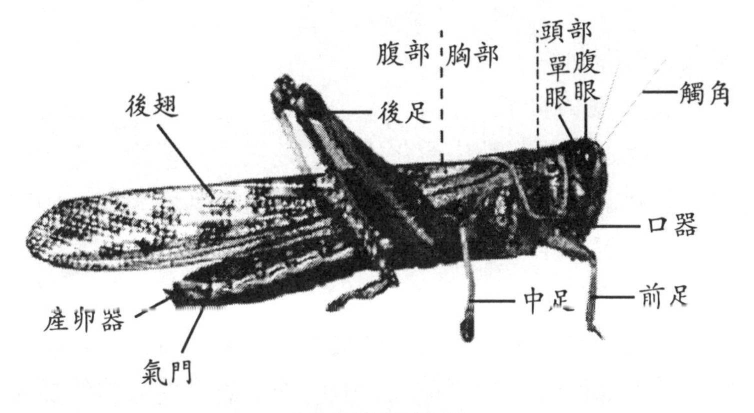

蝗蟲的結構圖

的特徵。

（1）軀體分頭、胸、腹三段。

（2）胸部有足3對，著生在前、中、後胸上。

（3）一般中、後胸上各有翅1對（但有些昆蟲翅已退化或特化）。

（4）在頭部有觸角1對，複眼1對及單眼若干隻。

（5）外骨骼，即整個軀體都披有幾丁質的外骨骼。

凡具有上述5個特徵的節肢動物，稱為昆蟲。

（二）昆蟲的繁殖和發育

1. 昆蟲的繁殖

昆蟲是雌雄異體的動物，絕大部分昆蟲需經過雌雄兩性的交配，卵受精後，產出體外，才能發育成新的個體，這種生殖方式稱為有性生殖。但有些種類屬卵生殖。此外，還有少數昆蟲的卵在昆蟲母體內發育成幼蟲後才產出體外，這種生殖方式稱為卵胎生，如棉蚜在進行孤雌生殖時又進行卵胎生。

2. 昆蟲的發育

昆蟲通常是從卵中孵化出來，逐漸生長發育，直到成蟲性成熟為止，最後完成其個體發育。在其發育過程中常伴隨著蛻皮、變態等過程。

（1）蛻皮

昆蟲的表皮具有一定的堅硬性，隨著幼蟲從卵中孵化出來後，蟲體逐漸發育長大，但堅硬的表皮使蟲體的長大受到限制。因此，幼蟲用產生的較大的新表皮代替舊表皮的辦法來解決這種限制。這種現象稱蛻皮，蛻皮現象是幼蟲期的特徵，成蟲期一般就不再蛻皮了。

（2）齡期

通常以蛻皮的次數來表示幼蟲的生長期，剛從卵裏孵化出來的幼蟲到第一次蛻皮以前，稱為第一齡幼蟲；蛻過第一次皮後到蛻第二次皮以前，稱為第二齡幼蟲；其餘類推。在兩次蛻皮之間所經歷的時間，稱為一個齡期。許多害蟲長到三齡之後，表皮變厚，其抗藥能力增強，食量也增多了。故一般在昆蟲三齡前用藥效果較好。

（3）化蛹

幼蟲長到一定階段後就不再長大，最後一次蛻皮就稱為化蛹，如蝶類、蒼蠅等害蟲。

（4）若蟲

有些種類的昆蟲由幼蟲直接長出翅來，變為成蟲，如蝗蟲、蝽象、蚜蟲等類害蟲的幼蟲，稱若蟲。

（5）變態

昆蟲從卵孵化後，直到羽化成成蟲，其生長發育過程中一系列的形態變化稱為變態，又稱蟲態。

包括兩種類型：一是不完全變態，指昆蟲在個體發育過程上只經過卵、若蟲、成蟲 3 個發育階段的變態；二是完全變態，指昆蟲在個體發育過程中要經過卵、幼蟲、蛹、成蟲 4 個發育階段的變態。

二、昆蟲的生活習性

（1）食性

昆蟲的食性多種多樣，根據取食物件的性質可分為下列幾類：

① 植食性。以植物為食料，如大多數植物害蟲。

② 肉食性。以其他動物為食料，如螳螂、七星瓢蟲、蜻蜓、寄生蜂等大多數益蟲。

③ 腐食性。以動、植物的殘體或排泄物為食料，如蠐螬、蠅、蛆等。

根據取食物件的類別多少，又可分為：

① 單食性。只危害一種藥用植物的昆蟲，如白朮朮子蟲等。

② 寡食性。只危害同科或近緣藥用植物的昆蟲，如菜鳳蝶幼蟲危害傘科植物，柑橘鳳蝶只危害傘科植物等。

③ 多食性。能危害不同科屬的藥用植物或多種植物，如小地老虎、蠐螬等。

各種昆蟲由於食性和取食方式不同，口器也不相同，主要有咀嚼式口器和刺吸式口器。

咀嚼式口器害蟲，如甲蟲、蝗蟲及蛾蝶類幼蟲等，它們都取食固體食物，危害根、莖、葉、花、果實和種子，造成機械性損傷，如缺刻、孔洞、折斷、鑽蛀莖稈、切斷根部等。

刺吸式口器害蟲，如蚜蟲、椿象、葉蟬和蟎類等，它們是以針狀口器刺入植物組織吸食食料，使植物呈現萎縮、皺葉、捲葉、枯死斑、生長點脫落、蟲癭（受唾液刺激而形成）等。

此外，還有虹吸式口器（如蛾蝶類）、舐吸式口器（如蠅類）、嚼吸式口器（如蜜蜂）。瞭解害蟲的口器，不僅可以從危害狀況去識別害蟲種類，也為藥劑防治提供依據。

（2）趨性

趨性是昆蟲較高級的神經活動，某些外來刺激使昆蟲發生一種不可抑的行為，稱趨性。

引起昆蟲趨性活動的主要刺激為光、溫度及化學物質等。如蛾類、金龜子、螻蛄等具有正趨光性，可以設誘蛾燈（又叫黑光燈）誘殺。又如地老虎等具趨化性，可用含毒糖醋液或毒餌誘殺。蝗蟲在清晨氣溫低時，表現出正趨溫性，棲息於植物頂端接受太陽熱量；中午溫度升高，日光過分強烈，又成為負趨溫性，隱蔽在地面的草叢之間，可利用這兩個時段除殺蝗蟲。

（3）假死性

有些害蟲受到外界震動或驚擾時，立即從植株上落到地面，暫不動彈，這種習性叫假死。如金龜子、大灰蟓、銀紋夜蛾幼蟲等。利用這一習性可將其震落捕殺。

（4）休眠性

昆蟲在發育過程中，由於低溫、高溫或食料不足等原因，蟲體不食也不動，這種暫時停止發育的現象，稱休眠。害蟲進行休眠是它的薄弱環節，可以利用這一習性，開展防治蟲害。

三、昆蟲對藥用植物的危害性

昆蟲在地球上的歷史已有3億多年，而人類出現距今不過100多萬年。昆蟲種類很多，據統計有100多萬種，約占動物總數的3/4。為什麼昆蟲種類這麼多，分佈又這麼廣呢？這與昆蟲的形態、特徵以及對環境的適應能力有密切關係。

（1）有翅能飛

低等動物中，只有昆蟲具翅，能遠距離遷飛到另一個地區。有了翅對求偶、覓食和逃避敵害都有重要作用。因此，昆蟲對環境具有巨大的適應能力。

（2）繁殖力強

昆蟲有極強的繁殖力，即使在自然死亡率達90%以上時，往往也能保持它的一定的種群數量。

（3）個體小

昆蟲一般個體都較小，能夠生存在一些大動物不能達到的場所。此外，個體小食量亦少，因此，只要有小量的食物，就能維持生命，繁殖後代。

（4）昆蟲取食器官分化，取食範圍廣

昆蟲具有各種口器適應取食，有高度的分化現象，如蝗蟲、甲蟲、蝶類幼蟲，利用咀嚼式口器取食固定食物；甲蟲、蛑象、葉蟬、蟎類，利用刺吸式口器刺入植物組織中吸取食料。

(5) 適應性

昆蟲發育上明顯的階段性使其對外界環境產生更大的適應性。因此，昆蟲中的害蟲對各地栽培的藥用植物帶來巨大的危害。

第六節　藥用植物常見害蟲及其防治技術

一、根部害蟲

根部害蟲主要在土壤中進行活動，危害藥用植物的地下部分。它們一方面直接取食根或根莖，造成孔洞、疤痕，並傳播病害；另一方面，危害播下的種子，萌發的嫩芽及幼苗的根部，造成缺苗斷壟。地下害蟲嚴重影響著藥材的產量和品質，如何有效地進行防治，是藥材栽培生產中需要引起重視的問題。

(一) 螻蛄

生物學特性：

螻蛄一生經過卵、若蟲和成蟲 3 個生長發育時期。若蟲和成蟲體形相似，均有粗壯扁闊的前足，適於挖掘土壤和切碎植株根部，主要危害藥用植物的根部，或將根莖扒成亂麻狀，使植株生長發育不良，以致枯死；或咬食種子和幼苗，造成缺苗斷壟。

其生活史較長，1～3 年發生 1 代，以成蟲、若蟲在土壤深處越冬，在春秋兩季特別活躍，一般在 5～6 月羽化成蟲，7～8 月產卵。晝伏土中，夜出活動，有趨光性，喜歡棲息在溫暖潮濕、腐殖質多的壤土和沙壤土以及未腐熟的糞土之內。食性複雜，危害多種藥材。

受螻蛄危害的藥用植物種類較多，主要有地黃、麥冬、人參、西洋參、附子、丹參、貝母、黃連、牡丹、荊芥、薏苡、芍藥、栝樓等。

防治方法：

① 在前茬作物收穫之後，及時翻耕土地，將其成蟲或卵暴露於地面凍死、曬死，或為其天敵取食，從而降低蟲口數量，減少危害。

② 在播種之前，用適當濃度的農藥進行拌種，常用的藥物有 50%的辛硫磷乳油和 50%的樂果或氧化樂果。

③ 利用一定的食料，如煮至半熟的穀子或麥麩、豆餅等，拌上一定量的辛硫磷乳油或敵百蟲晶體，於傍晚撒於田間進行誘殺。

④ 利用其趨光性進行燈光誘殺。

⑤ 在大量發生時，可用 90%的敵百蟲 1000 倍液或 75%的辛硫磷乳油 700 倍液澆灌藥材植株的根部。

（二）蠐螬

生物學特性：

蠐螬是金龜子幼蟲的通稱。金龜子的一生要經過卵、幼蟲、蛹、成蟲 4 個生長發育時期。其中，幼蟲和成蟲均可危害藥用植物。幼蟲主要取食藥用植物萌發的種子或咬斷幼苗的根莖，斷口整齊平截。幼蟲也危害根部或根莖部，成蟲能夠取食藥用植物佛手及其他果樹林木的葉片。

金龜子的生活史較長，需要1～2年才能發育成成蟲，以幼蟲或成蟲形態在土壤中越冬。春季土溫達到15℃以上時，幼蟲開始上升到土壤的表層進行活動和取食。4月下旬到8月上旬為危害盛期。

一般說來，在夏季多雨、土壤濕度大、生荒地以及廄肥施用較多時，發生較為嚴重。

常受蠐螬危害的藥用植物主要有白芍、菊花、白朮、桔梗、玄參、丹參、紫菀、黃芪等。

防治方法：

防治金龜子成蟲和幼蟲需要利用不同的方法。幼蟲的防治方法主要有以下幾種：

① 幼蟲經常在寄主的大田中越冬，在早春或晚秋栽種藥用植物之前，及時耕翻耙整土地，一些幼蟲可被暴露於地面，經凍曬、饑餓而死，或被機械損傷而死，或被天敵取食而死，從而大大降低害蟲的蟲口數量。

② 在翻耕土地之前，每0.0667公頃用50%辛硫磷乳油250毫升加濕潤的細土10～15千克，充分拌勻，撒於地面翻入土中。

③ 在藥用植物的生長期發現蟲害時，每0.0667公頃用250毫升50%的辛硫磷乳油對水500千克，進行穴澆，或每0.0667公頃用2千克3%呋喃丹顆粒劑拌細土25～50千克，結合中耕培土沿壟撒施。

④ 施用腐熟的廄肥，發現蟲害及時進行人工捕捉。成蟲的防治方法主要有以下2種：利用燈光進行誘殺，用90%的晶體敵百蟲1000倍液噴灑植株。

（三）地老虎

生物學特性：

地老虎俗稱地蠶。主要種類有小地老虎、黃地老虎、大地老虎等，每年發生一至多代，一生中具有卵、幼蟲、蛹、成蟲4個蟲態，以幼蟲危害藥用植物的幼苗。

初齡幼蟲多潛伏在心葉和葉腋間取食，不潛入土中。3齡後潛入土中，晝伏夜出。4齡後能從幼苗基部咬斷嫩莖，有時將咬斷的小苗拉入穴中取食，其食性很雜，能使多種藥用植物受害。在土壤濕度大、田間雜草多的情況下，容易招致地老虎的發生。5月份中下旬到9月份上旬為危害盛期。

受地老虎危害的藥用植物主要有地黃、白朮、白芍、元胡、玄參、太子參、半夏、桔梗、貝母、人參、紫菀等。

防治方法：

① 春季藥用植物出苗前，及時清除田間雜草，可以有效地防止蟲害的發生。

② 初齡幼蟲大部分在雜草和幼苗上棲息取食，是進行藥物防治的大好時機，可用98%的敵百蟲晶體1000倍液，或5%殺蟲菊酯乳油3000倍液，或50%辛硫磷乳油1000倍液進行噴殺。

③ 在幼蟲的高齡階段，每0.0667公頃用98%的敵百蟲晶體或50%辛硫磷乳油100～150克溶解在3～5千克水中噴灑在15～20千克切碎的鮮草或其他綠肥上，做成鮮草毒餌，傍晚時撒在藥用植物幼苗的周圍，能收到很好的防治

效果。

（四）金針蟲

生物學特性：

金針蟲是鞘翅目叩頭甲殼幼蟲的通稱，種類很多，主要的品種有溝金針蟲、細胸金針蟲和褐紋金針蟲 3 種，其中以前兩種發生普遍，危害嚴重。

溝金針蟲 3 年完成 1 代，一生中具有卵、幼蟲、蛹、成蟲 4 種蟲態，以幼蟲或成蟲越冬，主要發生在平原旱地，乾燥而疏鬆的壤土最容易發生。細胸金針蟲能適應較低的溫度，土溫在 7～10℃時（4～5 月，9～10 月）是危害盛期，超過 17℃時停止危害。它主要發生在低溫高濕的黏重土壤中，旱地幾乎不發生。金針蟲主要在土中危害嫩芽、根部及莖的地下部分，危害時根莖不完全被咬斷，被害部位不整齊，呈亂麻狀，被害幼苗不久就枯死，從而造成田間缺苗。

受金針蟲危害的藥用植物主要有貝母、北沙參、人參、西洋參等。

防治方法：

① 利用 90%敵百蟲 1000～1500 倍液澆注毒殺。

② 利用毒餌誘殺或由人工進行捕捉。

③ 利用燈光誘殺成蟲。

④ 適當提早藥用植物的播種期，使其早出苗，在金針蟲的危害盛期，幼苗已經長大，耐害性提高。例如，生產中栽培桔梗時，若提早播種時間，在 4 月下旬以前使苗出齊，就能有效地避開危害。

二、莖稈部害蟲

莖稈中害蟲主要鑽蛀藥用植物的莖稈和枝條，或蛀食嫩梢，使植株的長勢減弱，甚至枯死。

（一）天牛

生物學特性：

天牛的種類較多，危害藥用植物的主要有菊天牛、星天牛及褐天牛等。它們的生活週期較長，1～4 年發生 1 代，一生經過卵、幼蟲、蛹、成蟲 4 個蟲態。其幼蟲通過鑽蛀進入藥用植物莖稈內部取食，造成植株生長衰弱，甚至莖枝折斷或枯死。

不同種類的天牛所危害的藥用植物種類有所差異，菊天牛主要危害菊花，星天牛主要危害厚朴、枳殼、柑橘、佛手等木本藥用植物，而褐天牛危害的藥用植物有吳茱萸、枳殼、金銀花、厚朴、木瓜、槐樹等。

防治方法：

① 在成蟲發生期，根據其活動規律進行人工捕殺。

② 在 6 月份左右天牛處於產卵期時，根據各種跡象，將蟲卵挖出進行滅殺。

③ 在幼蟲期，用注射器將 40%樂果乳油、59%殺螟松乳油或 50%敵敵畏乳油的 200 倍液，注入株稈上的蟲孔內至流出為止。然後用黃泥將蟲孔密封。也可用棉球裹入 3%氧化樂果或 3%呋喃丹顆粒劑，塞入莖稈上的蟲道後用黃泥封口。

（二）玉米螟

生物學特性：

一般 1 年發生 3 代，一生中經過卵、幼蟲、蛹、成蟲 4 個蟲態。成蟲白天潛伏，晚上飛出活動，交尾產卵，卵成塊，魚鱗狀排列。

幼蟲孵化後即開始危害藥用植物，首先爬行到植株的心葉上取食，被害心葉展開後，可見排列比較整齊的圓形孔洞。2、3 齡後的幼蟲鑽入植株莖稈內進行取食，植株被危害之後，養分和水分的輸導系統被破壞，上部容易被風吹折而枯死，從而降低藥材的產量。

玉米螟本來是玉米、高糧等農作物的重要害蟲，受其危害的藥用植物主要有薏苡、北沙參、川芎、白芷、黃芪等。

防治方法：

① 玉米螟以老熟幼蟲在作物秸稈中越冬，第二年化蛹，若在春天將藏有越冬幼蟲的秸稈燒掉，可顯著降低其蟲口數量。

② 2 齡幼蟲鑽蛀進入植株莖內之前，噴灑 40%氧化樂果乳油 1000 倍液，或 50%敵敵畏乳油 800～1000 倍液，或 50%殺螟松乳油 1000 倍液，或 10%殺滅菊酯乳油 2000～3000 倍液。由於幼蟲多集中在植株幼嫩的頂梢取食，噴灑藥液時要做到均勻周到。

（三）豆蛇潛蠅

生物學特性：

1 年發生 5～6 代，一生中經過卵、幼蟲、蛹、成蟲 4

個蟲態。以蛹在豆科作物的秸稈中進行越冬，第二年 5 月上旬羽化為成蟲，並開始交尾產卵，其卵多產在植株枝梢的嫩芽上，幼蟲孵化後即鑽入莖稈中蛀食，老熟後在莖中化蛹，羽化後再外出交尾產卵。成蟲多集中在植株上部的葉片上活動，以上午 6～8 時最為活躍，在氣溫過高或較低時，多隱蔽在植株葉片的背陰處潛伏。

主要危害黃芪。

防治方法：

① 由於豆蛇潛蠅以蛹在秸稈中越冬，在春季蛹羽化前，及時燒毀秸稈可顯著降低蟲口的數量。

② 在成蟲發生期和卵孵化期噴灑 10%殺滅菊乳油 3000 倍液，或 40%氧化樂果乳油 1000 倍液，或 50%殺螟松乳油 1000 倍液，或 50%馬拉硫磷乳油 1000 倍液進行防治。

三、葉部病害

葉部害蟲主要取食植株的葉片，造成黃化、缺刻等現象，嚴重破壞植株的光合器官，降低有機物質的合成量，影響藥材的產量及品質。

（一）蚜蟲

生物學特性：

具有刺吸式口器，以其插入藥材植株葉片、幼莖、花、果上，吸食植株體內汁液。雖然藥用植物受害部位能夠保持完整，但是葉片的外形能夠發生明顯的變化，有的出現捲曲、皺縮，有的葉色變黃或發紅，甚至枯焦脫落。蚜蟲在乾旱季節易於發生，其繁殖力極強，1 年能發生

20～30 代，平時為卵胎生，且都是雌蚜，春夏季能行孤雌繁殖，1 隻雌蚜平均能生 30～40 隻小蚜蟲。蚜蟲的種類很多，常見的有棉蚜、菊小長管蚜、桃蚜、紅花指管蚜等。

蚜蟲是藥用植物最常見的害蟲之一，許多藥用植物都受其危害，如人參、紅花、白朮、蒼朮、牛蒡、枸杞、金銀花、菊花、大黃、三七、艾葉等。

防治方法：

① 蚜蟲有很多天敵，保護和利用這些天敵，可以減輕蚜蟲的危害。例如，蚜繭蜂、蚜小蜂產卵在蚜蟲體內，使蚜蟲死亡；七星瓢蟲、食蚜蠅、草蛉和捕食蟎等，則直接以蚜蟲為食等。發生蚜蟲後，要根據天敵的數量來決定用藥的時間及用量，用藥時還要注意保護天敵。

② 在藥用植物的成株期，將 40%的氧化樂果用 5 倍水稀釋後塗在植株莖的基部，能收到很好的防治效果。

③ 在蚜蟲數量較多，危害嚴重時，可噴灑的 40%氧化樂果乳油 1000 倍液，或 50%敵敵畏乳油 1000 倍液，或 10%的殺滅菊酯乳油 2000 倍液，或 50%滅蚜松乳油 1000～1500 倍液。

（二）葉蟬

生物學特性：

葉蟬是一類很小、體形如蟬的害蟲，種類較多，主要有大青葉蟬和小綠葉蟬。每年能發生 1～10 餘代，一生中經過卵、若蟲、成蟲 3 個蟲態，各種蟲態均能越冬，但以成蟲和卵較多。

成蟲和若蟲都能危害藥用植物，它們以刺吸式口插入葉片吸食汁液，造成藥用植物葉色變淡，生長衰弱，並且還能傳播病毒，造成比直接取食更大的間接危害。

大青葉蟬主要危害桔梗、白朮、菊花、紫菀等，小綠葉蟬主要為害菊花、佛手等。

防治方法：

① 葉蟬食性較雜，除了危害藥用植物之外，尚可在雜草上取食、繁殖、越冬等，及時清除田間雜草，可顯著降低越冬蟲口的數量。

② 在藥材的生長期間，發現有葉蟬發生時可噴灑內吸殺蟲劑或觸殺劑進行滅殺，常用的農藥有 10%殺滅菊酯 2000～3000 倍液，50%殺螟松 1000～1500 倍液，50%敵敵畏 1000～1500 倍液，40%氧化樂果乳油 1000 倍液等。

（三）介殼蟲

生物學特性：

種類較多，主要有吹綿蚧、梨園蚧和黑點蚧等，雌雄異形，雌蟲一般為圓形、橢圓形或球形，淡紅色、灰白色或白色等，具發達的刺吸式口器。有的體壁堅韌，有的體壁柔軟，都被有蠟質的粉末，或堅硬的蠟塊，或特殊的介殼等。雄蟲較小，長形，口器完全退化不能取食，壽命很短，交配之後即死亡。主要是以若蟲和雌成蟲危害藥用植物的枝葉，形成黃斑或造成落葉枯枝等。

不同種類的介殼蟲危害不同種類的藥用植物，如吹綿蚧主要危害佛手、蘇木等，黑點蚧主要危害枳殼、柑橘等，梨圓蚧主要危害宣木瓜等。

防治方法：

① 介殼蟲主要危害木本藥用植物，並且經常存在於苗木上，生產中注意選用無蟲苗木，可以有效地控制蟲害的發生。

② 在介殼蟲的發生期面臨著多種天敵，如大紅瓢蟲、黑緣紅螺蟲等，注意保護這些天敵，有利於介殼蟲的防治。

③ 剛孵化出的若蟲，蟲體裸露，活動力強，抗病力弱，可用 40%樂果乳油 1000 倍液，或 40%氧化樂果 800～1000 倍液，或 50%馬拉硫磷 500～800 倍液等進行防治，

（四）蝽類

生物學特性：

蝽類屬半翅目昆蟲，一生中經過卵、若蟲、成蟲 3 個蟲態，多以成蟲進行越冬，一般 1 年發生 1～3 代。危害藥用植物的種類主要有斑鬚蝽、三點盲蝽和梨網蝽等，危害方式主要是由它們所具有的針狀刺吸口器吸食植株莖葉之中的汁液，並且還能傳播病毒病。

斑鬚蝽主要危害地黃、太子參、玄參、木瓜、桔梗等，三點盲蝽主要危害黃芪、玄參、荊芥等，梨網蝽主要危害木瓜、山楂等。

防治方法：

① 越冬期間清除田間枯枝落葉，消滅越冬的成蟲或若蟲，以降低蟲口數量。

② 在若蟲發生期噴灑 10%的殺滅菊酯乳油 2000～3000 倍液，或 40%氧化樂果乳油 1000 倍液，或 50%辛硫磷乳油

800～1000 倍液等進行藥物防治。

（五）蟎類

生物學特性：

蟎類又被稱為紅蜘蛛，屬蛛形綱蜱蟎目，一生中經過卵、幼蟎、若蟎和成蟎4 個形態，由於它們體節不明顯，無頭、胸、腹之分，無翅，因此不屬於昆蟲。

多行兩性卵生繁殖，1 年至少發生 2 代，最多可達 30 代，在乾旱、高溫季節繁殖較大。幼蟎、成蟎均喜在藥用植物的葉背吸食植株汁液。初期葉面出現紅白斑點，葉背出現蜘蛛網；後期葉片皺縮，出現紅色小點，甚至枯萎脫落。有些蟎類還能傳播病毒病。

蟎的種類較多，可使多種藥用植物受害，經常受其危害的藥用植物主要有地黃、月季、金銀花、玄參、白芷、當歸、三七、砂仁、枳殼、佛手、木芙蓉、酸橙等。

防治方法：

① 蟎類可由藥用植物的繁殖材料進行傳播，選用無蟲苗木可以有效地控制蟎類的蔓延和擴散。

② 在早春和晚秋結合積肥、除草，清除田間枯枝落葉，可有效地減少蟲源。

③ 發現有蟎類發生，應及時噴灑 20%三氯殺蟎醇乳油 800～1000 倍液，或 40%樂果乳油 1000 倍液，或 50%殺螟松乳油 500～1000 倍液，或 25%馬拉硫磷乳油 500～1000 倍液進行防治。

（六）蛾類

生物學特性：

蛾的種類很多，常見的有蓑蛾、刺蛾、燈蛾、毒蛾、銀紋夜蛾、尺蠖、咖啡透翅天蛾等，其主要特徵是成蟲被有很多鱗片和鱗毛，觸角線狀、羽狀等，停飛時翅伸展在身體兩側或放置在腹部上面。一生經過卵、幼蟲、蛹和成蟲 4 個蟲態。成蟲一般不對藥用植物造成危害，造成危害的主要是幼蟲。

幼蟲由口器直接咬食植物葉片，有的將葉片捲起或疊合在一起，把蟲體裹在裏面進行取食，有的在葉片背面進行取食，還有的吐絲結成囊袋，外部粘著枯葉、枯枝等，蟲體躲在囊袋裏將頭伸到外面取食葉片等。

受蛾類危害的藥用植物種類較多，常見的有板藍根、菊花、地黃、薄荷、紫蘇、荊芥、澤瀉、紫菀、杜仲、金銀花、山茱萸、厚朴、梔子、芍藥、木瓜、辛夷等。

防治方法：

① 由耕翻土地、修剪整枝、清潔田園等，可減少越冬蟲口，降低危害程度。

② 利用蛾類具有正趨光性的特點，進行燈光誘殺。

③ 在幼蟲期及時噴灑 10%殺滅菊酯乳油 2000～3000 倍液，或 40%氧化樂果乳油 1000 倍液，或 50%殺螟松乳油 1500～2000 倍液，或 90%敵百蟲晶體 1000 倍液等進行防治。

（七）蝶類

生物學特性：

蝶類通稱蝴蝶，種類也較多，常見的有菜粉蝶、黃鳳蝶、柑橘鳳蝶等。其與蛾類的主要區別在於觸角呈球桿狀，停飛時翅直立在身體背面。一生中也有卵、幼蟲、蛹和成蟲 4 個蟲態，以幼蟲取食藥用植物的葉片。

受蝶類危害的藥用植物主要有板藍根、白芷、柴胡、當歸、防風、北沙參、杜仲、佛手、吳茱萸等。

防治方法：

蝶類害蟲比較容易防治，一旦發現及時噴藥一般不易危害成災。常用的藥劑有蘇雲金桿菌粉（每克含孢子 100 億）500～800 倍液，或 10%殺滅菊酯乳油 2000～3000 倍液，或 90%敵百蟲晶體 800～1000 倍液，或 50%殺螟松乳油 1500～2000 倍液，或 50%氧化樂果乳油 1500～2000 倍液。

四、花、果部害蟲

這類害蟲多以幼蟲直接取食藥用植物的花蕾、果實或種子，嚴重影響花、果類藥材的產量與品質。

（一）棉鈴蟲

生物學特性：

一生經過卵、幼蟲、蛹、成蟲 4 個蟲態，每年發生 5 代，以蛹在土內越冬，農曆 3 月下旬開始羽化為成蟲，然後交尾產卵，卵期 2～3 天，幼蟲孵出後即開始取食花蕾與花朵。

主要危害牛蒡、丹參、白扁豆、穿心蓮、顛茄等。

防治方法：

① 棉鈴蟲成蟲對半枯萎的楊樹枝葉有趨性，可利用此特性在其產卵之前進行誘殺。

② 在成蟲的產卵期噴灑 90%的敵百蟲晶體 1000 倍液，或 50%殺螟松乳劑 500～1000 倍液，或 50%敵敵畏乳油 1000～2000 倍液，或 10%殺蟲菊酯乳油 3000 倍液進行防治。

（二）豆莢螟

生物學特性：

一生經過卵、成蟲、蛹和成蟲 4 個蟲態，每年發生 4～5 代。成蟲白天隱蔽在寄主植物或雜草上，傍晚出來交尾產卵，經過 4～6 天孵化出幼蟲。初孵幼蟲先在豆莢表面吐絲結成白色的薄繭，躲藏其中，危害時直接鑽入豆莢內取食種子，使子粒造成缺刻或全部吃光，豆莢裏往往充滿蟲屎，或產生霉爛，尤以 3 代幼蟲危害嚴重。幼蟲有轉移習性，老熟後咬破果殼入土作繭越冬。

主要危害黃芪、白扁豆等豆科藥用植物，藥用植物受害後不能產生種子，影響產量和留種。

防治方法：

① 發現植株產生捲葉，要及時摘除，消滅藏匿其中的幼蟲。

② 在花期開始噴灑 90%的敵百蟲晶體 1000 倍液，或 50%殺螟松乳劑 500～1000 倍液，或 50%敵敵畏乳油

1000～2000 倍液，或 10%殺蟲菊酯乳油 3000 倍液進行防治，直至種子成熟。

（三）桃蛀螟

生物學特性：

一生經過卵、幼蟲、蛹、成蟲 4 個蟲態，每年發生 3 代，以老熟幼蟲在樹皮縫、樹洞、玉米秸稈及倉庫的各種縫隙中越冬。成蟲白天隱蔽，夜間出來活動，有趨光性。羽化後的成蟲 1～2 天即行交配，再經 3～5 天便開始產卵，卵多產於果柄基部及兩果緊貼的縫隙處。幼蟲孵出後，在裏面作短距離爬行，即咬破果皮蛀入果內危害。幼蟲有轉果危害的習性，1 蟲可危害多個果實。

主要危害木瓜、蓖麻等。

防治方法：

① 發現樹上有被害果，樹下有蟲蛀落果時，要及時清除，集中漚肥。

② 桃蛀螟食性複雜，寄主多，防治時要與其他作物的防治緊密配合，重點防治第 1 代幼蟲。在成蟲的產卵期可噴灑 50%殺螟松乳劑 500～1000 倍液，或 50%敵敵畏乳油 1000～2000 倍液，或 40%樂果乳劑 1500 倍液進行防治。

第七節　藥用植物病蟲害的綜合防治

中國的植保方針是「預防為主，綜合防治」。在藥用植物的病蟲害防治過程中，一定要把藥材的質量放在首位，綜合、有效地採用以下幾種方法。

一、農業防治法

農業防治法是通過調整栽培技術等一系列措施以減少或防治病蟲害的方法。大多為預防性的，主要包括以下幾方面：

（1）合理輪作和間作

在藥用植物栽培制度中，進行合理的輪作和間作，無論對病蟲害的防治或土壤肥力的充分利用都是十分重要的。比如：許多土傳病害對人參、西洋參危害較嚴重。種過參的地塊在短期內不能再種，否則病害嚴重，會造成大量死亡或全田毀滅。

輪作期限長短一般根據病原生物在土壤中存活的期限而定，如白朮的根腐病和地黃枯萎病輪作期限均為 3～5 年。此外，合理選擇輪作物也至關重要，一般同科屬植物或同為某些嚴重病、蟲寄主的植物不能選為下茬作物。間作物的選擇原則應與輪作物的選擇基本相同。

（2）科學耕作

深耕是重要的栽培措施，它不僅能促進植物根系的發育，增強植物的抗病能力，還能破壞蟄伏在土內休眠的害蟲巢穴和病菌越冬的場所，直接消滅病原生物和害蟲。如人參、西洋參在播種前，要求土地閒置 1 年，進行耕翻晾曬數遍，以改善土壤物理性狀，減少土壤中致病菌數量，這已成為重要的防治措施之一。

（3）除草、修剪及清園

田間雜草及藥用植物收穫後，受病蟲危害的殘體和掉落在田間的枯枝落葉，往往是病蟲隱蔽及越冬的場所，是翌年的病蟲來源。因此，除草、清潔田園和結合修剪將病蟲殘體和枯枝落葉燒毀或深埋處理，可以大大減輕翌年病蟲危害的程度。

（4）調節播種期

某些病蟲害常和栽培藥物的某個生長發育階段物候期密切相關。如果設法使這一生長發育階段錯過病蟲大量浸染的危險期，避開病蟲為害，也可達到防治目的。

（5）合理施肥

合理施肥能促進藥用植物生長發育，增強其抵抗力和被病蟲為害後的恢復能力。例如：白朮施足有機肥，適當增施磷、鉀肥，可減輕花葉病。但使用的廄肥或堆肥一定要腐熟，否則肥中的殘存病菌以及地下害蟲蠐螬等蟲卵未被殺滅，易使地下害蟲和某些病害加重。

（6）選育和利用抗病蟲品種

不同類型或品種的藥用植物對病蟲害的抵抗能力往往有顯著差異。如有刺型紅花比無刺型紅花能抗炭疽病和紅花實蠅，白朮矮稈型抗朮子蟲等。因此，如何利用這些抗病蟲特性，進一步選育出較理想的抗病蟲害的優質高產品種，是一項十分有意義的工作。

二、生物防治法

是利用各種有益的生物來防治病蟲害的方法。主要包括以下幾方面：

（1）利用寄生性或捕食性昆蟲

以蟲治蟲，寄生性昆蟲包括內寄生和外寄生兩類，經過人工繁殖，將寄生性昆蟲釋放到田間，用以控制害蟲蟲昆蟲多以捕食害蟲為主，對抑制害蟲蟲口數量起著重要的作用。大量進行繁殖並釋放這些益蟲可以防治害蟲。

（2）微生物防治

利用真菌、細菌、病毒寄生於害蟲體內，使害蟲生病死亡或抑制其危害植物。目前已在使用的有蘇雲金桿菌（Bt）的各種製劑、魯保一號、「5406」、菜豐寧B1等。

（3）動物防治

利用益鳥、蛙類、雞、鴨等消滅害蟲。

（4）不孕昆蟲的應用

透過輻射或化學物質處理，使害蟲喪失生育能力，不能繁殖後代，從而達到消滅害蟲的目的。

三、物理、機械防治法

是應用各種物理因素和器械防治病蟲害的方法。如利用害蟲的趨光性進行燈光誘殺；根據有病蟲害的種子重量比健康種子輕，可採用風選、水選淘汰有病蟲的種子，使用溫水浸種等。近年利用輻射技術進行防治取得了一定進展。

四、化學防治法

是應用化學農藥防治病蟲害的方法。主要優點是作用快，效果好，使用方便，能在短期內消滅或控制大量發生的病蟲害，不受地區季節性限制，是目前防治病蟲害的重要手段，其他防治方法尚不能完全代替。化學農藥有殺蟲劑、殺菌劑、殺線蟲劑等。殺蟲劑根據其殺蟲功能又可分為胃毒劑、觸殺劑、內吸劑、薰蒸劑等。殺菌劑有保護劑、治療劑等。使用農藥的方法很多，有噴霧、噴粉、噴種、浸種、薰蒸、土壤處理等。

昆蟲的體壁由表皮層、皮細胞和基底膜構成，表皮層又由內向外依次分為內表皮、外表皮和上表皮。上表皮是表皮最外層，也是最薄的一層，其內含有蠟質或類似物質，這一層對防止體內水分蒸發及藥劑的進入都起著十分重要的作用。一般來講，昆蟲隨蟲齡的增長，體壁對藥劑的抵抗力也不斷增強。因此，在殺蟲藥劑中常加入對脂肪和蠟質有溶解作用的溶劑，如乳劑由於含有溶解性強的油類，一般比可濕性粉劑的毒效高。

藥劑進入害蟲身體，主要是經由口器、表皮和氣孔 3 種途徑。所以針對昆蟲體壁構造，選用適當藥劑，對於提高防治效果有著重要意義。如對咀嚼式口器害蟲玉米螟、鳳蝶幼蟲、菜青蟲等應使用胃毒劑敵百蟲等，而對刺吸式口器害蟲則應使用內吸劑。另外，要掌握病蟲發生規律，抓住防治有利時機，及時用藥。

在使用化學農藥防治病蟲害過程中應該注意以下幾點：一是對症用藥，即使用前一定要準確判斷防治物件，選用適當的農藥。二是要適時用藥，即根據有害生物發生發展的規律及化學農藥的特性，以及藥用植物的生長狀況，在防治效果最佳的時期使用。三是要適量施藥，即必須嚴格按照農藥使用說明書推薦用量使用，嚴格掌握藥量和使用方法及注意事項。四是科學混配農藥，這可以提高防治效果、延緩有害微生物產生耐藥性或擴大適用範圍，兼治不同種類病蟲害，降低成本，提高藥效。

近年化學農藥的使用量很大，大量農藥投入到環境中，不合理的使用和濫用農藥，使得環境趨於惡化。現在，人們越來越重視環境了，多採用生物防治法。

按國家規定，以下農藥禁止在藥用植物栽培過程中使用：

（1）劇毒農藥

通常品種是3911、甲基1605、久效磷、甲胺磷、呋喃丹、氰化鈉、氰化鉀等。它們用於藥用植物時，容易被吸收並滲透於根莖、葉片及果皮等植物組織內，即使風吹雨淋也不易散落消失。往往藥用植物收穫期臨近，有部分農藥成分還未降解，加工使用後就極易發生急性中毒，再加上施用這類農藥時稍不注意也容易發生人畜中毒事故。因此，禁止在藥用植物生產上使用。

（2）高殘留農藥

如666、DDT、氯丹等。雖然它們對人畜的急性毒性並不大，但殘留期長，積累性強，在藥用植物內更不易分解，進入人體後會長期積蓄造成慢性中毒，因此也禁止施用於藥用植物。

（3）有機汞農藥

如賽力散、西力生、富民隆等。這類農藥殺菌力強，防治藥用植物病害效果很好，但是它會被分解為無機汞，可以殘留很多年而不消失，人體吸收後，對神經系統和心臟的損害非常大，因此，國家早已禁止生產和使用。

（4）殺蟲脒

試驗研究證明，極小的殺蟲脒劑量就能誘發小白鼠的多種癌症，故國家已規定不准在藥用植物、果樹及蔬菜、茶葉上使用。

附：常用農藥種類

1. 殺菌劑

硫懸浮劑：劑型為50%懸浮劑。粒度細，防效高，有廣譜殺菌和殺蟎作用。可用於防治中草藥蟎蟲、白粉病、黑穗病等。稀釋200～400倍液噴霧使用，對人畜安全，不污染環境。

波爾多液：本劑是用硫酸銅和石灰乳配製成的天藍色膠狀懸液。黏著力強，不易被雨水沖刷，殘效期可達半月，是很好的保護性殺菌劑。有效成分是鹼式碳酸銅。波爾多液可由硫酸銅、生石灰和水等量式〔1：1：（100～200）〕或硫酸銅倍量式〔2：1：（100～200）〕或石灰倍量式〔1：2：（100～200）〕的比例配置。主要防治霜霉病和各種葉斑病，也可用於種苗處理。

石硫合劑：本劑對白粉病、銹病防治效果較好，亦有一定殺蟎作用。在中草藥生長期使用濃度為0.2～0.4的波美度。越冬休眠期使用濃度為2～3的波美度。

代森錳鋅：可防治多種霜霉病、炭疽病、葉斑病等。製劑有50%、70%、80%可濕性粉劑，30%、43%、42%懸浮劑，40%乳粉等。

瑞毒霉：對霜霉病、疫病、白粉病、根腐病等有強的殺菌能力。製劑有25%可濕性粉劑、5%顆粒劑、35%拌種劑。安全間隔期31天。

甲基硫菌靈（甲基托布津）：對中草藥的灰霉病、白粉病、炭疽病等多種病害有預防和治療作用。製劑有70%、50%可濕性粉劑，10%乳油。安全間隔期為14天。

三唑酮（粉銹靈、百里通）：對白粉病、銹病、黑穗病有特效，持效期長，對作物安全。製劑有25%、20%、15%可濕性粉劑，20%乳油，15%煙霧劑。安全間隔期為

20 天。

百菌清（達科寧、達克靈）：對銹病、霜霉病、白粉病和多種葉斑病有較好的防治效果。本劑不能與石硫合劑、波爾多液等鹼性藥劑混用。煙霧劑適合在大棚等保護地使用。煙霧劑安全間隔期為 3 天，75% 可濕性粉劑安全間隔期為 14 天。

井岡黴素：有效防治人參等立枯病和玉米大、小斑病等。製劑有 2% 可濕性粉劑和 5% 水劑。

2. 殺蟲劑和殺螨劑

魚藤酮（毒魚藤，魚藤精）：對害蟲有胃毒和觸殺作用，可防治多種作物上的蚜蟲、螨類、蚧類、菜青蟲、葉甲等多種害蟲。本劑低毒，對人、畜和環境安全。不宜與鹼性農藥混用。

苦參鹼：是由中草藥製成的植物源殺蟲劑。對害蟲有強胃毒作用。可防治地下害蟲、根蛆、蚜蟲、菜青蟲、小菜蛾等。本劑對人、畜基本無毒，不污染環境，無殘留。本劑不可與鹼性農藥混用。

蘇雲金桿菌：蘇雲金桿菌可產生內毒素（伴孢晶體）和外毒素兩大類毒素，伴孢晶體是主要毒素。製劑有高孢可濕性粉劑、高濃縮乳劑，施藥宜早晚進行，避開中午高溫，不宜與殺細菌的農藥混用。施藥區應遠離蠶桑區 1000 公尺以外。

敵百蟲：禾本科和豆科藥材對本劑敏感，不宜使用。製劑有 2.5%、5% 粉劑，80% 可濕性粉劑，80% 晶體，30% 乳油。

辛硫磷：為低毒殺蟲劑。製劑有 40%、50% 乳油。安全間隔期 7～15 天。

溴氰菊酯（敵殺死、凱素靈）：對人、畜中等毒性，為觸殺劑。對中草藥及多種作物多種害蟲有廣譜殺蟲作用。本劑不宜與鹼性農藥混用。製劑有2.5%乳油、2.5%可濕性粉劑。安全間隔期為2～5天。

吡蟲啉（康福多、大功臣）：可用於防治多種刺吸式口器害蟲，如蚜蟲、飛虱、薊馬、粉虱等；對鞘翅目、雙翅目害蟲也有效，對蟎類無效。為低毒殺蟲劑。對家蠶毒性高。進行種子和土壤處理可更好地保護天敵。製劑有10%、25%可濕性粉劑，20%濃可溶性粉劑，70%水分散性粉劑。

高效氯氰菊酯（高效順反式氯氰菊酯）：低毒、低殘留、活性高。有強烈觸殺和胃毒作用，且有一定殺卵效果。製劑有4.5%乳油、27%苯油。對中草藥、果樹等經濟作物多種害蟲有較好的防治效果。

噻蟎酮（尼索朗）：為低毒殺蟎劑。在葉蟎初發期使用。殘效期長，在作物中以1年只用1次為宜。製劑有5%乳油、5%可濕性粉劑。

甲氰菊酯（滅掃利）：具有觸殺、胃毒和一定驅避作用。可防治中草藥等多種作物害蟲和害蟎。中等毒性。本劑不宜與鹼性農藥混用。安全間隔期為2週以上。製劑有20%乳油、30%乳油。

3. 其他農藥

高脂膜：主要活性成分為十二烷基醇、十六烷基醇。本劑為高級脂肪醇成膜物，為植物保護劑，施用後在作物表面形成一層薄膜，使病原與作物分離。對中草藥白粉病、霜霉病效果較好。對人、畜低毒。

棉隆（必速滅）：是一種殺線蟲劑。施入土壤後遇到水分會產生甲基異硫氰，毒殺線蟲和眞菌、細菌、地下害蟲等。可防治多種植物線蟲病。本劑為土壤薰蒸劑，在有作物的地塊上不能施用。

五、植物檢疫

植物檢疫是一個國家或地區利用法律的力量禁止或限制危害性病、蟲、雜草人為地傳播。它是中國植保方針中的一項重要措施。但由於各種原因，目前，在中國境內地區間的藥用植物種苗的流通過程中，植物檢疫工作沒有很好地開展。

第五章 各　　論

丹　　參

【藥用部位】 根。

【商品名稱】 丹參。

【產地】 主產於四川、河北、安徽、江蘇、江西等省。目前中國各地均有栽培。

【植物形態】 唇形科植物，多年生草本，高30～100公分。根細長，圓柱形，外皮磚紅色。莖四棱形，綠色間有紫色，上部分枝。葉對生，單數羽狀複葉；小葉3～7枚，卵圓形，先端漸尖，邊緣具圓鋸齒。輪傘花序頂生兼腋生；花冠唇形，藍紫色，上唇直立，下唇較上唇短。小堅果長圓形，成熟時暗棕色到黑色。花期5～8月，果期7～10月。

丹參含有脂溶性成分和水溶性成分兩大部分。脂溶性成分大多為共軛醌、酮類化合物，具有特徵的橙黃和橙紅色。如丹參酮Ⅰ、丹參酮ⅡA、丹參酮ⅡB、隱丹參酮等。水溶性成分有丹參素，丹參酸甲、乙、丙，原兒茶酸，原兒茶醛等。味苦，性微寒，歸心、肝經，具有祛淤止痛、活血通經、清心除煩功能。

【生長習性】 喜氣候溫和、陽光充足、空氣濕潤的環境。耐寒，怕旱，怕澇，積水易引起爛根。丹參為深根

性植物，入土深度33公分以上。對土壤要求不嚴，但以地勢向陽、土層深厚、中等肥沃、排水良好的壤土或沙質壤土栽培為好。土壤過於肥沃，則枝葉徒長，根條反而不粗壯。土壤以中性或微酸性為宜。種子不耐儲藏，無休眠期，容易萌發。

【栽培技術】

1. 選地整地

應選土層深厚、質地疏鬆、排水良好的沙質壤土。前作收穫後，每0.0667公頃施入廄肥1500～2000千克作基肥，將土壤深翻30公分以上，整平耙細，宜做成寬1.2公尺的高畦；北方多為平畦，或起小壟。

2. 繁殖方法

常採用分根繁殖。在收穫前，選留生長健壯、無病蟲害的植株不起挖，待栽種時隨挖隨進行分根繁殖。種用根條應選擇直徑1公分左右、粗壯色紅的一年生側根為好。分根一般在早春2～3月進行，也可結合採挖，選留壯根邊挖邊分根。

在準備好的種植地上，按行距30～40公分，株距20～25公分挖穴，深5～7公分，穴內施入適量的土雜肥或複合肥作基肥，將選好的根條根據粗細切成4～8公分長的小段，邊切邊栽，大頭朝上，小頭朝下，不可倒置，每穴1～2段，栽後隨即覆土，稍壓實即可。為防止上下顛倒，亳州地區藥農栽種丹參時多採用如下方式：開溝深5公分左右，把截好的根條平放其中，然後覆土。

北方地區3月上、中旬採用地膜育苗，可保持苗床內土溫在15～26℃，又能促進植株萌發生根，且比大田分根繁殖生長期提早 45 天以上。

育苗時，苗床應選避風向陽地塊，寬度比塑膠薄膜幅度稍窄。先將苗床內挖出約 20 公分厚的表土，並將表土中混入適量土雜肥，再在床底部鋪一層約 5 公分厚的有機肥，然後將混肥表土填入苗床，耙細整平。3 月上、中旬開始育苗。將上年留種用的種根，取上、中段，剪成小段，按行株距 1 公分 × 2 公分，將種根按 45 度扦插一半於床土中，隨剪隨插，且保持原種根的上下方向，倒插影響出苗。隨後覆土，以覆蓋種根為度。澆透水後，用竹片做成弧形支架，上面覆蓋地膜，兩邊用土封實。每週澆水 1 次，晚間加蓋草簾，白天揭去，以利保濕保溫。

一般 1 個月出苗，當苗高 2～2.5 公分時，中午掀起部分薄膜煉苗 1～2 小時，5～7 天後，可撤除地膜，讓幼苗適應自然氣候 1～2 天後，移栽於大田。一般育苗 10 平方公尺可移栽大田 0.0667 公頃。

3. 田間管理

（1）中耕除草　用分根法栽種，常因蓋土太厚妨礙出苗，因此在 4 月幼苗出土時，要進行查苗，一旦發現蓋土太厚而不出苗的，可將穴土撬開。中耕除草 3 次：第一次於 5 月（苗高 15 公分左右），第二次在 6 月，第三次於 8 月。丹參出苗前雜草較多時，除草要注意防止傷芽，一般用鋤頭輕輕刮除雜草。

（2）追肥　結合中耕除草進行。每 0.0667 公頃追施（一般採用澆施）充分腐熟的有機肥 2000 千克、過磷酸鈣 15 千克。尤其要重施 8 月份的追肥，以促進根部生長。

（3）排灌　丹參係肉質深根植物，怕積水，因此要注

意排水，防止水澇。出苗期和幼苗期需水量大，遇乾旱要及時澆水。

（4）摘花　除留種地外，花期必須分批打薹，將花薹剪除，抑制生殖生長，促進根部生長，這是丹參增產的重要栽培措施之一。

4. 病蟲害防治

（1）葉枯病　發病初期，葉面產生褐色、圓形小斑，隨後病斑不斷擴大，中心呈灰褐色，最後，葉片焦枯，植株死亡，為真菌病害，病原菌在病殘組織中越冬，成為翌年的初浸染源，生長期產生分生孢子，借風雨傳播危害。病害於 5 月上旬始發，持續到 11 月。多雨高濕，有利發病。

防治方法：① 選用無病健壯的種栽，下種前用 50%多菌靈膠懸劑 800 倍液浸種 10 分鐘消毒處理。② 加強管理，增施磷、鉀肥，及時開溝排水，降低濕度，增強植株抗病力。③ 發病初期，噴灑 50%多菌靈 800 倍液或 65%代森鋅 600 倍液。

（2）根腐病　發生初期，個別支根和鬚根變褐腐爛，逐漸向主根擴展。主根發病後，導致全根腐爛，地上部分莖葉枯萎死亡，嚴重影響產量。為真菌病害，病菌在土壤中和病殘體上越冬，丹參栽種後，遇適宜條件，病菌開始浸染危害。一般 4 月下旬發病，5～6 月進入發病盛期，8 月以後逐漸減輕。地下害蟲危害嚴重的地塊發病重。

防治方法：① 實行輪作，最好是水旱輪作；② 選用無病苗，栽種前嚴格剔除病苗，種用苗用 50%托布津 1000 倍液浸 5～10 分鐘，晾乾後栽種；③ 加強田間管理，注意排水防澇，增施磷鉀肥，增強抗病力；④ 防治地下害蟲，減輕病害發生。

（3）**銀紋夜蛾**　幼蟲咬食葉片，造成缺刻、孔洞，老齡幼蟲取食葉片，嚴重時僅剩下主脈。每年發生 5 代，以老熟幼蟲在土中或枯枝下化蛹越冬。

防治方法：① 冬季進行翻耕整地，可以殺滅在土中越冬的幼蟲或蛹；② 燈光誘殺成蟲；③ 7～8 月在第二、第三代幼蟲低齡期，噴施下列農藥防治：10%殺滅菊酯乳油 2000～3000 倍液，50%樂果乳油 1000 倍液，50%殺螟松乳油 1500～2000 倍液，90%敵百蟲 1000 倍液。隔 7 天 1 次，能收到很好的防治效果。

（4）**蠐螬、地老虎**　參照地下害蟲防治。

【採收加工】　栽種後第一年 10～11 月上旬地上部分枯萎時或第二年春植株尚未萌發前採挖。因丹參根深，質脆而易斷，起挖時應特別小心。洗淨泥土曬乾，去毛修蘆，剪去細尾即可。裝入竹簍或麻袋內，置通風乾燥處貯藏。防止受潮，發霉和蟲蛀。

半　　夏

【藥用部位】　塊莖。

【商品名稱】　半夏。

【產地】　中國大部分地區有野生，主產南方各省區。東北、華北及長江流域諸省均產。

【植物形態】　天南星科植物，多年生草本，高 15～30 公分。地下塊莖球形或扁球形，黃白色，有多數鬚根。

葉基生，幼苗時常為單葉，卵狀心形；老株的葉為三出複葉，小葉卵圓形或披針形；長5～10公分，先端銳尖，基部楔形，有短柄，側脈於近葉緣處聯合；葉柄長達25公分，下部筒狀，長2～5公分。

肉穗花序，下部雌花部分長約1公分，貼生於佛焰苞，雄花部分約5毫米；附屬體長6～10公分，細柱狀；花藥2室，子房具短花柱。漿果卵形，熟時紅色。花期5～7月，果期6～9月。

半夏有效成分有揮發油、少量脂肪、澱粉、煙鹼、黏液質、天門冬氨酸、谷氨酸、甘氨酸、β氨基丁酸、麻黃鹼、葫蘆巴鹼以及藥理作用與毒蕈鹼相似的生物鹼、β谷甾醇、β谷甾醇-D-葡萄糖甙、3，4-二羥基苯甲醛葡萄糖甙等。性溫，味辛，有毒，歸脾、胃、肺經，具有降逆止嘔、燥濕化痰、消痞散結功能。

【生長習性】 半夏為淺根系植物，每年出苗2～3次。第一次3～4月出苗，5～6月倒苗；第二次6月出苗，7～8月倒苗；第三次9月出苗，10～11月倒苗。每次出苗後生長期50～60天。珠芽萌生期在4月初，高峰期在4月中旬。每年6～7月珠芽增殖數最多。5～8月為地下球莖生長期，此時母球莖與第一批珠芽膨大加快，整個田間個體增加，密度加大，對水肥需求量增加。

半夏野生在池塘邊、水田邊、山坡林下、灌木叢中肥沃的沙質或腐殖質土壤。喜溫暖和濕潤氣候，能耐寒，怕高溫，怕強光，耐蔭蔽，不耐乾旱。喜與果樹、玉米等農作物間作。

【栽培技術】

1. 選地整地

選中性沙壤土的地塊，10～11月施足堆肥或廄肥，深翻土地，任其風化。春季平整土地，做1～2公尺寬的畦，高10公分左右，開排水溝寬30公分左右。

2. 繁殖方法

有種子繁殖、珠芽繁殖、塊莖繁殖3種。

（1）種子繁殖　夏、秋收集種子，藏於濕潤細沙中，至翌年4月播種，條播，行距10～12公分，播後覆以細土，蓋乾草，澆水濕潤。苗高6～10公分時移植。

（2）珠芽繁殖　5～6月，取葉柄下成熟的珠芽，進行條栽，行距10～15公分，株距6～9公分。栽後覆以細土及草木灰，稍加壓實。

（3）塊莖繁殖　這種繁殖方法最為普遍。取直徑1～1.5公分的種莖最為適宜（種莖太小則產量低，太大則成本高），於3月下旬栽植，按行株距（8～10）公分×（8～10）公分穴栽，每穴1～2個種莖，栽後覆土5公分左右，每0.0667公頃需種莖75千克左右。由於此方法簡便易行，產量較高，所以多被採用。

3. 田間管理

（1）施肥　及時施長苗肥和塊莖肥。沙壤土一般每0.0667公頃施基肥（豬欄肥）3000千克及餅肥、磷肥等。4月中旬苗出齊後每0.0667公頃追施長苗肥（人糞尿）1000千克，1︰3摻水潑澆。5月下旬珠芽形成至7月中旬倒苗後各施1次追肥。9月上旬再施1次，此次應輕施，以餅肥及化肥為主。每次追肥後均應培土，以促進塊莖生長。

（2）灌水　保持土壤濕潤。半夏喜濕但又怕積水，在生長中期因為氣溫高，日照強，蒸發量大，土壤乾燥，應結合培土，用1：10的淡人糞尿潑澆至濕潤為度。同時疏通溝渠，便於排除積水，以免塊莖腐爛。

（3）除草　幼苗出土後，須經常清除雜草，否則雜草叢生，草根須在土淺表層蔓生，會嚴重影響半夏塊莖生長。除草務求除早、除小、除淨。

4. 病蟲害防治

（1）葉斑病　6～7月發生，發病時可見葉上生紫褐色病斑。

防治方法：① 發病初期噴1：1：120的波爾多液，或噴施65%代森鋅500倍液，每7～10天1次，連續2～3次。② 結合開溝排水，疏通溝渠。

（2）紅天蛾　幼蟲危害葉片，將葉咬成缺刻狀或將葉吃光，影響半夏生長。

防治方法：宜用殺蟲劑噴殺。

【採收加工】　夏、秋兩季採挖塊莖，洗淨，除去外面粗皮及鬚根，及時置於80℃左右烘燙（否則容易再生新皮），再放在陽光下暴曬，直至乾燥。生半夏應按毒性中藥保管，置通風乾燥處。

白　芷

【藥用部位】　根。

【商品名稱】　白芷。

【產地】　主產於四川、河北、

河南等省。

【植物形態】 傘形科植物，多年生草本，株高1～2.5公尺。根粗大，長圓錐形，有分枝，外皮黃褐色。莖粗2～5公分，圓柱形，中空，常帶紫色，有縱溝紋。莖下部葉羽狀分裂有長柄，中部葉2～3回羽狀分裂，葉柄下部有膜質鞘；莖上部葉無柄有鞘。複傘形花序，花小，花瓣5，白色，先端內凹。雙懸果扁平，矩圓形或圓形，分果具5棱，果棱有翅，無毛。花期6～7月，果期7～9月。

白芷含揮發油及多種香豆精衍生物：比克白芷素、白芷醚，以及氧化前胡素、花椒毒素、新白芷醚和去甲基蘇北羅新等。味辛，性溫，歸胃、大腸、肺經，具有散風祛濕、排膿止痛功能。

【生長習性】 喜溫暖濕潤，陽光充足，能耐寒；適應性強。土壤以深厚、疏鬆、肥沃、排水良好的沙質壤土為最好；過沙過黏或土層淺薄的土壤，主根深長，易分叉，產量低，不宜栽培。種子容易萌發，但發芽率較低，萌發適溫為20℃左右，不耐儲藏，一般隨採隨播。正常生長發育是：秋季播種當年為苗期，第二年為營養生長期，至植株枯萎時收穫；採種植株進入第三年的生殖生長。

【栽培技術】

1. 選地整地

白芷對前作物要求不嚴，主產區多以玉米、棉花地栽培。可以連作。在前作收穫後，應及時耕翻，深約30公分，隨即整細耙平，一般不作畦，但在排水較差的地方，可作1.3公尺寬的平畦。整地時每0.0667公頃可施堆肥2000～3000千克作基肥。

2. 繁殖方法

用種子繁殖。種子要單獨培育。一般在 7 月挖白芷時，選主根直而有大指粗的，按行窩距各約 60 公分，每窩栽 1 株，以後進行田間管理。第二年 6～7 月種子陸續成熟。當果皮變黃綠色時連果序分批採收作種。一般主莖頂端的種子較肥大，抽薹率高；一級分枝上結的種子大小中等，品質最好，播出後出苗率和成活率也高，抽薹率低；二、三級分枝上的種子癟小，品質較差，一般不做種用。

播種期分春播和秋播。春播 3～4 月，通常以秋播為最好。四川在白露前後播種，最遲不能過秋分。華北地區多在 8 月下旬至 9 月初。一般採用直播，不宜移栽。穴播按行株距 35 公分 × 15 公分開穴，深 5～10 公分。條播按行距 35 公分開淺溝，種子勻播溝內，蓋薄層細土，壓實。穴播每 0.0667 公頃用種子 0.75 千克，條播 1.5 千克。

3. 田間管理

（1）間苗　苗高 5 公分時間苗除草，穴播每穴留苗 5～8 株，條播的每隔 5 公分留 1 株。苗高 15 公分時定苗，每穴留苗 2～3 株；條播的每隔 12～15 公分留苗 1 株。

（2）中耕除草　每次間苗結合中耕除草，第一次宜淺鬆表土，以後可逐次加深。

（3）追肥　一般追肥 3～4 次，在間苗、定苗後和封壟前進行，可用人糞尿、油餅或尿素等。一般第一年宜少施，防止植株徒長，提前抽薹開花。第二年封壟前可重施，每 0.0667 公頃追施餅肥 200 千克左右。雨季後根外噴施磷肥，也有明顯效果。最後一次追肥後，應進行培土，防止倒伏。

（4）**排灌** 播種後若土壤乾燥應澆水，北方在入冬前也應澆水1次。雨季要注意排水，防止積水爛根。

4. **病蟲害防治**

（1）**白斑病** 一般在5月初發生，直至收穫均可感染危害葉片，病斑為多角形，初期暗綠色，後為灰白色，上生黑色小點，可使葉片枯死。

防治方法：① 可清除病殘組織，集中燒毀；② 用1：1：100的波爾多液或多抗黴素100～200單位噴霧。

（2）**黃鳳蝶** 幼蟲危害葉片。

防治方法：① 在幼齡期用90%敵百蟲800倍液或用青蟲菌500倍液噴霧防治；② 人工捕殺。

（3）**胡蘿蔔微管蚜** 5～7月嚴重危害。

防治方法：用40%樂果乳油2000倍液噴殺。

【採收加工】 春播白芷在當年10月中、下旬，秋播者於次年小暑至大暑葉片變黃時收穫。收穫時抖掉泥土，曬乾或炕乾均可。為了防止陰雨，不能及時乾燥，引起大量腐爛，可用硫磺薰，每1000千克鮮白芷，用硫磺7～8千克。用竹簍或條簍包裝，每件100千克，貯藏中應經常檢查，防蟲蛀。

白 朮

【藥用部位】 根莖。

【商品名稱】 白朮。

【產地】 中國長江流域各省均有分佈，主產於浙江、湖南、江西、四川、安徽、江蘇、廣東、湖北、福建等省。其中浙江、湖南、江西為老產區。河北、山東、河南、貴州、陝西等省亦有栽培。

【植物形態】 菊科植物，多年生草本，高 30～80 公分。地下根莖肥厚，略呈拳狀，莖直立，基部木質化，具不明顯縱槽。葉互生，莖下部葉具長柄，3 深裂，偶有 5 深裂，頂裂片最大，橢圓形或卵形；莖上部的葉披針形或倒披針形，葉面綠色。頭狀花序單生於枝頂，直徑 2～3 公分，1 總苞鐘狀，總苞片 5～7 層，外層卵形，內層的條枝長橢圓形，均圓頭，邊緣暗紫色；花多數，全部如管狀。紫紅色瘦果橢圓形，稍扁，被黃白色絨毛。花期 8～9 月，果期 10～11 月。

白朮含揮發油，油中主要含蒼朮酮、白朮內酯 A、白朮內酯 B、芹烷二烯酮、倍半萜等成分。味苦、甘，性溫，歸脾、胃經，具有健脾益氣、燥濕利水、止汗、安胎功能。

【生長習性】 白朮喜涼爽，較耐旱，怕水澇，怕高溫多濕。土壤以排水良好、土層深厚、表土疏鬆、肥力較好的沙質壤土或壤土為佳。白朮忌連作。輪作時以前作物如禾本科的水稻、玉米等作物為好。最好在新開墾地上栽種。

白朮生長期長，從播種到收穫需 510～520 天，可分為種苗期和根莖生長期兩個階段：

種苗期：白朮子一般在春分前後播種，2～3 月為白朮子發芽階段，3～5 月植株生長發育最快，立冬前後採挖種苗，種苗發育期一般 210 天。

根莖生長期：種苗一般在頭年冬至前後種植，經過45～50天新苗開始出土，4月下旬開始分枝，6月上旬開始現蕾，6月下旬至7月上旬為現蕾高峰。一般的4～7月為地上部分生長高峰期，7～10月為地下根莖的生長高峰期。一年生的苗開花較少，果實多不充實。2年生苗則開花多，果實多充實，發芽率較高。

【栽培技術】

1. 選種技術

在大田中選大葉種類型，其葉色深綠，質厚，花蕾扁平肥大為種株，每株選留中期開放飽滿的花蕾5～8個，摘除其他花蕾，使其種子飽滿。立冬後，種子充分成熟，擇晴天，剪下地上部分，連稈縛成束，懸掛避雨通風處，陰乾20～30天，再日曬2～3天，用棒輕擊植株，收集種子，置布袋中懸掛陰涼通風處。

2. 育苗技術

苗床地宜選避風向陽、通風涼爽、排水良好、土壤疏鬆、肥力中等的高山荒地或輪休5年以上的土地，提前翻土，經冰凍風化，播前整平作畦。

（1）播種　3月下旬至4月上旬，條播或撒播均可，浙江產地一般用條播，每0.0667公頃用種量為4～5千克。每0.0667公頃施鈣鎂磷肥、餅肥或骨粉25千克，再撒焦泥灰或草木灰，以覆蓋種子為宜，然後覆土，再蓋草或樹葉，以保持土壤濕潤和鬆軟。

（2）苗地管理　幼苗出土後及時拔草間苗，苗壯去弱，保持株距4～7公分，土壤板結時中耕鬆土。追肥宜少，分別在小滿、小暑、立秋多施1次稀人糞尿。有的不

施肥，主要防止術苗過大、抽莖和感病。

（3）收苗　霜降至立冬，當葉枯黃時，擇晴天地乾，挖起根莖（即朮栽），剪去莖稈及尾部細根，剔除病殘株，在陰涼通風室內攤放1～2天，待朮栽表皮發白後即可貯藏。

朮栽儲藏：一般用沙藏法，選擇陰涼乾燥、避日光的室內泥地，鋪上含水20%細沙20公分，上放朮栽8～10千克，一層層堆放。如此堆放30～40公分高，再覆細沙或沙泥。貯藏時要注意：① 防鼠；② 排濕散熱；③ 嚴冬要防凍；④ 注意檢查剔除病栽；⑤ 室內不可燒火；⑥ 朮栽堆上不可灑水。

3. 大田栽種

（1）選地整地　選通風向陽、土層深厚、排水良好的沙質壤土或黃泥灰土種植。冬前翻土，種前築深溝高畦，畦面龜背形，寬1.2～1.4公尺，溝寬35～40公分，溝深20～30公分，做到溝溝相通。

（2）朮栽處理　選擇表皮細嫩，無病蟲害，頂芽飽滿健壯，上部細長，尾部圓大如青蛙形，密生柔軟細根，主根短或無主根，未受損傷的朮栽，大小為每千克朮栽200～240只，分大小分別栽種。每0.0667公頃需朮栽40～60千克。朮栽用50%的多菌靈或50%托布津600～800倍液浸種10分鐘，撈出晾乾後下種。

（3）栽種　在12月至次年2月按株行距20～25公分穴栽，穴深6～8公分，施入稀人糞尿，乾後栽種。每穴放朮栽1～2個，芽頭向上，施入過磷酸鈣或餅肥，上蓋焦泥灰，最後覆土2公分左右與畦平。

4. 田間管理

（1）中耕除草　幼苗出土後，中耕可稍深，以後淺鋤。立夏後植株進入生長盛期後不再中耕。株間雜草用手拔除，雨後或露水未乾時不宜進行，否則易染鐵葉病。

（2）追肥　白朮生長期間，需肥較多，除施足基肥外，還要早施苗肥，重施摘蕾肥，增施磷鉀肥和有機肥。一般追肥3次：4月上旬齊苗後每0.0667公頃施入人糞肥300～1000千克；第二次在5月上旬每0.0667公頃施人糞肥700～1000千克（提苗肥）；第三次為摘蕾肥，這是白朮生長期中最主要的1次，一定要施足施好，以滿足根莖膨大的需要。此外在白朮生長後期也可以用1%的過磷酸鈣浸出液根外追肥，每隔10天1次，施2～3次，有一定的增產效果。

（3）除蘗摘蕾　除去蘗生枝，僅留一個主莖可使根莖形態整齊。摘蕾一般從7月中旬至8月上旬分2～3次摘光，晴天露水乾後進行。摘下的分蘗及花蕾都要清理出田並燒毀。

（4）排澇抗旱　白朮怕乾旱也怕水漬。多雨時要注意疏通排水溝，做到雨停地乾。7月以後，根莖膨大需要保持田間濕潤，可在大暑前割嫩草、樹葉鋪畦面，以減少地面水分蒸發，提高抗旱能力。

5. 病蟲害防治

（1）鐵葉病　又名「癃葉病」。發病初期葉片上產生鐵黑色不規則黑點，斑點逐漸擴大相互連續，蔓延至全葉，使病葉呈鐵黑色；後期病斑中央呈灰白色，上生黑點（即分生孢子器）。本病主要危害葉片，一般4月下旬開始發病，6～8 月為發病盛期。

（2）白絹病　又稱「白糖爛」，4 月下旬開始發病，6～9 月高溫時為盛發期。發病初期地上部分無明顯症狀，後期根莖內菌絲穿出土層，佈滿白朮莖稈基部及四週土表。由於白色菌絲侵入根莖，破壞皮層及輸導組織，被害植株頂梢凋萎下垂，最後整株枯死。

（3）根腐病　又名「乾腐病」。4 月中旬開始發病，6 月為發病盛期，8 月以後逐漸減少。發病後白朮的細根和根毛先變褐色乾腐，再乾枯脫落，蔓延至根莖，使根莖乾腐，並迅速由主莖蔓延，使整個維管束系統發生褐色病變，枝葉即成萎蔫狀。初期早治可能恢復，後期則不再恢復，乾枯至死。

（4）立枯病　又稱「爛莖瘟」。此病是白朮苗期的主要病害，在幼苗出土後即開始發病，特別是早春多陰雨、土壤黏性過重而板結情況下易發病。幼苗被害後，莖基部出現黃褐色的病斑，擴大病部呈黑褐色乾縮凹陷，最後倒伏而死。

（5）銹病　5 月上旬開始發病，5 月下旬至 6 月下旬為發病盛期，7 月以後減輕，發病期在葉面發生黃綠色略隆起的小點，以後擴大為褐色菱形或近圓形的病斑，周圍有黃綠色暈圈。發生在葉主脈上的病斑較大，多呈不規則菱形，在葉背病斑處聚生黃色顆粒狀物，當其破裂時撒出大量黃色粉末，即銹孢子。

上述 5 種病害應採取「以防為主，綜合防治」的方針，農業防治與藥劑防治相結合。

農業防治方法為：① 選育抗逆力強的高產品種。② 忌連作，應實行與禾本科作物輪作。③ 施足基肥，增施磷鉀肥和經腐熟的有機肥料。④ 注意開溝排水，降低田間濕度。收穫時必須把病株殘葉集中燒毀，以減少菌源。

藥劑防治具體為：① 土壤消毒。② 術栽消毒（見朮栽處理）。③ 防治鐵葉病可在發病前用等量式的波爾多液進行噴霧，每隔 10～15 天 1 次，連續 3～4 次。④ 防治根腐病，發病初期用 50%的甲基托布津 1000 倍溶液噴霧。⑤ 防治白絹病，可用 5%石灰水或 50%的退菌特可濕性粉劑 600 倍液澆株。將病株帶土移出朮地燒毀，並在病株四周撒石灰消毒；⑥ 防治銹病，在發病初期噴 97%敵銹鈉 200～400 倍液，每隔 7～10 天 1 次，連續 2～3 次。⑦ 防治立枯病，發病初期用 5%石灰水澆株，每隔 7 天 1 次，連續 3～4 次或在病株四周撒施石灰粉。

（6）朮子蟲　主要危害種子，咬食花蕾底部的肉質花被，被害後花蕾萎縮、乾癟，種子蛀空。嚴重時造成顆粒無收。朮子蟲每年發生 1 代，以幼蟲入土作繭越冬。

防治方法：① 消滅越冬蟲源，選育抗蟲品種。② 用 50%敵敵畏 200 倍液噴霧，第一次時間宜掌握 80%左右花蕾開花時，第二次在花蕾全部開花，視蟲害情況可隔 7～10 天進行第三次防治。

（7）長管蚜　又名朮蚜。長管蚜喜密集在白朮嫩葉、新梢上吸取汁液，使白朮葉片發黃，植株萎縮，生長不良。

防治方法：① 剷除地邊雜草，減少越冬蟲數；② 用 50%敵敵畏 1500 倍液或 40%樂果 1500～2000 倍液噴霧。

（8）小地老虎　又名「地蠶」。主要在晚上活動，危

害地上莖，常從表土面咬斷幼莖及幼嫩枝葉。

防治方法：① 清潔田園，除盡周圍雜草和枯枝落葉；② 人工捕捉和誘殺。

(9) **蠐螬** 又名「白地蠶」，是常見的地下害蟲。春季咬斷白朮嫩莖，7 月以後在植株根莖底部咬食根莖，使根莖部形成凹凸不平的空間，植株逐漸黃萎，嚴重時枯死。

防治方法：① 使用腐熟肥料可減少成蟲產卵量；② 堅持土壤消毒，殺死幼蟲；③ 危害期可用 90%敵百蟲 1000～1500 倍液澆注。

【採收加工】 霜降至立冬，植株下部葉枯黃時，擇晴天掘起朮株，剪去莖葉，抖淨泥沙。冬天氣溫低，曬乾困難，常為烘乾。初時火力可猛些，溫度可掌握在 90～100℃之間。出現水汽時，降溫至 60～70℃，2～3 小時上下翻動 1 次，再烘 2～3 小時，鬚根乾燥時取出悶堆「發汗」5～6 天，使內部水分外滲到表面，再烘 5～6 小時，此時溫度控制在 50～60℃之間，2～3 小時翻動 1 次，烘至八成乾時，取出再悶堆「發汗」7～10 天，再行烘乾為止，並將殘莖和鬚根搓去。產品以個大肉厚、無高腳莖、無鬚根、無蟲蛀者為佳。

烘術：烘乾方法所得商品為「烘術」或「炕術」，要經 3 次烘炕，方得成品：第一次烘炕，溫度約 80℃，4～6 小時後上下翻動一遍，使細根脫落；再以 60～70℃的溫度炕至八成乾時，取出堆置 6～7 天，使內部水分外溢，外皮軟化，再以 50～60℃的溫度烘乾。烘炕時，關鍵在於視白朮的乾濕程度掌握火候，既要防高溫急乾而烘泡烘焦，又不能低溫久烘，以致油悶霉枯。烘術質堅硬，外表色深（較生曬術），斷面略呈角質樣，有裂隙，略顯菊花紋，主產地浙江，湖南的大部分商品為烘術商品，是主流品種。

生曬術：曬乾所得商品為生曬術，將鮮白朮反覆曬乾即可，但所需時間較長，且應防凍。因加工時，已為冬季，故又名冬術。但冬術易泛油，不易保存，有將冬術切片再上礦灰者。

生曬術質地較糯軟，切斷面類白色或黃白色。緻密無裂隙或裂隙甚細，該加工方法多在安徽、湖南及浙東餘姚、寧海、仙居、奉化等地應用。

烘術與生曬術兩種商品中，烘術因易於保存不易髮油而為主流加工品種，但因烘炕工藝掌握不好，烘術易有內心空洞、焦枯等品質問題。生曬術雖質地緻密、油潤，但易因貯存環境濕熱而產生泛油，故不易保存。

【留種技術】 白朮留種可分為株選和片選，前者能提高種子純度。一般於7～8月，選植株健壯、分枝小、葉大、花蕾扁平而大者作留種母株。摘除遲開或早開的花蕾，每株選留五六個花蕾為好。於11月上、中旬採收種子。選晴天將植株挖起剪下地下根莖，把地上部束成小把，倒掛在屋簷下晾20～30天後熟，然後曬1～2天，脫粒，揚去茸毛和癟子，裝入布袋或麻袋內，掛在通風陰涼處貯藏。注意白朮種子不能久曬，否則會降低發芽率。

芍　藥

【藥用部位】 根。

【商品名稱】 白芍。

【產地】 主產於山東、安徽、浙江、四川等省，中國大部分地區都有栽培，以安徽亳州所產「亳芍」產量大、品質好。

【植物形態】 毛茛科植物，多年生草本，高 60～80 公分。根粗肥，通常圓柱形或略呈紡錘形。莖直立，無毛。莖下部葉為 2 回 3 出複葉；小葉窄卵形或橢圓形，邊緣密生骨質白色小乳突。春季開花，花大，單生於莖頂，白色、粉紅色或紫紅色；花瓣 5 片或多數，雄蕊多數。果卵形，先端鉤狀向外彎。花期 5～6 月，果期 6～8 月。

白芍含芍藥苷、羥基芍藥苷、芍藥內酯苷、苯甲酰芍藥苷，尚含 β－谷甾醇、胡蘿蔔苷。並含苯甲酸、鞣質、揮發油、蔗糖等。味苦、酸，性微寒，歸肝、脾經，具有平肝止痛、養血調經、斂陰止汗功能。

【生長習性】 喜溫暖濕潤氣候，性耐寒。要求陽光充足和排水良好的條件。應選擇土壤肥沃，土層深厚，富含腐殖質的沙質壤土和壤土種植。黏土及排水不良的低窪地、鹽鹼地均不宜種植。忌連作，前作以玉米為好。

通常 9～10 月發根，第二年早春紅芽出苗，4～6 月為旺盛生長期，同時進入花期；秋季植株枯萎，宿根越冬，此時有效成分芍藥苷含量最高。

【栽培技術】

1. 選地整地

選背陰向陽的坡地或旱地，坡向以東南向為宜，地的四周不應有其他蔭蔽物遮陰，以免影響嚴重。白芍是深根作物，生長期長，栽種後 4 年才收穫，故栽植前整地非常重要。要求深翻土地 40～60 公分，結合耕翻施足基肥，每 0.0667 公頃施廄肥 300 千克，並配合施複合肥 15～20 千克。精耕細耙，做成 1.3 公尺寬的高畦，四周開 3 公尺寬的排水溝，保證雨季不存水，減少根部病害的發生。

2. 繁殖方法

主要採用根繁殖，也可用種子繁殖。

（1）分根繁殖　利用白芍根芽頭分栽。秋季採挖白芍根時，先在離根頸部之下 5～6 公分處將粗根切下加工入藥，留下具芽頭的根叢（稱芍頭）作栽植用。芍芽大小及自然生長形狀分塊，每塊需帶有粗壯芽苞 2～4 個，厚度 2 公分左右，過薄養分不足，生長不良；過厚則主根生長不壯，支根多，品質差。所取的繁殖材料，栽培上稱「芍芽」。一般每 0.0667 公頃芍藥的芽可栽 0.20～0.33 公頃。芍芽宜隨切隨栽，也可暫時貯藏。

貯藏方法：① 放陰涼高燥通風的室內，地上鋪 6 公分濕潤細沙土，將芽頭向上堆放，厚 8 公分，上面蓋濕土 5～9 公分，四周用磚或其他東西攔好。貯藏期間應經常檢查，如乾旱應適當灑水保濕，如發現霉爛，應及時翻堆，揀去後重新堆放。② 選平坦而高燥處，挖寬 70 公分、深 20 公分的坑，底部放入 6 公分厚的沙土，然後把芽露出土面。貯藏期間應經常扒開檢查，防止乾縮與腐爛。栽前取出邊切邊栽。

（2）種子繁殖　8 月上中旬種子成熟後，採下立即播種。種子一經乾燥，就喪失發芽能力，若暫不播，可用濕沙混拌貯藏至9月中下旬，不能曬乾。播種時，在整好的畦上按溝深2公分進行條播，將種子均勻地撒入溝內，覆土踏實，再蓋細土2公分。當年秋後至翌年4月新芽出土後，扒去蓋土。幼苗生長較緩慢，2～3年後才可定植，每0.0667公頃播種量4千克。

3. 栽植技術

8月下旬至9月栽植，宜早不宜遲，最遲不超過10月下旬，再晚芍芽已發根，因地溫下降，導致根部發育不良，直接影響翌年生長。為使出苗整齊，便於管理，芍芽按大小分別栽植。栽時按行株距60公分×40公分（即每0.0667公頃2500～3000千克為宜），開穴深12公分，穴直徑20公分，穴底鋪施腐熟的有機肥，厚約4公分，肥上覆原土4公分。壓實後放入芍芽1～2個，擺正芽尖朝上，用手邊覆土邊固定芍芽，以芽頭在地表以下3～5公分為宜。栽後蓋薰土並施入人糞尿，再覆土堆成饅頭狀小堆，以利越冬。安徽亳州藥農在白芍栽好以後，用犁翻鬆行間土壤，培壟防寒，護芽越冬。翌年3月上旬，芍芽萌發前將堆土或壟耙平。

4.田間管理

（1）中耕除草　栽後第二年的早春解凍後，進行鬆土保墒，以利出苗。芍藥怕草荒。幼苗出土的1～2年，由於行株距寬，苗小，雜草易產生，故應勤除草；以後每年出苗封壟前，應除草4～6次。夏季乾旱時應中耕保墒，冬季結合中耕全面清理田園1次，以減輕病蟲危害。

（2）培土與「亮根」　10月下旬，在離地面6～9公分處剪去枝葉，並在根際培土厚達15公分，以保護地下根芽越冬。栽後第二年起，農民常在春季把根部土壤扒開，使根露出一半晾5～7天，稱為「亮根」，可使鬚根曬蔫，養分集中供應主根生長，晾後再培土壅根。

（3）追肥　施足基肥，栽後第二年起，每年需追肥3次。第一次在3月中旬，每0.0667公頃施入畜糞水1500～2000千克；第二次、三次分別在5月和7月生長旺季，每次每0.0667公頃施入畜糞水1500千克，鉀肥15～20千克。第三年隨植株長大，需肥量增加：第一次3月，每0.0667公頃施入畜糞水1500千克、過磷酸鈣10千克；第二次在4月下旬生長旺盛期，每0.0667公頃施入畜糞水1500千克、鉀肥20千克；第三次於11月中旬，每0.0667公頃施入畜糞水1500千克。第四年收穫前追肥1次，春季每0.0667公頃施糞水2000千克、過磷酸鈣100千克。每年5～6月為白芍生長盛期和開花期，需肥量大，可採用25%磷酸二氫鉀溶液進行根外追肥，增產效果顯著。

（4）排灌　白芍喜旱怕澇，僅在嚴重乾旱時灌溉，要1次灌透。多雨季節，要及時排水，根積水6～10小時，全株將枯死。

（5）摘蕾　為集中養分，供根部生長，除留種外，每年春季現蕾時應及時摘除花蕾。

（6）間作　栽後2年內，植株矮小，可在行間種植豆類、芝麻、花生、板藍根等其他作物。

5. 病蟲害防治

（1）紅斑病　又稱葉霉病，嚴重危害葉片。6月中下旬，葉片出現明顯病斑，病斑紫紅色，不規則；後期病斑中間焦枯，多數病斑有輪紋，在潮濕條件下，葉片出現暗

綠色霉層。病菌在病莖、病葉殘體上越冬，次年產生孢子浸染。

防治方法：① 清潔田園。白芍秋季落葉後，將病葉病莖徹底清除，集中燒毀，以減少越冬菌源。② 控制栽植密度，雨後及時排水，降低田間濕度，創造不利病害發生和蔓延條件。③ 噴藥保護。在植株發病初期，以 50%多菌靈 800 倍液，或 75%甲基托布津 1000 倍液防治，6 月中旬噴第一次藥，以後每隔 10 天噴 1 次，連續噴施 3 次，可以控制病害發生。

（2）灰霉病　危害葉片，多在開花以後發病。初為褐色不規則病斑，濕度大時，病斑擴展全葉，引起葉片枯死。莖部感病呈棕黑色腐爛，使葉片萎蔫脫落，嚴重時全株枯死。病菌以病枝在土壤中越冬，翌年春菌核萌發，產生孢子借風雨傳播，6～7 月發病嚴重。

防治方法：① 秋季徹底清除枯枝落葉和地面殘莖，集中燒毀。最初發現少量病葉、病芽時，應立即摘除。② 重病區要實行輪作，連作地要深翻後再種植。③ 加強栽培管理。防冷保護的覆蓋物早春應及時除去，澆水量一次不宜過多，以利地面乾燥。 4 噴藥保護。病區植株當嫩芽破土而出時，噴 50%多菌靈乳劑 1000 倍液，或 70%甲基托布津 1000 倍液，或 65%代森鋅 500 倍液，在第一次施藥後隔 10 天左右再噴施 1 次，噴藥次數視病情而定。

（3）葉斑病　又稱輪紋病，是白芍重要病害之一。發病初期，葉片上出現圓形褐色斑點，病斑中部灰褐色，邊緣顏色較深；後期病斑中部變灰白色，呈同心輪紋狀，潮濕條件下，病斑上會產生黑綠色霉層。發病嚴重年份，早秋便有植株枯死。以菌絲在病組織中越冬，次年春季產生孢子借風雨傳播，每年 7～9 月，高溫高濕條件，發病嚴重。防治方法參照紅斑病。

（4）**軟腐病**　發生在種芽切口處芍條上，初現水漬狀褐色病斑，逐漸呈黑褐色。病部變軟，用手擠壓病處即流出漿水。病部密生灰白色的絨毛，隨後絨毛頂端生出小黑點。病菌由傷口侵入而發生軟腐，種芽貯藏期，室內通風不良，溫度較高時，病害蔓延快而迅速。

防治方法：芍根收穫時，剪下的種芽，放置通風乾燥處。貯藏期間要經常檢查，發現有病種芽及時剔除。同時要加強管理，專人負責，要勤曬、勤翻，防止髒爛。

（5）**蠐螬**　為金龜子的幼蟲，危害嚴重。

防治方法：① 春季（4 月上旬）結合當地亮根防治越冬幼蟲危害，夏季（7 月上旬）防治低齡幼蟲。② 用 40% 甲基異硫磷乳劑（每 0.0667 公頃 250～400 毫升），50%辛硫磷乳劑（每 0.0667 公頃 250～400 毫升），以毒土或毒糞穴施，藥材收穫年份最好使用後一種。③ 藥劑防治成蟲應在成蟲盛發期對田間寄主（白芍、花生、芝麻的葉片）和行道樹葉片，用 40%樂果乳劑 800～1000 倍液噴施。④ 6 月下旬至 7 月上旬，進行 1 次中耕除草，可殺死大量的卵和低齡幼蟲。

【採收加工】　栽後 4～5 年收穫。6～9 月選擇晴天，割去莖葉，挖出全根，抖去泥沙，切下芽頭留種。將切下的芍根用清水洗淨，按粗細分成大、中、小三級，分別置沸水內燙煮 25 分鐘左右。

燙時要勤翻動，至白芍根表皮變白髮出香氣，竹簽能穿透為止，即可取出，迅速投入冷水中浸泡，隨即用竹片刮去粗皮，切齊兩端，分別曬乾。曬白芍以多晾少曬為原則曬3～5天後，在室內堆放回潮2～3天，讓其內部水分外滲（發汗），然後繼續曬3～5天，再於室內堆放，反覆操作至內外乾透。

白芍煮後遇陰雨，應及時攤放於通風處，切不可堆置，否則根條表面會起滑發黏，影響品質，如芍根暴曬尚未乾燥，即遇久雨，為防止起滑發霉，每天可用火烘1～2小時，到天晴再曬。

地　黃

【藥用部位】 塊根。

【商品名稱】 地黃。

【產地】 主產於河南、江蘇、山東、山西、河北等省。

【植物形態】 玄參科植物，多年生草本植物。塊根肥大，呈紡錘形或圓柱形，有芽眼。基生葉，叢生，葉片長橢圓形或倒卵形，先端鈍。總狀花序頂生，花多毛；花萼鐘狀，先端5裂；花冠筒狀微彎，外面暗紫色，內面黃色有紫紋。蒴果卵形，外包宿存花萼。種子細小。花期4月，果期5～6月。

從地黃根狀莖中分離出10種環烯醚萜苷類，如梓醇。並含水蘇糖及多種氨基酸。同時還分離出β－谷甾醇、甘露醇和微量的油菜甾醇。地黃味甘、苦，性寒，歸心、肝、腎經。鮮地黃具清熱生津、涼血、止血功能。

【生長習性】 地黃生長要求溫和氣候和陽光充足的

環境條件。性喜乾燥，喜肥，怕積水，能耐寒，整個生長期需要充足的陽光。

生長前期要求土壤含水量較低，為10%～20%。生長中後期，也是塊根膨大期，應保持土壤潮濕，但不能積水。春季「種栽」種植，前期以地上生長為主，4～7月為葉片生長期，7～10月為塊根迅速生長期，9～10月為塊根迅速膨大期，10～11月地上部分枯死，自然越冬。當年不開花。田間越冬植株，第二年春天均會開花。

【栽培技術】

1. 土壤選擇

宜選擇土層深厚、疏鬆肥沃、排水良好的沙質壤土。酸鹼度要求中性或微鹼性，有機質含量較高的地塊最好，氮素含量高的地塊須調整元素比例。土壤黏重、澇窪積水、隱蔽的地塊不能栽培。前茬以蔬菜、小麥、玉米、穀子、甘薯為好。花生、芝麻、棉花、油菜、蘿蔔、白菜和瓜類等不宜做地黃的前作或鄰作。否則易發生紅蜘蛛或感染線蟲病。

2. 品種選擇

根據近年來地黃大面積栽培實踐，以株形大、生育期長、塊莖多、喜肥水的「金狀元」和株形較小、生育期短、耐貧瘠、耐寒的「北京1號」品種較好。這兩個品種各具其優點。「金狀元」適宜早春早栽，可採取保護地育苗，延長生長時間，在大水大肥的條件下，可達到較高的產量。「北京1號」適合密植，生育期短，有效生長時間3～5個月，麥茬栽培也可獲得較高的產量，對肥水要求中等，適應性較強。

3. 繁殖技術

（1）溫炕育苗　3 月上旬，選背風向陽地塊做苗床，北高南低，北面做高 30 公分、寬 20 公分的牆，南面與地面平，北牆和南牆相距 2 公尺，長度根據栽培面積和種栽數量而定。把床內表面 30 公分的土取出，更換經消毒後摻有土雜肥的細沙壤土，造好苗床。將種莖截成 3～4 公分長的小段，用生根粉浸泡半小時，撈出晾乾，按株間距 2 公分平擺於苗床上，灑水使土壤濕潤，覆土 1.5 公分，苗床上蓋塑膠膜，膜上蓋草苫，早揭晚蓋，保持床內 20℃以上，一星期左右出苗，苗高 7～8 公分，有 10 片葉時，可掰下作種栽培大田。繼續蓋膜保護管理苗床，可連續收穫二茬、三茬種栽。其實地黃溫炕育苗方法和傳統的地瓜陽畦育苗基本相同。

（2）苗莖栽培　在選擇的土地上，每 0.0667 公頃施有機肥 2000 千克、過磷酸鈣 25 千克，深耕耙勻，做成寬 1.2 公尺的高畦或高壟，畦溝寬 30 公分，四周開排水溝。在畦上按行距 35 公分，株距 18～25 公分，把苗莖栽入地下 3～4 公分，封土成堆，外露 1～2 公分莖尖。栽後保持土壤濕潤，3～5 天苗即成活。

（3）種莖直栽　選擇外皮新鮮、沒有黑點（斑）的塊根上部直徑為 1.5～3 公分部分做種栽，截成 4～6 公分小段。春栽地黃在日均溫度穩定 13℃時（4 月上旬）栽種；夏栽地黃在小麥收割後（5 月下旬）及時栽種。其栽培方法和苗莖栽培相同，栽種時在畦上按株距 15～18 公分挖 3 公分深的穴，每穴放種莖 1～2 段，覆蓋拌有糞水的草木灰 1 把，再蓋土與地面平齊，每 0.0667 公頃約需種莖 40 千克。15～20天後出苗。

4. 田間管理

當苗高10公分時，進行定苗，每穴留苗1株，缺苗的穴及時補栽。保持田間無雜草，同時每0.0667公頃追施過磷酸鈣100千克、腐熟餅肥30千克、人畜糞水2000千克。封壟後於行間撒施草木灰或鉀肥1次。久旱澆水，遇澇排水。生長後期發現植株抽薹和沿地表長的地下細長莖應及時剪除，使養分能集中促進塊莖的生長。

5. 病蟲害防治

常見病害有斑枯病、輪紋病、乾腐病、病毒病。一般採用栽前600倍液多菌靈或甲基托布津浸泡種子4小時，取出晾乾1天後下種；或在7～9月每20天噴施1次青、鏈黴素混合液。常見蟲害為紅蜘蛛、孢囊線蟲和擬豹紋蛺蝶的幼蟲。可用50%辛硫磷乳劑1500倍液、三氯殺蟎醇600倍液與40%樂果1500倍液混合噴霧。

【採收加工】　栽培當年的秋後，割去莖葉，把塊根全部挖出，除淨泥土既為鮮地黃。生地黃的加工方法：將鮮地黃除去鬚根，按大小分級，分別放置火炕上炕乾，炕至地黃內部顏色變黑、全身乾燥而柔軟、外皮變硬即為生地，可出售。

射　干

【藥用部位】　根莖。

【商品名稱】　射干。

【產地】　主產於湖北、河南、江蘇、安徽、貴州、江西、雲南等省。

【植物形態】　鳶尾科植物，多年生草本，高 50～120 公分。根莖鮮黃色，生多數鬚根。莖直立。葉 2 列，扁平，嵌疊狀排列，廣劍形；長 25～60 公分，寬 2～4 公分，綠色，常有白粉，先端漸尖，基部抱莖，葉脈平行。總狀花序，2 叉分枝；花梗基部具膜質苞片，苞片卵形至卵狀披針形，長 1 公分左右；花直徑 3～5 公分，花被 6 片，2 輪，內輪 3 片較小；花被片橢圓形，長 2～2.5 公分，寬約 1 公分，先端鈍圓，基部狹，橘黃色，內具暗紅色斑點；雄蕊 3，短於花被，花藥外向；子房下位，3 室；花柱棒狀，柱頭淺 3 裂。蒴果橢圓形，長 2.5～3.5 公分，具 3 棱，成熟時 3 瓣裂。種子黑色，近球形，有光澤。花期 7～9 月，果期 8～10 月。

射干含野鳶尾苷，其苷元為野鳶尾黃素。最近又從射干中分離得到洋鳶尾素，主要化學成分為甲氧基雙苯吡酮-3-葡萄糖甙等。射干味苦，性寒，有毒，入肺、肝經，具清熱解毒、利咽消痰功能。

【生長習性】　喜溫暖，耐乾旱，耐寒，最低氣溫達-17℃的地區可以自然越冬（東北地區從外地引進的品種除外）。對土壤要求不嚴，但以肥沃、疏鬆、地勢較高、排水良好的沙質壤土為好。土壤酸鹼度以中性或微鹼性為宜。

【栽培技術】

1. 選地整地

一般山地、平地均可栽培，但不宜在低窪積水地、鹽鹼地種植。對前茬要求不嚴，但不能種在有線蟲病的地塊，以免感染線蟲病。整地時應施足基肥，用圈肥或堆肥每 0.0667 公頃施 3000～4000 千克，並加過磷酸鈣 20～30 千克。深翻土地，深度約 20 公分，耙平做畦。用人糞尿、草木灰和鈣鎂磷等肥料作基肥。

2. 繁殖方法

用種子繁殖或根狀莖繁殖。根狀莖繁殖比種子繁殖生長快。

（1）種子繁殖　射干種子在 10～14℃時開始發芽；適溫為 20～25℃；如溫度高達 30℃時發芽率顯著降低，最高發芽率為 59%，而且出苗慢，不整齊，持續時間長達 40～50 天。採種後在濕沙中貯藏，發芽快、發芽率高。曬乾的種子發芽慢，延續的時間長。

① 育苗：育苗地施基肥後整平做畦。播種期分春、秋兩季。春季在 3 月下旬將種子撒於畦內，覆土 6 公分左右，稍加壓實後灌水，約 2 週後可出苗。播種量每 0.0667 公頃育苗地 10 千克。秋播在地凍前，播種方法同春播，次年 4 月初出苗。苗床管理簡便，灌水 2～3 次，見草即除，不需其他管理。

② 直播：整地施肥後按壟距 50～60 公分做 10 公分左右高的畦，在畦中間開溝，將種子均勻播入溝內，蓋土 6 公分左右，壓實，灌水。播種量每 0.0667 公頃 4～5 千克。苗高 6～10 公分時按株距 20～30 公分定苗。

③ 定植：在育苗當年 5～6 月，苗高 6 公分左右時定植到大田，行距 40～60 公分，株距 20～30 公分，栽後灌木，成活率可達 90%以上，每 0.0667 公頃育苗地可定植 1.33 公頃。種子繁殖係數高，植株生長健壯，但種植時間長，周轉慢，肥地 2 年收穫，貧瘠地需 3 年收穫。

（2）根狀莖繁殖　射干根狀莖生有有效根芽數枚，生活力強，宜繁殖。栽種時間：春季在解凍後，秋季與收穫同時進行。栽時將根莖挖出，按其自然生長形狀分成小塊，每塊帶根芽2～3個，單芽種植出苗後生長勢弱。栽時芽向上，綠色根芽露出土面，白色根芽埋入土中，行株距同前述。開溝深15公分左右，鬚根過長者可剪留19公分左右，便於栽種。種後將土壓實，灌水時避免根狀莖暴露而影響成活。

3. 田間管理

（1）中耕培土　春季應勤除草和鬆土，至射干長到茂盛將封畦時才停止。同時在根際培土防止倒伏。

（2）追肥　植後翌年早春於行間開溝每0.0667公頃施入廄肥1000千克，或人糞尿1500千克加過磷酸鈣15～25千克作追肥。

（3）排灌　射干雖喜乾旱，但它出苗期和定植期需灌水保持田間濕潤，幼苗高達15公分時可灌滾水或不灌水，雨季注意排水，以免積水爛根。

（4）摘花　種子繁殖的射干次年開花結果，根狀莖繁殖的當年開花結果。花期長，開花結果多，消耗養分，不留種的田塊於抽薹時摘花莖2～3次，以利根狀莖生長。

4. 病蟲害防治

（1）銹病　秋季危害，葉片出現褐色隆起的銹斑。成株發生早，幼苗發生較晚。

防治方法：在發病初期噴95%敵銹鈉400倍液，每7～10天1次，連續2～3次。

（2）蠐螬　又名白地蠶。以幼蟲危害，咬斷幼苗或嚼食根部造成斷苗或根狀莖空洞。

防治方法：① 施用的糞肥要充分腐熟。② 用燈光誘殺成蟲。③ 用農藥澆灌。④ 用菜葉或其他食用蔬菜葉堆放於田間畦面，進行誘捕。後一種方法簡便易行，效果較好。

【採收加工】 栽後 2～3 年可以收穫：春初剛發芽或秋末葉枯萎時採挖，除去莖葉，洗淨泥土，曬至半乾，以火燎去鬚根而曬乾或烘乾。置乾燥處。保持乾燥，防止受潮。

桔　梗

【藥用部位】 根。

【商品名稱】 桔梗。

【產地】 產於中國大部分地區，以安徽桐城的「桐桔梗」品質最佳。

【植物形態】 桔梗科植物，多年生草本。莖直立，上部稍分枝，高 30～120 公分。莖下部葉及中部葉對生或 3～4 葉輪生；上部葉互生，葉柄短；葉片卵形或卵狀披針形，先端尖，基部楔形或下延，邊緣具不整齊銳鋸齒。花大，直徑 2.5～5 公分，單生莖端或數朵集成疏總狀花序；花冠寬鐘狀，5 深裂，藍紫色或藍色；雄蕊 5，子房下位；花柱長，柱頭 5 裂，反捲。蒴果倒卵形，成熟後頂端 5 瓣裂。種子多數，細小，黃褐色。花期 7～9 月，果期 8～10 月。

桔梗中主要含有多種皂苷，其他尚含多聚糖及其糖苷、氨基酸等。桔梗總皂苷完全水解產生的皂苷元有桔梗皂苷元，遠志酸和少量桔梗酸 A、B、C。桔梗味苦、辛，性平，歸肺經，具有宣肺、利咽、祛痰、排膿功能。

【生長習性】 喜陽光、溫和的氣候，耐寒。以沙質壤土生長良好，黏土亦可栽培。忌積水，如土壤水分過多，易爛根。怕風害，栽培要注意防風，以免倒伏。

種子壽命為1年。隔年陳種，喪失發芽力。桔梗種子細小，發芽率一般在70%左右。在溫度18～25℃，有足夠濕度時，播種後10～15天出苗，但出苗不齊，有的長達1～2個月。15×10^{-4}～20×10^{-4}濃度的赤黴素對種子萌發有促進作用。春播出苗後到5月份為苗期，此後進入快速生長期，至7月份開花後減慢。一年生主根長可達15公分，二年生可達40～50公分，並明顯增粗。第二年6～9月為根的快速生長期。

【栽培技術】

1. 選地整地

選擇土層深厚、疏鬆肥沃、排水良好的沙質壤土栽培。每0.0667公頃需廄肥2500千克、加過磷酸鈣20千克，混勻，撒於地面作基肥，深耕細耙，整平做畦，畦面寬1～1.3公尺、高20公分，留出作業道。北方地區，有的為了省工，採用大壟栽培，壟距50～60公分，打壟後壓實，以待播種。

2. 繁殖方法

主要採用種子繁殖。

（1）採種 桔梗花期長，留種植株，於8月份剪去花序側枝，集中營養促進種子成熟，提高種子品質。9～10月，蒴果變黃時，帶果柄割下，放於通風乾燥處，後熟2～3天，然後曬乾脫粒。

（2）**種子處理**　播前應進行種子處理，以保證出苗整齊。處理方法：將種子置於40℃溫水中，隨即攪動至水涼後，再浸泡8小時，取出後用濕布包上，放在25～30℃的地方，上蓋濕麻袋進行催芽，每天早晚用溫水沖濾1遍，4～5天，待種子萌動時即可播種。

（3）**播種**　大壟直播：4月中、下旬，在壟上開溝，踩底格子，點播，覆土1公分，稍壓，以待出苗。

高畦直播：於4月上旬或中旬，在整好的畦面上，橫向開淺溝，行距20～25公分，播種後，覆土1公分，稍壓，以待出苗。

（4）**育苗**　播種方法與高畦直播同。兩者均需經常保持畦面濕潤，或薄薄覆上一層稻草保溫。每0.0667公頃播種約0.5千克，待苗高3～4公分時，按株距3～4公分留苗，以後及時鬆土、除草。如植株過高，應在畦面立柱拉繩，以防倒伏。至翌春起出栽於大田，按行距25～30公分，株距15公分栽下。栽時頂芽向上，覆土2公分。

3. **田間管理**

（1）**間苗、定植**　大壟直播及高畦直播的苗高3公分時，結合鬆土間去弱苗、過密苗。高6～7公分時定植，苗距10公分。

（2）**中耕除草**　做到及時鬆土，除草，保證田間基本無雜草。撒播桔梗田內雜草較多，且不易除，應做到見草就除。

（3）**追肥排水**　苗高50公分時，每0.0667公頃追施過磷酸鈣20千克、尿素10千克。在雨季要及時排水，以防爛根。

（4）打頂　桔梗花期長達3個月，為此，藥用的植株應及時摘除花蕾，控制生殖生長，減少花期營養消耗，以利於根內養分集中，增加產量。留種的植株，苗高10～15公分時摘去頂芽，以利於多發側芽，多開花結果。

4. 病蟲害防治

（1）桔梗輪紋病　危害葉片，6月份發病，7～8月最嚴重。

防治方法：清除枯枝，病葉集中燒掉；雨後注意排水，降低田間濕度，減少發病；發病初期用1：1：100波爾多液或65%代森鋅600倍液噴灑。

（2）桔梗斑枯病　發病時病斑匯合，葉片枯死。

防治方法：冬季清潔田園，將枯枝、病葉集中燒毀；雨後開溝排水，降低田間濕度，減輕發病；發病初期用1：1：100波爾多液或65%代森鋅600倍液進行防治。

（3）地老虎　危害幼苗。防治方法：用毒餌誘殺。

【採收加工】　直播生長2年，育苗移栽後生長1年即可收穫。多為秋季11月份採收。割去地上部分，然後挖出根部，去掉殘莖，洗淨根上泥土，趁鮮用碗片成竹刀刮去外皮。如放置過久，不易去皮。刮皮後的桔梗，容易乾燥。可曬乾、炕乾、烘乾。存放通風乾燥處，防蟲蛀、霉變。

防　　風

【藥用部位】　根。

【商品名稱】　防風、關防風、東防風。

【產地】 主產於黑龍江、吉林、遼寧、河北、山東、內蒙古等省區。東北產的防風為地道藥材，素有「關防風」之稱。

【形態特徵】 傘形科植物，多年生草本，株高30～100公分，全株無毛。主根粗長，表面淡棕色，散生凸出皮孔。根頸處密生褐色纖維狀葉柄殘基。莖單生，二歧分枝。基生葉叢生，葉柄長，基部具葉鞘，葉片長卵形或三角狀卵形，2～3回羽狀分裂；莖生葉較小，有較寬的葉鞘。複傘形花序頂生；無總苞片，少有1片；小傘形花序有花4～9朵，萼片短三角形，較明顯；花瓣5，白色。雙懸果，成熟果實黃綠色或深黃色，長卵形，具疣狀突起，稍側扁；果有5棱。花期8～9月，果期9～10月。

防風含揮發油，油中主要成分有辛醛、壬醛、己醛、β-沒藥烯、花側柏烯、β-桉葉醉等。從己烷提取液中分得1-甲基苯乙妥因等5種呋喃香豆精，3′-O-白芷酰亥茅酚等4種色素酮。醋酸乙酯、丁醇提取物分得：5-O-甲基維斯阿米醇的葡萄糖苷、5-O-甲基維斯阿米醇、升麻苷、升麻素、亥茅酚苷及亥茅酚。尚有D-甘露醇、硬脂酸乙酯、木蠟酸、香柑內酯。

味辛、甘，性溫，有解表發汗、祛風除濕作用，主治風寒感冒、頭痛、發熱、關節酸痛、破傷風。此外，防風葉、防風花也可供藥用。

【生長習性】 防風適應性較強，耐寒、耐乾旱，喜陽光充足、涼爽的氣候條件，適宜在排水良好、疏鬆乾燥的沙壤土中生長，在中國北方及長江流域地區均可栽培。

種子易萌發，在15～25℃的範圍內均可萌發，新鮮種子發芽率可達50%以上。貯藏1年以上的種子發芽率顯著降低，故生產上以新鮮的種子做種為好。防風發芽適宜溫度為15℃，生產上春、秋季播種均可。種子在春季播種20天左右出苗，秋播翌年春天出苗。防風播種當年不開花。一旦開花結子，根部迅速木質化中空，隨之植株枯死。

【栽培技術】

1. 選地整地

防風是深根性植物，主根長可達50～60公分，應選地勢高燥、排水良好的沙壤土種植；黏土地種植的防風極短，分叉多，品質差。防風是多年生植物，整地時需施足基肥，每0.0667公頃用廄肥3000～4000千克及過磷酸鈣15～20千克，深耕細耙。北方做成1.3～1.7公尺寬的平畦，南方多雨地區做成寬1.3公尺、溝深25公分的高畦。

2. 繁殖方式

以種子繁殖為主，也可進行分根繁殖。

（1）種子繁殖　在春、秋季都可播種。春播，長江流域在3月下旬至4月中旬，華北在4月上中旬；秋播，長江流域在9～10月，華北在地凍前播種，第二年春天出苗。春播需將種子放在溫水中浸泡1天，使其充分吸水以利發芽。在整好的畦內按30～40公分行距開溝條播，溝深2公分，把種子均勻播入溝內，覆土蓋平，稍加鎮壓，蓋草澆水，保持土壤濕潤，播後20～25天即可出苗。每0.0667公頃用種子1～2千克。

（2）分根繁殖　在收穫時或早春，取粗0.7公分以上的根條截成3公分長的小段做種。按株行距15公分×50公分、穴深6～8公分栽種，每穴1根段，順栽插入，栽後覆土 3～5 公分，每 0.0667 公頃用種根量約 50 千克。

3. 田間管理

（1）間苗　苗高 5 公分時，按株距 7 公分間苗；苗高 10～13 公分時，按 13～16 公分株距定苗。

（2）除草培土　6 月份前需進行多次除草，保持田間清潔。植株封行時，先摘除老葉，後培土壅根，以防倒伏，入冬時結合清理場地，再次培土以利於根部越冬。

（3）追肥　每年 6 月上旬或 8 月下旬需各追肥 1 次，用人糞尿、過磷酸鈣或堆肥，開溝施於行間。

（4）摘薹　2 年以上植株，除用以留種的外，都要及時摘薹。

（5）排灌　在播種或栽種後到出苗前的時期內，應保持土壤濕潤。防風抗旱力強，多不需澆灌，雨季注意及時排水，以防積水爛根。

4. 病蟲害防治

（1）白粉病　夏秋季危害葉片。

防治方法：① 施磷鉀肥，注意通風透光。② 發病時以 50%甲基托布津 800～1000 倍液噴霧防治。

（2）黃翅茴香螟　現蕾開花時發生，危害花蕾及果實。

防治方法：在早晨或傍晚用 90%敵百蟲 800 倍液或 BT 乳劑 300 倍液噴霧防治。

（3）黃鳳蝶　5 月份開始危害，幼蟲咬食葉、花蕾。

防治方法：① 人工捕殺。② 在幼齡期噴 90%敵百蟲 800 倍液或 80%敵敵畏乳油 1000 倍液。

【採收與加工】　一般在種植後第二年冬季 10 月下旬

至11月中旬，或春季萌芽前採收。春天分根繁殖的防風，在水肥充足、生長茂盛的條件下當年可收穫。防風根部入土較深，根脆易斷，收時應從溝的一端開深溝，順序採挖。去除殘留莖葉和泥土，曬到半乾時去掉鬚毛，按根的粗細長短分級，紮成0.25千克的小把，曬至全乾即可。

黃　芩

【藥用部位】　根。

【商品名稱】　黃芩。

【產地】　野生黃芩廣泛分佈於中國西北、東北、華北北部和內蒙古草原東部等地區，四川省主要分佈在涼山州和甘孜州。由於長期的掠奪式採挖，絕大部分已瀕臨滅絕，所剩野生資源多在交通不方便、人跡罕至的邊遠地區。為滿足市場的需求，具有產地優勢的山東、河北、河南等省已建立黃芩生產基地，在北方寒冷地區黃芩生育期長，一般2～3年才能採挖。

【植物形態】　黃芩又叫黃金條根、山茶根、黃芩茶、條芩、枯芩等，為唇形科黃芩屬植物，多年生草本，高30～70公分。主根粗大，略呈圓錐形，外皮褐色或黃褐色。莖叢生，基部多分支伏地，鈍四棱形。單葉對生，具短柄；葉片披針狀，全緣。小堅果卵球形、黑褐色，著生於宿萼中。花期7～10月，果期8～10月。

黃芩以根為藥，主要化學成分為黃酮類衍生物，其中主要為黃芩苷。具有清熱燥濕、解毒、止血、抗炎、安胎、降壓、利尿、抑菌等功效。除中醫配方外，還大量用於中成藥。

【生長習性】　黃芩喜陽光充足，喜溫暖而稍帶寒冷、雨量適中的氣候。適應性較強，耐嚴寒、高溫和乾旱。怕水澇，地內積水或雨水過多則生長不良，重者爛根死亡。黃芩是深根植物，宜土層深厚、富含腐殖質壤土或沙質壤土。酸鹼度以中性微鹼性為宜。忌連作，一般再種需隔3～4年。4月中旬播種後，溫度15～18℃且在足夠濕度條件下，10天左右出苗，3～5天出齊苗。第一年生長緩慢，5～6月為莖葉生長期，7月開花，10月果實成熟，11月地上部分枯萎，翌年4月返青。生長3～4年後根頭部分逐漸枯朽。

【栽培技術】

1. 選地整地

黃芩適合在氣候溫暖而略微寒冷的地帶生長，在低窪地、陰坡地及黏土上生長不良。人工栽培應選擇排水良好，陽光充足，土層深厚、肥沃的沙質土壤。如有條件，可在種植前，每0.0667公頃施腐熟廄肥2000～2500千克、過磷酸鈣50千克作基肥，深耕細耙、平整做廂，廂寬1.2公尺，廂面土粒細碎。

2. 播種技術

（1）播種季節　黃芩種子在15～30℃下均萌發良好，根據安徽省亳州地區氣候條件及栽培試驗結果表明，春季露地栽培在3～4月播種，若用地膜覆蓋栽培可提前到頭年11月至次年2月播種。

（2）播種方式　分直播和育苗兩種方式。以直播為好，節省勞力，成品根條長、叉根少、產量高，但用種量大，每 0.0667 公頃用種在 1～1.5 千克。育苗在幼苗期管理方便，節約種子，但移栽費工，成品叉根多。

（3）播種方法　播種前先將種子用溫水浸泡 5～6 小時，撈出稍晾乾即可播種。採用條播法，行距 30 公分，播種溝深 0.6～1.0 公分，將種子均勻撒入溝內，用草木灰覆蓋 0.5 公分，然後輕輕鎮壓，使土與種子接觸緊密，用秸稈、雜草等覆蓋並澆水，或蓋地膜以保持土壤濕潤。當氣溫在 15～20℃時，約 15 天時間即可出苗。

3. 田間管理

（1）間苗　幼苗長到 4 公分高時，間去過密和瘦弱的小苗，按株距 10 公分定苗。育苗的不必間苗，但須加強管理，除去雜草。乾旱時還須澆清糞水，在幼苗長至 8～12 公分高時，選擇陰天將苗移栽至本田中。定植行距為 30 公分、株距 10 公分，移栽後及時澆水，以確保成活。

（2）中耕除草　幼苗出土後，應及時鬆土除草，並結合鬆土向幼苗四週適當培土，保持表土疏鬆，無雜草，1 年需除草 3～4 次。

（3）追肥　苗高 10～15 公分時，每 0.0667 公頃用人畜糞水 1500～2000 千克追肥 1 次，助苗生長。6 月底至 7 月初，每 0.0667 公頃追施過磷酸鈣 20 千克、尿素 5 千克，在行間開溝施下，覆土後澆水 1 次。次年收的植株枯萎後，於行間開溝每 0.0667 公頃施腐熟廄肥 2000 千克、過磷酸鈣 20 千克、尿素 5 千克、草木灰 150 千克，然後覆土蓋平。

（4）排水　黃芩耐旱怕澇，雨季需注意排水，廂面溝內不可積水，否則會造成爛根。

（5）**摘除花蕾** 在抽出花序前，將花梗剪掉，減少養分消耗，促使根系生長，提高產量。

4. 病蟲害防治

（1）**葉枯病** 在高溫多雨季節容易發病，開始從葉尖或葉緣發生不規則的黑褐色病斑，逐漸向內延伸，並使葉乾枯，嚴重時擴散成片。

防治方法：① 秋後清理田園，除盡帶病的枯枝落葉，消滅越冬菌源。② 發病初期噴灑 1：1：120 波爾多液，或用 50%多菌靈 1000 倍液噴霧防治，每隔 7～10 天噴藥 1 次，連用 2～3 次。

（2）**根腐病** 栽植 2 年以上者易發此病。根部呈現黑褐色病斑以致腐爛，全株枯死。

防治方法：① 雨季注意排水、除草、中耕，加強苗間通風透光並實行輪作。② 冬季處理病株，消滅越冬病菌。③ 發病初期用 50%多菌靈可濕性粉劑 1000 倍液噴霧，每 7～10 天噴藥 1 次，連用 2～3 次；或用 50%托布津 1000 倍液澆灌病株。

（3）**黃芩舞蛾** 是黃芩的重要害蟲。以幼蟲在葉背作薄絲巢，蟲體在絲巢內取食葉肉。

防治方法：① 清潔田園，處理枯枝落葉及殘株。② 發病期用 90%敵百蟲或 40%樂果乳油噴霧防治。

（4）**菟絲子** 幼苗期菟絲子纏繞黃芩莖稈，吸取養分，造成早期枯萎。

防治方法：① 播前淨選種子。② 發現菟絲子隨時拔除。③ 噴灑生物農藥「魯保 1 號」滅殺。

【採收與加工】　在北方寒冷的地區，通常種植2～3年才能收穫，但在溫暖濕潤的地區，一年生即可採收。於11～12月雨水斷後，莖葉枯黃時，選擇晴朗天氣將根挖出。挖時注意操作，切忌挖斷，挖出的黃芩根，去掉附著的莖葉、泥土，曬至半乾，置於背筦或籮筐內撞掉表皮，或用竹片刮去表皮，並迅速曬乾或烘乾。

晾曬時應避免陽光太強，晾曬過度會發紅。同時防止雨水淋濕，千萬不能水洗，因雨淋或水洗後根會變綠發黑，影響品質。以堅實無孔洞內部呈鮮黃色者為上品。3～4千克鮮貨可加工成1千克乾貨。一年生植株每0.0667公頃產200千克左右。

黃　連

【藥用部位】　根莖。

【商品名稱】　黃連、雲連、雞爪連、川連等。

【產地】　黃連主產於湖北、四川、雲南、陝西、湖南、浙江等省，由於其產區和種類不同，黃連商品有味連、雅連、雲連。味連栽種面積最大，主要分佈在四川東部、湖北西部、陝西南部一帶；雅連主要產於四川洪雅縣、雅安市一帶；雲連主要分佈在雲南西北部。

【植物形態】　黃連（味連）為毛茛科多年生常綠草本植物，高20～25公分，根狀莖常有數個分枝成簇生長，形如雞爪，葉莖生，3全裂，堅紙質。聚傘花序頂生，花白綠色或黃綠色。蓇葖果長卵形，種子8～10粒，長圓形。花期2～3月，果期3～4月。種子繁殖植株3年開始開花結子。

黃連含異喹啉類生物鹼，主要為小檗鹼，其他尚含有黃連鹼、甲基黃連鹼、巴丁汀、藥根鹼、木蘭花鹼、表小檗鹼等。性寒味苦，有瀉火、燥濕、解毒之功效，主治消化不良。

【生長習性】 黃連一般生長在海拔1200～1800公尺的高寒山區，喜陰濕涼爽的氣候。冬季在－8℃以上能正常越冬。黃連對水分要求較高，不耐乾旱，因根莖淺、葉面積大，需水分較多，但不能積水，因此，雨季要及時排水。黃連為喜陰植物，忌強烈的直射光照射，喜弱光，苗期最怕強光，因此，栽培黃連必須搭棚，透光50%左右。鬚根多分佈在土壤上層，需長期從土壤表層攝取養分，故栽植黃連的土壤應表土疏鬆肥沃，富含腐殖質，土層深厚，排水透氣良好。土壤酸鹼性以微酸性至中性為好。

【栽培技術】

1. 選地整地

選土壤肥沃、腐殖質深厚、排水良好的沙質壤土，坡度在20°以內。將地上雜草挖掉，耕翻耙平，做1.3公尺寬的高畦。

2. 繁殖方法

有種子繁殖和插扦繁殖，生產上多用種子繁殖。黃連種子休眠期較長，在9個月以上，需要低溫條件才能完成後熟。5月上旬種子成熟後立即採收。採收的種子胚尚未分化，必須經過種子處理後方可播種。種子一般用沙藏法處理，到11月經沙藏的種子開始裂口，才可播種。

（1）播種育苗　10～11 月份，經沙藏的種子裂口後即可播種，每 0.0667 公頃播種用 1.5～2.5 千克，蓋 1 公分厚的乾細土和腐熟的牛馬糞一層即可。

（2）搭蔭棚　黃連幼苗怕日曬，必須搭棚遮陰，蔭棚高 70～80 公分，棚上覆蓋松枝即可。

（3）苗田管理　黃連幼苗生長緩慢，要及時除掉雜草，並追施速效氮肥，到 5 月下旬黃連幼苗可出 3 片真葉。播後第三年可出圃移栽，一般 1 千克種子可育 10 萬～20 萬株黃連苗。

（4）移栽　應選擇 4 片以上真葉，株高在 6 公分以上的健壯幼苗。移栽時間多在春、秋兩季，春栽成活率高，生長健壯。秋栽不及春栽。移栽株行距為 10 公分 × 10 公分，每 0.0667 公頃約栽苗 6 萬株左右，栽深 3～5 公分，地面留 3～4 片大葉即可。移栽以後按常規田間管理，一定要及時清除田間雜草，及時追肥，同時要培土，有利於增產。

3. 病蟲害防治

黃連的病害較少，在雨季多發生白粉病，可用常規方法防治，在山區栽培黃連，野生動物，特別是老鼠對黃連地的危害較大，應注意防守。

【採收加工】　黃連移栽後第五年才能收穫，是生長年限較長的藥用植物。黃連最適宜的收穫期為 10 月上旬至 11 月下旬上凍前。用四齒耙按行株距將黃連挖出，剪去鬚根和葉子，每 0.0667 公頃可產 500 千克左右鮮根。鮮根出土後，最好用炕烘乾，烘乾時不宜火力過大，邊烘邊翻，直到乾燥為止，一般每 0.0667 公頃產乾黃連根莖成品 100

千克左右。

黃　精

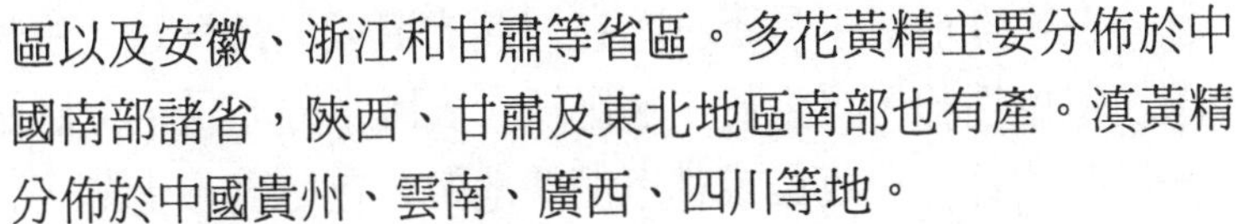

【藥用部位】　根莖。

【商品名稱】　黃精。

【產地】　黃精多是野生，也有家種，主要分為黃精、多花黃精、滇黃精 3 種。黃精分佈在中國北方諸省區以及安徽、浙江和甘肅等省區。多花黃精主要分佈於中國南部諸省，陝西、甘肅及東北地區南部也有產。滇黃精分佈於中國貴州、雲南、廣西、四川等地。

【植物形態】　黃精為百合科多年生草本植物，《中華藥典》記載有滇黃精、黃精、多花黃精 3 種，均以乾燥的根莖入藥。

黃精：根狀莖圓柱狀，節間一頭粗，一頭細；莖直立，先端稍呈攀援狀；葉輪生，每輪 4～6 葉，線狀披針形，先端漸尖捲曲；花 2～4 朵，集成傘形花序，花梗基部有膜質小苞片，花白至淡黃色，全長 9～13 公分，裂片披針形，花柱長為子房的 2 倍。

多花黃精：根莖橫走，肥厚，結節狀或連珠狀；葉互生，葉背灰綠，腹面綠色，平行脈 3～5 條，隆起，25 公分，裂片 6，三角狀卵形，長約 3 公分；雄蕊 6 枚，著生於花筒中部以上，花絲長 3～4 公分，先端具乳突或膨大呈包狀，子房近球形，花柱長 12～15 公分，漿果球形紫黑色。花期 4～6 月，果期 6～10 月。

滇黃精：與黃精的主要區別是根莖肥大，呈塊狀或結節狀，體形高大，莖先端纏繞狀，花筒粉紅色，全長18～25公分，裂片窄卵形，漿果紅色。

黃精根莖中分離出3種多糖成分，即黃精多糖甲、乙、丙，及黃精低聚糖甲、乙、丙。另含酰類化合物。性甘，味平，歸脾、肺、胃經。可補氣養陰、健脾、潤肺、益腎，用於脾胃虛弱、體倦乏力、口乾食少、肺虛燥咳、精血不足、內熱消渴。

【生長習性】 黃精的適應性很強，喜陰濕，耐寒性強。在乾燥地區生長不良，在濕潤的環境生長良好。生長環境選擇性強，喜生於土壤肥沃，表層水分充足，上層透光性強的林緣、草叢或林下開闊地帶，在黏重、土薄、乾旱、積水、低窪、石子多的地方不宜種植。

黃精種子堅硬，呈圓珠形，深褐色。室溫乾燥貯藏的種子發芽率低，低溫沙藏和冷凍沙藏的種子發芽率高。沙藏有利於種胚發育，打破種子休眠，縮短發芽時間，發芽整齊。種子適宜發芽溫度25～27℃，在常溫下乾燥貯藏發芽率62%，拌濕沙在1～7℃下貯藏發芽率高達96%。所以黃精種子必須經過處理後才能用於播種。

【栽培技術】

1. 選地整地

種黃精選擇比較濕潤肥沃的林間地或山地、林緣地最為合適，要求無積水，以土質肥沃、疏鬆、富含腐殖質的沙質土壤最好，土薄、乾旱和沙土地不適宜種植。整地要求進行土壤深翻30公分以上，整平耙細後做畦。一般畦面寬1.2公尺，畦長10～15公尺，畦面高出地平面10～15公分。在畦內每0.0667公頃施足優質腐熟農家肥4000千克作底肥，均勻施入畦床土壤內。再深翻 30 公分，使肥土充分混合，再進行整平耙細後待播。

2. 繁殖方法

黃精既可以用種子繁殖，又可以用根莖繁殖。種子繁殖時間長，多用於育苗移栽，生產田多採用根莖繁殖。

（1）種子繁殖　選擇生長健壯、無病蟲害的二年生植株留種。加強田間管理，秋季漿果變黑成熟時採集，冬前進行濕沙低溫處理。

方法是：在院落向陽背風處挖一深坑，深 40 公分、寬 30 公分。將 1 份種子與 3 份細沙充分混拌均勻，沙的濕度以手握之成團、落地即散、指間不滴水為度，將混種濕沙放入坑內。中央放高秸稈，利於通氣。然後用細沙覆蓋，保持坑內濕潤，經常檢查，防止落乾和鼠害。待翌年春季 4 月初取出種子，篩去濕沙播種，在整好的苗床上按行距 15 公分開溝深 3～5 公分，將處理好的種子均勻播入溝內。覆土厚度 2.5～3 公分，稍加踩壓，保持土壤濕潤，墒情差的地塊，播種後澆 1 次透水，然後插拱條，扣塑膠膜，加強拱棚苗床管理，及時通風、煉苗。等苗高 3 公分時，晝敞夜覆，逐漸撤掉拱棚，及時除草，澆水，促使小苗健壯成長。秋後或翌年春出苗移栽到大田。

（2）根莖繁殖　在留種栽田選擇健壯、無病蟲害的植株，秋季或早春挖取根狀莖，秋季挖需妥善保存；早春採挖直接截取 5～7 公分長小段，芽段 2～3 節，然後用草木灰處理傷口，漿稍乾後，立即進行栽種，春栽在 4 月上旬進行。在整好的畦面上按行距 25 公分開橫溝，溝深 8～10 公分，將種根芽眼向上，順壟溝擺放，每隔 10～12 公分平放1段。覆蓋細肥土5～6公分厚，踩壓緊實。對墒情差的田塊，栽後澆1次透水。

（3）育苗移栽　一般北方地區移栽時間多在4月初進行，在整好的種植地塊上，按行距30公分、株距15公分挖穴，穴深15公分，穴底挖鬆整平，每0.0667公頃施入底肥3000千克。然後將育成苗栽入穴內。每穴2株，覆土壓緊，澆透水1次。再次進行封穴，確保成活率。

3. 田間管理

（1）中耕除草　在黃精植株生長期間要經常進行中耕鋤草，每次宜淺鋤，以免傷根，促使壯株。

（2）合理追肥　每年結合中耕進行追肥，每次每0.0667公頃施入人畜優質肥1000～1500千克。每年冬前再次每0.0667公頃施入優質農家肥1200～1500千克，並混入過磷酸鈣50千克、餅肥50千克。混合均勻後溝施，然後澆水，加速根的形成與成長。

（3）適時排灌　黃精喜濕怕旱，田間要經常保持濕潤狀態，遇乾旱氣候應及時澆水，但是，雨季又要防止積水及時排澇，以免爛根。

（4）摘除花朵　黃精的花果期持續時間較長，並且每一莖枝節腋生多朵傘形花序和果實，致使消耗大量的營養成分，影響根莖生長。為此，要在花蕾形成前及時將花芽摘去，以促進養分集中轉移到收穫物根莖部，提高產量。

4. 病蟲害防治

一般葉部產生褐色圓斑，邊緣紫紅色，為葉斑病。多發生在夏秋季，病源為真菌中的半知菌。

防治方法：預防為主。入夏時可用1：1：100波爾多液或65%代森鋅可濕性粉劑500～600倍液噴灑，每隔5～7天1次，連續2～3次。

【採收與加工】 野生黃精全年均可採挖，家種以秋季採挖為好。一般根莖繁殖的於栽後2～3年，種子繁殖的於栽後3～4年挖收。挖取根莖後，去掉莖葉，抖淨泥土，削掉鬚根，用清水洗淨，放在蒸籠內蒸10～20分鐘，蒸至透心後，取出邊曬邊揉至全乾，即成商品，一般每0.0667公頃產400～500千克，高產可達600千克。

元 胡

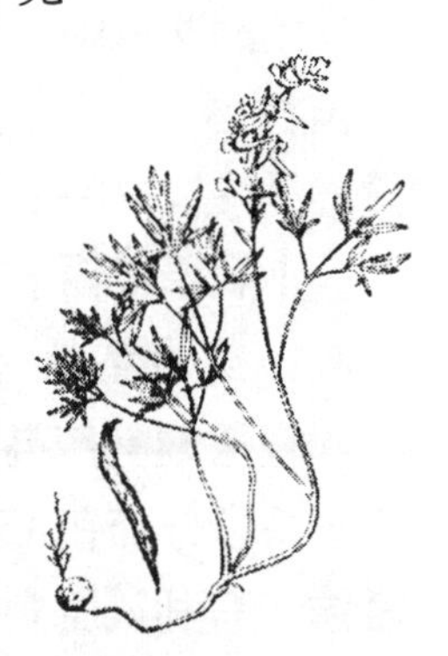

【藥用部位】 塊莖。

【商品名稱】 元胡。

【產地】 主產於浙江，現在已擴種到上海、江蘇、四川、山東、遼寧、吉林、黑龍江、湖北、陝西、北京等地。

【植物形態】 別名延胡、延胡索、玄胡索。為罌粟科紫堇屬植物，多年生草本，莖圓形，高21～26公分，質脆，折斷有黃色汁液。莖叢生，枝幹細弱。葉互生，2回3出複葉，有長柄，小葉似竹葉，全緣。總狀花序，6～8朵排列，花淡紫紅色。蒴果，內含種子多粒，呈黑色，具角質。地下塊莖扁球形，鮮黃色，有芽眼數個。

元胡中的化學成分主要是生物鹼，其中屬叔胺類者含量為0.65%，屬季胺類者約0.3%，已分離得到近20種生物鹼。味苦、性溫，功效：活血散淤、理氣止痛，主治胃痛、胸腹痛、疝痛、痛經、月經不調、產後瘀血、跌打損傷。

【生長特性】 野生於山地、稀疏林或樹林邊緣的草叢中，喜溫暖濕潤氣候，但能耐寒，怕乾旱和強光，怕積水，生長季節短（苗後生長期90天左右），對肥料要求較高，大風對其生長不利。生長後期如出現高溫天氣容易造成減產。元胡根系生長較淺，根莖細小，集中分佈在表土5～20公分，故要求表土層土壤疏鬆肥沃、富含腐殖質，或是排水良好的沙質壤土。

元胡9月中下旬栽下塊根，次年2～3月出苗，立夏前後苗枯萎，年生長期80～100天。4月上、中旬為塊莖重量增長最快的時期。

【栽培技術】

1. 選地整地

宜選地勢較高，排水良好，富含腐殖質的沙質壤土。因根系多分佈在13～16公分的表土層中，土質疏鬆則根系發達，有利於養料吸收。土壤酸鹼度中性，微酸性或微鹼性均可。忌連作，需間隔3～4年再種。前茬以小麥、水稻、豆科作物為好。早秋作物收穫後應及時整地，做到精耕細作，三耕三耙，使表土疏鬆有利於發根。元胡根淺喜肥，生長季節又短，故施足基肥是增產的關鍵。於整地前將充分腐熟的豬糞撒於地面，每0.0667公頃約3000千克，深耕15公分，耙平，做成壟距80公分、高16～20公分、寬40～50公分的高壟。

2. 繁殖方法

（1）留種與種栽貯藏 元胡用塊莖繁殖，收穫時選當年新生的塊莖，剔除母栽，以無病蟲害、體表整齊、直徑13～16公分的中等塊莖為好。過大減少商品用藥，增加種栽用量，成本過高；過小栽種後生長勢弱，產量低。在南方多雨地區，塊莖收穫後在室內攤晾數日，待表面泥土發白脫落後貯藏。在北方春季少雨地區，收穫後立即貯藏。選擇陰涼，乾燥，下雨不進水、不漏雨的地方圍一長方形的圈，也可挖淺坑，地面鋪 6～10 公分稍濕潤的細沙，上放塊莖 13～20 公分厚，上面再蓋 6～10 公分厚的細沙。每半個月檢查 1 次，如發現乾旱，可稍加些水。過濕有腐爛現象時，則應揀去腐爛的，其餘稍加晾曬後再行貯藏。

（2）**栽植**　栽植期根據各地的氣候條件，宜早不宜晚，早栽植先發根後發芽，有利植物生長發育。晚栽植根細短，根數少，幼苗生長較弱，產量降低。浙江一般以 9 月下旬至 11 月上旬為宜，11 月中旬栽植就顯著的減產。山東多以 9 月下旬，北京則以 9 月初為好，如延遲到 10 月間栽植就很少生根，次年只生長地上部，產量極低。

栽植方法：北方在壟面上開溝 2 條，溝深 16 公分，溝內每 0.0667 公頃再施過磷酸鈣 50 千克、氯化鉀 30 千克、豆餅 55 千克，蓋土 6 公分。溝幅寬 10 公分，每溝栽植延胡索 2 行，按株距 3 公分呈三角形排列，每 0.0667 公頃栽種量 60～70 千克，邊種邊蓋土。浙江的施肥方法是在種栽上蓋薰土，每 0.0667 公頃 2500 千克，其上再蓋豆餅 50 千克，然後蓋土 6～8 公分。

栽植深度 6～9 公分為宜。栽植過淺，地下莖分枝少，莖節短，塊莖重疊在一起，數量少，產量低；栽植過深，影響出苗，不能保證全苗。

3. 田間管理

凍前應澆水以保護越冬，春季發芽前也應澆水。延胡

索喜肥，除施足基肥外，還應及時追肥。立春芽苗出土時追施人糞尿，每 0.0667 公頃 150～300 千克，對水 3～5 倍。或用硫酸銨 20 千克對水灑施。在開花時再施 1 次。追肥要適量，氮肥過多，會造成徒長，濃度大也易燒苗，宜多次少量。

延胡索喜濕潤又怕積水，所以，要經常注意保持土壤濕潤而不積水。一般每次追肥後都要適當澆水，以使肥料分解，便於植物吸收。

延胡索為淺根作物，不宜中耕鬆土，只能拔草，拔草次數可視雜草情況而定，以經常保持田間無雜草為原則，一般在追肥前將草拔掉，以使肥效提高。

4. 病蟲害防治

霜霉病：生長初期發生，用 1：1：150 波爾多液噴灑防治。

【採收加工】 當地上莖葉枯黃時要及時採收，晚收會使塊莖變老，品質降低。挖出後，篩去泥土，除留種子外，按大小不同分別放入 80℃左右熱水中燙煮（水必須漫過塊莖），隨時翻動，使熱度一致。大塊莖煮 5～8 分鐘，小塊莖煮 3～5 分鐘，燙至中心呈黃色時，全部撈出暴曬 3 天，然後進室內回潮 1～2 天，再曬 3 天，這樣反覆 3～4 次，直至曬乾。如遇陰雨天，應在烘房中烘乾，溫度控制在 50～60℃，當橫斷面無白心（用刀切開看）時撈出曬乾即可供藥用。

貓 爪 草

【藥用部位】 塊根。

【商品名稱】 貓爪草。

【產地】 主要分佈於安徽、浙江、河南、湖北、江西、四川、山東、江蘇、臺灣等地。

【植物形態】 又稱小毛茛、貓爪兒草。為毛茛科植物，多年生小草本，莖纖細，株高5～17公分。根生葉有長柄，葉片3張全裂，小葉片圓形或卵形，邊緣有1～2個圓鋸齒，有時細裂成線狀片；莖生葉無柄，通常3張全裂成線形。花小，生於莖端，黃色，果實卵形，有短而彎曲的尖。

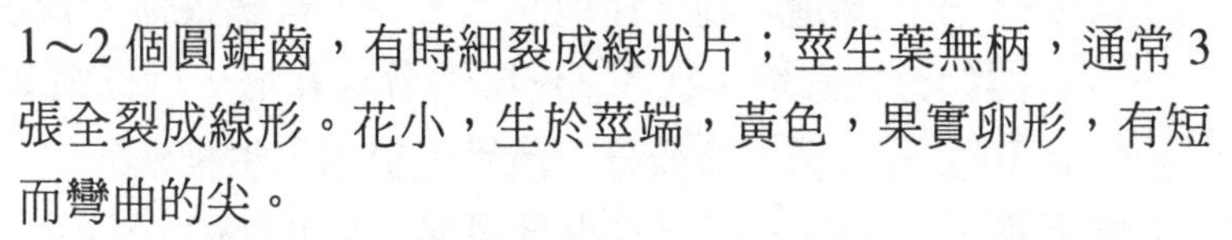

本草為數個小塊根簇生在一起。塊根紡錘形，末端尖側稍向內彎曲，全形如貓爪，故稱「貓爪草」。體表黃褐色或灰褐色，常留有小鬚根，頂部有葉柄殘基，淡灰黃色。塊根肥壯、肉質堅實，斷面白色為佳。

貓爪草根及全草呈氨基酸、有機酸和糖的反應。性味辛、苦、平，有小毒。有清熱解毒、散結消瘀之功效，用於治療淋巴結核、咽喉炎等症，對癌症也有一定療效。

【生長習性】 貓爪草喜溫暖氣候和濕潤、半蔭蔽環境。生於田邊、路旁、窪地及山坡草叢中，尤喜生在濕草地和水田邊。其適應性較強，耐荒瘠，對土壤要求不嚴，但以土層深厚、疏鬆肥沃、排水良好的沙質壤土為好。

貓爪草種子有休眠期，打破休眠以4℃的溫度120天左右為好。若於15～30℃的變溫，打破休眠需要189天。因此，生產上多採用秋播，翌年春發芽出苗。

【栽培技術】

1. 繁殖方法

（1）原種栽培　每年8月開始整地，每0.0667公頃施5000千克豬圈肥，50千克復合肥，10千克尿素。深耕耙細，整平做畦，畦寬1.6公尺，溝寬25公分。9月開始栽培，株行距10公分×25公分，覆土2公分，澆足水。每年立夏季節收穫。

（2）子株繁殖　施肥整地同上。春、秋季栽種，春季1～4月開始分株栽培，秋季8～12月分株栽培，行株距25公分×10公分，覆土2公分，澆足定根水，生長期間保持土壤濕潤。生長旺盛期追施少量尿素，每0.0667公頃用5千克尿素對水灌澆，促進生長。

（3）種子繁殖　春、秋季播種，春季1～4月，秋季6～12月均可用種子播種。為了調整貓爪草的休眠期，種子採收後立即播種。施足底肥，耙細整平，做好苗床，澆足底水，把種子均勻播在苗床上面，用三合土覆蓋以不見種子為度。保持畦面濕潤，濕度過大會引起爛種，140天出苗。如用薄膜覆蓋60天出苗。出苗後通風煉苗，苗2～3片真葉時移栽大田，隨挖隨栽，株行距10公分×20公分，成活後追肥（同上）。

2. 田間管理

貓爪草有兩個最佳生長期：霜降至小雪，驚蟄至清明。栽培成活後應及時鬆土除草，不要傷根。貓爪草屬冬性生長藥材，在不低於−40℃均能安全越冬，無須特殊管理。

生長期內，貓爪草在深冬生長緩慢，初春生長旺盛，故應注意適時追肥。早春每 0.0667 公頃追施稀薄人畜糞尿 1500 千克；3 月開花前根外施磷肥 1 次，每 0.0667 公頃 5 千克，加水稀釋後噴施。5 月上旬到 9 月下旬為貓爪草的夏季休眠期。在其休眠期可套種半枝蓮、射干等夏季生長的中藥材，也可套種其他生長期較短的農作物或瓜果、蔬菜等。貓爪草生長期內，很少發生病蟲害。

3. 種株貯藏

立夏收穫後，將貓爪草莖葉剪掉貯藏，在室內鋪一層 10 公分厚黃沙，然後把草莖鋪在黃沙上面，厚 10 公分，再鋪一層黃沙，可鋪 5～6 層，保持黃沙濕潤。也可在原生長地裏讓其自然越冬，8 月澆水，9 月貓爪草破土而出，15 天苗齊，10 月隨挖隨分株栽培。

【收穫加工】 春季 5 月上旬、冬季 11 月為收穫適期。挖出地下根莖，除去地上莖葉，掰下塊根，洗淨泥土，曬乾即可出售。

山　　藥

【藥用部位】 根莖。

【商品名稱】 山藥。

【產地】 主產於河南、山西、陝西等省；山東、河北、浙江、湖南、四川、雲南、貴州、廣西等地亦有栽培。

【植物形態】 山藥又名淮山藥，為薯蕷科多年生纏繞草本。莖長可達 2～3 公尺，根直立，肉質肥厚，呈棒形，長達 30～35 公分，極少分枝，著生許多鬚根。葉對生，葉形多變化，常為心臟形或箭形，掌狀葉脈6～9出，葉腋間生有氣生塊莖（稱零餘子，也叫山藥豆、山藥蛋）可供繁殖或食用。花單性，雌雄異株，肉穗花序，雄花直立，雌花序下垂。蒴果，三棱翅狀。種子有闊翅，近卵圓形。

山藥塊莖中含皂甙、甘露聚糖、植酸、尿囊素、膽鹼、多巴胺、山藥素I、精氨酸、澱粉酶、蛋白質、脂肪、澱粉及碘質等。味甘，性平。有健脾止瀉、補肺益腎的功能，用於脾虛久瀉、慢性腸炎、肺虛咳喘、慢性腎炎、糖尿病、遺精等症。

【生長習性】

（1）生長發育　山藥屬多年生宿根性蔓生植物，喜溫暖，不耐寒，莖葉生長以25～28℃為最適，塊莖膨大以20～24℃為最快。山藥在地溫達到13℃以上時，才能發芽出苗。以龍頭作種，栽後先生芽後生根；以零餘子栽種，先生根後生芽。7月上旬至8月上旬，先後於葉腋間生有氣生塊莖。8月中旬至9月下旬為地下莖迅速生長發育時期。霜降過後，莖葉枯萎，塊根進入休眠期。

（2）對環境條件的要求　山藥對氣候條件要求不嚴，凡向陽溫暖的平原或丘陵地區，均能生長良好。四川在海拔1600公尺山地栽種，仍能正常生長並獲得中等產量。由於山藥是一種深根性植物，要求土層深厚、排水良好、疏鬆肥沃的沙質壤土。pH6.5～7.5的土壤均可種植。山藥吸肥力強，需鉀肥較多，一般不宜連作。

【栽培技術】

1. 選地整地

土層深厚、疏鬆肥沃、向陽、排水流暢、酸鹼適當的沙質壤土為好。

山藥塊根入土較深，有的可達1公尺，故土地需要深耕。冬季深耕地，翌年下種前施基肥，每0.0667公頃施廄肥、堆肥等2500千克，再細翻土深約50公分，然後耙平。南方因雨水較多，於栽種前開寬1.3公尺的高畦，以利排水；北方雨水少，在栽種時每栽完4～5行之後，隨即做成10～15公分高的畦埂，以便灌水。在北方亦有採用壟栽的。有人認為不同栽培方法對產量有影響，大面積栽培以開淺溝栽種比用打孔法栽種產量高。

2. 繁殖方法

（1）龍（蘆）頭繁殖　龍頭也有稱為山藥嘴子，是山藥收穫時根莖的上端部分，是山藥大田生產上主要的繁殖材料。每株山藥每年只生成一個龍頭，還有各種損耗，所以龍頭的數量一年比一年少，尤其是龍頭在栽培中逐年變細變長，組織衰老，品質下降，不能再作為繁殖材料，需要用零餘子繁殖的新龍頭來更換。

（2）零餘子繁殖　零餘子的播種在4月進行。播前將經過貯藏的零餘子進行粒選，選用肥大飽滿、形狀整齊、沒有傷害和乾僵、外皮發白、內皮轉綠的零餘子。按20～25公分行距開溝條播，株距7～10公分，覆土約6公分。田間管理如常。長成的龍頭可供次年春天栽種用。

零餘子培育出的龍頭在大田栽培中，第一年產量一般，第二年產量最高，以後又逐年下降。因而到了第四、第五年，所有龍頭都需要全部更新，也就是說零餘子培育的龍頭在生產上使用的年限常不超過5年。

3. 田間管理

（1）搭架引蔓　山藥莖長，纖細脆弱，易被風吹斷，苗高20公分左右即應搭支架，引蔓纏繞向上生長，支架方式以「人」字形架較牢固，此法通風透光較好。

（2）追施三肥　山藥上架前後，結合淺中耕澆施「壯苗肥」，促使發根壯苗。山藥藤蔓上半架後，在行間重施1次「旺長肥」，促苗旺長；夏至前後，重施「長薯肥」，每0.0667公頃2500～3000千克。

（3）合理排灌　北方一般前期乾旱，苗期注意灌溉，7～8月進入雨季要及時排水。南方一般前期多雨，苗期應注意排水。

（4）整枝控苗　山藥苗上架後，基部如出現側枝，應及時摘去，以利於集中養分增加塊根產量。

4. 病蟲害防治

（1）炭疽病　危害莖葉。6月中旬發生至收穫期。常造成莖枯，落葉。

防治措施：清園，燒毀病殘株，減少越冬菌源；種栽用1：1：150倍波爾多液浸泡4分鐘，消滅病菌；生長期發病初噴65%代森鋅可濕性粉劑500倍液或50%退菌特可濕性粉劑800～1000倍液。

（2）褐斑病　也叫葉斑病，危害葉片，7月下旬開始發病。

防治方法：清潔田園，處理殘株病葉；輪作；發病期可用58%瑞毒霉代森錳鋅可濕性粉劑1000倍液噴霧防治。

（3）銹病　危害葉片，6～8月發病，秋季嚴重。可用50%多菌靈可濕性粉劑500倍液，每隔7天噴1次藥，連續用藥 3～4 次。

（4）根腐病　細菌性病害，為害二年生以上成株，5 月開始發病，7～8 月最盛，可採用輪作或 65%代森鋅可濕性粉劑 500 倍液噴灑或灌根。

（5）山藥葉蜂　是一種危害山藥的專食性害蟲。可於害蟲發生初期用 90%敵百蟲原藥 1000 倍液防治。

【採收加工】　栽種當年，10 月當地上部分枯死時即可收穫。先將支柱連莖蔓一齊拔起，搖落蔓莖上的零餘子，將落在地上的零餘子收集。從畦的一端開始，先挖深溝並依次細心挖出山藥塊莖根，嚴防挖斷；還應注意保護龍頭不受損傷。挖後，就地將做種用的龍頭掰下，分別運回。如風調雨順，每 0.0667 公頃可收零餘子 250～500 千克，鮮山藥 1200～2200 千克。

塊根運回後，應及時加工。洗淨塊莖，泡在水中，用竹刀或玻璃片刮去外皮。刮皮後隨即放入薰灶，用硫磺薰蒸，每 100 千克鮮山藥用硫磺 0.5 千克，薰 20～30 小時，當塊莖變軟後，取出曬或炕烘至全乾，即為毛條。烘乾溫度以 40～50℃為宜。一般每 0.0667 產毛條 200～250 千克。

黨　參

【藥用部位】　根。

【商品名稱】　黨參。

【產地】　主產於山西、河北、東北等省區，以山西「潞黨」最為著名。現山東、河南、安徽、江蘇等省有引種栽培。

【植物形態】　桔梗科植物，多年生草質藤本。全株斷面具白色乳汁，並有特殊臭味。根長圓柱形，少分枝，肉質，表面灰黃色至棕色，上端部分有細密環紋，下部則疏生橫長皮孔。根頭膨大，具多數瘤狀莖痕，習稱「獅子盤頭」。莖細長多分枝，幼嫩部分有細白毛。葉互生、對生或假輪生，葉片卵形或廣卵形，基部近心形，兩面有毛，全緣或淺波狀。花單生，腋生；花萼5裂，綠色，花冠鐘狀，5裂，黃綠色帶紫斑。蒴果圓錐形；種子多數，細小，橢圓形，棕褐色，具光澤。花期8～10月，果期9～10月。

黨參含有蒲公英萜醇、蒲公英萜醇乙酸酯、木栓酮、齊墩果酸等和甾醇類化合物，以及皂苷類成分、生物鹼、多糖、揮發油等。味甘，性平，歸脾、肺經，具補中益氣、健脾益肺等功能。

【生長習性】　黨參喜涼爽濕潤氣候，耐寒，忌高溫積水，幼苗期喜陰怕暴曬，成株期喜光。黨參是深根性植物，喜土層深厚、肥沃疏鬆、排水良好的沙質壤土，以富含腐殖質的山地油沙土和夾沙土為好，pH6.5～7。不宜連作，需輪作2～3年，前作以禾穀類作物為好，猶以種過黃連的地種植為好。

種子在10℃以上即可萌發，發芽適溫為15～20℃。新鮮種子發芽率可達85%以上，但隔年種子發芽率極低，甚至完全喪失發芽率，故陳種不宜做種。

【栽培技術】

1. 選地整地

宜選土層深厚、排水良好、富含腐殖質的沙壤土。低窪地、黏土、鹽鹼地不宜種植，忌連作。育苗地宜選半陰半陽，距水源較近的地方。每 0.0667 公頃施農家肥 2000 千克左右，然後耕翻，耙細整平，做成 1.2 公尺寬的平畦。定植地宜選在向陽的地方，施足基肥，每 0.0667 公頃施農家肥 3000 千克左右，並加入少許磷、鉀肥，施後深耕 30 公分，耙細整平，做成 1.2 公尺寬的平畦。

2. 繁殖方法

用種子繁殖，常採用育苗移栽，少用直播。

（1）育苗　一般在 7～8 月雨季或秋冬封凍前播種，在有灌溉條件的地區也可採用春播、條播或撒播。為使種子早發芽，可用 40～50℃的溫水，邊攪拌邊放入種子，至水溫與手溫差不多時，再放置 5 分鐘，然後移至紗布袋內，用清水洗數次，再整袋放於 15～20℃的室內沙堆上，每隔 3～4 小時用清水淋洗 1 次，5～6 天種子裂口即可播種。

撒播：將種子均勻撒於畦面，再稍蓋薄土，以蓋住種子為度，隨後輕壓種子與土緊密結合，以利出苗，每 0.0667 公頃用種 1 千克。

條播：按行距 10 公分開 1 公分淺溝，將種子均勻撒於溝內，同樣蓋以薄土，每 0.0667 公頃用種 0.6～0.8 千克。

播後畦面用玉米稈、稻草或松杉枝等覆蓋保濕，以後適當澆水，保持土壤濕潤。春播者，可覆蓋地膜，以利出苗。當苗高約 5 公分時逐漸揭去覆蓋物，苗高約 10 公分時，按株距 2～3 公分間苗。見草就除，並適當控制水分，宜少量勤澆。

（2）移栽　參苗生長 1 年後，於秋季 10 月中旬至 11

月封凍前，或翌年早春3月中旬至4月上旬化凍後，幼苗萌芽前移栽。在整好的畦上按行距20～30公分開15～20公分深的溝，山坡地應順坡橫向開溝，按株距6～10公分將參苗斜擺溝內，芽頭向上，然後覆土約5公分，每0.0667公頃用種參約30千克。

3. 田間管理

（1）中耕除草　出苗後見草就除，鬆土宜淺，封壟後停止。

（2）追肥　育苗時一般不追肥。移栽後，通常在搭架前追施1次人糞尿，每0.0667公頃施1000～1500千克，施後培土。

（3）灌排　移栽後要及時灌水，以防參苗乾枯，保證出苗，成活後可不灌或少灌，以防參苗徒長。雨季注意排水，防止爛根。

（4）搭架　黨參莖蔓長可達3公尺以上，故當苗高30公分時應搭架，以便莖蔓攀架生長，利於通風透光，增加光合作用面積，提高抗病能力。架材就地取材，如樹枝、竹竿均可。

4. 病蟲害防治

（1）銹病　秋季多發，危害葉片。

防治方法：清潔田園，發病初期用25%粉銹寧1000倍液噴施。

（2）根腐病　一般在土壤過濕和高溫時多發，危害根部。

防治方法：輪作，及時拔除病株並用石灰粉消毒病穴，發病期用50%托布津800倍液澆灌。

（3）蚜蟲、紅蜘蛛　危害葉片和幼芽。

防治方法：可用 40%樂果乳液 800 倍液噴霧。此外，尚有蠐螬、地老虎等為害根部。

【採收加工】　一般移栽 1～2 年後，於秋季地上部枯萎時收穫。先將莖蔓割去，然後挖出參根，抖去泥土，按粗細大小分別晾曬至柔軟，用手順根握搓或用木板揉搓後再曬，如此反覆 3～4 次至乾。折乾率約 2：1。產品以參條粗大、皮肉緊、質柔潤、味甜者為佳。

【留種技術】　一年生植物雖能開花結實，但種子品質差，不宜做種，故宜選用二年生以上的植株所結的種子作種，一般在 9～10 月果實成熟，當果實呈黃白色、種子呈淺褐色時，即可採種。由於種子成熟不一，可分期分批採收，曬乾脫粒，去雜，置乾燥通風處貯藏。

遠　志

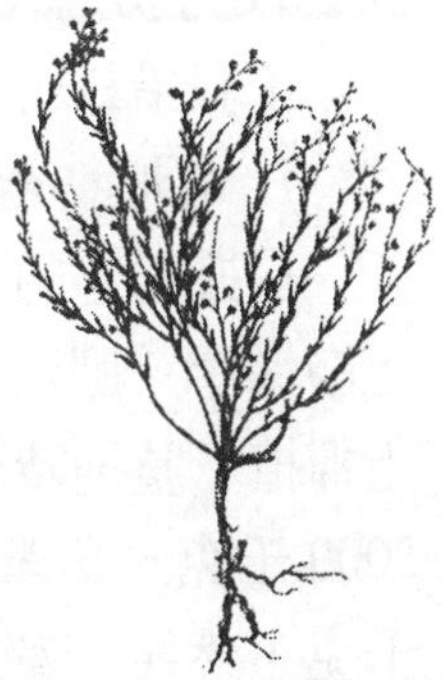

【藥用部位】　根。

【商品名稱】　遠志。

【產地】　主產於山西、陝西、吉林、河南等省，山東、內蒙古、遼寧、河北、安徽等省也有栽培。

【植物形態】　遠志科植物，多年生草本，高 25～40 公分。根圓柱形，彎曲，頗長（可達 80 公分）。莖由基部叢生、斜生或直立，綠色。葉互生，葉柄短近無柄，線形至狹線形。總狀花序有稀疏的花，花綠白色，帶紫色，左右對稱；萼片 5，花瓣 3。蒴果卵圓形而扁。種子卵形，扁平黑，有白色絨毛。花期 5～8 月，花

後果實不久即可成熟。

遠志中的主要化學成分為三萜皂苷類，已從中分出 7 種三萜皂苷，分別命名為遠志皂苷A、B、C、D、E、F、G，遠志還含有細葉遠志定鹼、遠志糖醇等。遠志味苦、辛，性溫，歸心、腎、肺經，具有安神益智、祛痰、消腫功能。

【生長習性】 遠志喜冷涼氣候，忌高溫。耐乾旱，怕潮濕積水地。以向陽、排水良好的沙質壤土為好，其次是黏壤土及石灰質壤土。

遠志 3 月下旬發芽返青，生長緩慢，4 月中下旬展葉，5～6 月生長迅速。5 月初現蕾，中旬開花，可至 8 月。6 月中旬主枝上果實成熟開裂。9 月底地上部分停止生長，11 月初進入冬季休眠期。

【栽培技術】

1. 選地整地

根據遠志的生活習性，宜選擇地勢高燥，排水良好，土層深厚、肥沃、重金屬含量和農藥殘留不超標的沙質壤土種植。整地時要施足基肥，每 0.0667 公頃施廏肥 2500～3000 千克、雞糞 500 千克、草木灰 50 千克、磷酸二銨 50 千克，然後深翻 25～30 公分，耙細、整平，做成平畦備用。

2. 繁殖方法

（1）種子直播 種子萌發的適溫是 22～25℃，15℃以下無萌發現象。直播在 4 月中下旬，不可過早，秋季不可晚於 8 月下旬。北京地區秋播於 10 月中下旬或 11 月上旬進行，第二年春季出苗。遠志種子細小，播種時要求土壤整平耙細做寬1～1.2公尺的平畦，畦背寬20公分，高10公分，灌足水，待水滲下，墒情適宜時鬆土，耙細、整平，按行距20公分開溝，溝深1.5～2公分，種子播前用水或0.3%磷酸二氫鉀水溶液浸泡一晝夜，撈出與3～5倍的細沙混合，撒於淺溝內，覆土，稍加鎮壓，播種量每0.0667公頃750～1000克，播後一般15天左右出苗。

（2）育苗移栽　育苗可提前到3月上中旬進行，在整好的苗床上開溝條播，覆土1公分，地面乾燥時可適當澆水，隨即用薄膜覆蓋畦面，用土壓緊防止風刮。塑膠薄膜覆蓋能提高地溫、保持濕度，播種後10天左右即可出苗。苗高5公分時選陰天或下午3點以後按行距15～20公分、株距3～6公分定植。

為了加快繁殖速度，提高移栽苗的成活率，也可以在溫室採用塑膠育苗盤及蛭石作基質育苗，1粒種子1穴，8～10天即可出苗。由於溫室溫度適宜，小苗生長快、長勢壯，容易形成大苗、壯苗。待大田氣溫適宜時，按上述株行距定植於大田，成活率可達99%。因帶蛭石移栽無還苗期，大田生長旺盛，採挖期提前，產量提高。

3. 田間管理

（1）保苗、定苗、補苗　遠志種子細小，剛出土的幼苗，特別是只有兩片真葉的小苗，抵抗力極弱，最怕氣溫突然下降與升高，也怕暴雨和地面板結，因此加強幼苗管理十分重要，只要在20天內保住苗，月餘後就能進入安全期。當苗高2～3公分時，可去掉保護設施，隨即噴水，保持地表濕潤，煉苗。苗高4～5公分時進行間苗、定苗，去雜、去病、去弱、去劣。定苗株距3～6公分。缺苗斷壟處要結合間苗補栽，保證單位面積群體數量。

（2）中耕除草　遠志植株矮小，苗期生長緩慢，要注意中耕除草，中耕要淺，用小鋤淺淺地均勻地鋤鬆地面，將草除掉，保持地表疏鬆，地下濕潤，避免雜草掩蓋遠志植株。

（3）追肥、灌溉　為了提高產量，從第二年起進行追肥，每年 4～5 月每 0.0667 公頃追施餅肥 25 千克、過磷酸鈣 10～15 千克。施肥後連澆 2 次水。除根部追肥外，還可葉面噴施鉀肥。每年 6 月中下旬到 7 月中旬是遠志生育旺季，每 0.0667 公頃噴 1%硫酸鉀溶液 50～60 千克或 0.3%磷酸二氫鉀溶液 80～100 千克，隔 10～12 天噴 1 次，連續噴施 2～3 次。下午 4 點以後無雨天效果最佳。噴鉀肥能增強抗病能力，並促進根部生長粗壯。

【採收加工】　遠志於栽後第 3、4 年秋季回苗後或春季出苗前採收。去掉地上部分，挖出根部，並除去泥土和雜質。趁鮮時用木棒捶鬆、捶軟，抽出木心，曬乾（除去木心的遠志根稱「遠志筒」，直接曬乾者稱「遠志棍」），切斷。

玄　參

【藥用部位】　根。

【商品名稱】　玄參。

【產地】　主產於浙江、安徽、江蘇、江西、福建、湖南、湖北、廣西、陝西、四川、貴州等省區。浙江有大量栽培，以磐安、東陽產者道地。

【植物形態】　玄參，別名元參、黑參、浙玄參。玄參科植物，多年生草本，高1公尺左右。根數條，肥大，紡錘狀或胡蘿蔔狀。莖直立，方形。下部葉對生，有柄，上部葉有時互生；葉片卵形至披針形。聚傘圓錐花絮大而疏散，小聚傘花序2～4回分枝。花小，暗紫色。蒴果卵圓形，種子多數，細小黑色。花期7～8月，果期8～9月。

玄參含環烯醚萜苷類成分哈帕苷、哈巴俄苷和8–（鄰甲基–對–香豆醯）–哈巴俄苷，均為使玄參藥材變黑的成分。此外，玄參中含微量揮發油、氨基酸、油酸、亞麻酸、硬脂酸、L–天冬酰胺、生物鹼、甾醇、糖類、脂肪油等。性微寒，味甘、苦、鹹，有滋陰降火、潤燥生津、消腫解毒等功效。用於治療陰虛火旺、潮熱、盜汗、咽喉腫痛、目赤、淋巴結核、癰腫瘡毒、津虧便秘等症。

【生長習性】　玄參適應性廣，喜溫暖濕潤氣候，並有一定的耐寒耐旱能力。土壤以土層深厚、肥沃疏鬆、排水良好的壤土較好。不宜連作。輪作一般3年以上，與禾本科作物輪作最好。玄參生長期為3～11月，6～7月地上部分生長較快，8～9月為塊根迅速膨大時期，10月根莖組織充實，11月後地上部分枯萎。

【栽培技術】

1. 選地整地

玄參係深根植物，宜選擇向陽深厚的輕壤土或中壤土種植。忌連作。前作以豆科或禾本科作物為好。前作收後，每0.0667公頃施腐熟的廄肥1000千克，深翻整細整平，按1.3～1.5公尺做畦起溝。

2. 繁殖方法

（1）種子繁殖　將秋季採收的成熟種子置於室內乾燥處貯藏，至翌年春季播種。南方地區可當年秋播。用水將地澆濕，均勻播種，蓋土，再蓋上稻草保溫保濕。出苗後澆清糞水，除草定苗。

（2）扦插繁殖　7月份，選用玄參嫩枝進行扦插。將玄參嫩枝剪15公分左右短節，插到苗床中，加強水肥管理。成活後於翌年春季移栽。

（3）子芽繁殖　子芽繁殖即是用帶有子芽的根狀莖繁殖。北方將秋季採收時選出的繁殖材料貯於窖中，窖1平方公尺見方，深1公尺左右。子芽放入窖中厚約30公分，上面蓋1層沙土；隨著氣溫降低，逐步加沙土，最後使沙土厚度達到30公分左右。春季氣溫升高時，逐步去掉沙土，4月上旬取出移栽。南方地區，秋季採挖時即行種植。種植時將根狀莖掰成數塊，每塊留有2～3個芽，每穴栽根狀莖1個，芽朝上。生產上多用子芽（根芽）繁殖。此外，有的還採用分株繁殖。

3. 栽種技術

畦面上以行距40公分、穴距30公分挖穴，穴深10公分。將掰好的子芽栽於穴內，每穴1個，芽朝上。每穴蓋1把經人畜糞水拌制的草木灰，蓋土至穴平。種子育苗移栽和扦插苗移栽，密度與子芽栽種相同。

4. 田間管理

（1）中耕除草　玄參生育期中一般中耕除草3次。3月底至4月初，苗出齊生長到5公分左右時，及時淺耕除草，促進幼苗生長；5月中旬需適當深耕除草；6～7月，苗封行前需再次中耕除草，並培土，以促進根部生長和防止倒伏。

（2）追肥　中耕後進行追肥。第一次中耕後，每0.0667 公頃追施人畜糞水 1500 千克左右，可加施尿素 10 千克；第二次中耕後，追施濃度較大的人畜糞水，每0.0667 公頃用量 2000 千克，加過磷酸鈣 30 千克、硫酸鉀15 千克；第三次中耕時，追施磷、鉀肥及漚製的堆肥，每0.0667 公頃用堆肥 1500 千克、過磷酸鈣 50 千克、硫酸鉀25 千克。追肥後培土。

（3）打花薹　當地上部分開花時，及時將花薹剪掉，避免爭奪養分，以促進塊根膨大。

（4）水分管理　雨季時常清溝排水。除嚴重乾旱外，一般不需要澆水。即使澆水，也不能澆得過量。

5. 病蟲害防治

（1）白絹病　5～9 月發病，7～8 月高溫多雨發病嚴重。

防治方法：與禾本科作物輪作，選用無病種栽，注意排水；用 70%五氯硝基苯進行土壤消毒，用 65%退菌特可濕性粉劑 1000 倍液浸種，50%多菌靈噴施病株。

（2）葉枯病　4 月中旬開始發病，6～8 月發生較重，直到 10 月為止。

防治方法：及時清除病葉，發病初期用 1：1：100 的波爾多液或 65%代森鋅噴施。

（3）紅蜘蛛　夏季發生。防治方法如前述。

【採收加工】　栽種當年，10～11 月份當地上部分枯萎時採挖。先割去莖稈，然後將地下部分刨起，把帶有子芽的根狀莖擇出。將可供藥用的塊根，白天晾曬，夜間堆積。反覆堆積晾曬至半乾，堆積2～3天「發汗」，使塊根內部變黑，再進行白天晾曬、夜間堆積，直至全乾。遇雨天可用炕烘烤，溫度60℃左右，並適時翻動，烘至半乾時進行「發汗」，再烘乾。

柴　胡

【藥用部位】 根。

【商品名稱】 柴胡。

【產地】 主產於東北、華北、華東及內蒙古、河南、陝西等省區。

【植物形態】 柴胡又名北柴胡、竹葉柴胡。傘形科植物，多年生草本，株高45～85公分。主根圓柱形，分枝或不分枝，質堅硬。莖直立叢生，上部分枝，略呈「之」字形彎曲。葉互生，基生葉長圓狀披針形或倒披針形，無柄，先端漸尖呈短芒狀，全緣，有平行脈5～9條，背面具粉霜。複傘形花序，腋生兼頂生，傘梗4～10，總苞片1～2，常脫落；小總苞片5～7，有3條脈紋。花小，鮮黃色，萼齒不明顯；花瓣5，先端向內折；雄蕊5；雌蕊1，子房下位，花柱2，花柱基部黃棕色。雙懸果寬橢圓形，扁平，分果瓣形，褐色，弓形，背面具5條棱。花期8～9月，果期9～10月。

柴胡根主要含有揮發油、皂苷、植物甾醇、香豆素、脂肪酸等。味甘，性微寒，歸肝、胃經，具解表和裏、升陽、疏肝解鬱功能。

【生長習性】 柴胡常野生於海拔1500公尺以下山區

或丘陵的荒坡、草叢、路邊、林緣和林中隙地。適應性較強，喜涼爽而又濕潤的氣候，較能耐寒、耐旱，忌高溫和澇窪積水。土壤要求為土層深厚、質地疏鬆、透水性好的沙質壤土。

種子有一生理後熟現象，層積處理能促進後熟，但乾燥情況下，經4～5個月也能完成後熟過程。發芽適溫為15～25℃，發芽率可達50%～60%。種子壽命為1年。植株生長的適宜溫度為20～25℃。

【栽培技術】

1. 選地整地

宜選比較疏鬆肥沃、排水良好的夾沙土或沙壤土。深翻的同時施足基肥，每0.0667公頃施農家肥2000千克，然後整細耙平，做成1.3公尺寬的畦。坡地可只開排水溝，不做畦。

2. 繁殖方法

用種子繁殖。

（1）直播法　3～4月播種，條播或穴播。條播按行距30公分左右開溝，穴播按穴距25公分開穴，播溝和播穴宜淺不宜深。將種子與火灰拌勻，均勻地撒在溝或穴裏。每0.0667公頃用種800～1200克。

（2）育苗移栽法　3月播種。選向陽的地塊作苗床，澆透水，待水滲下後，將種子均勻地撒在上面，並用篩子篩上一層細土，再蓋上地膜或草簾，以利保溫保濕。到4月下旬至5月上旬苗高6～8公分時即可定植到大田裏。此法省種，產量高，但費工，根形差。

3. 田間管理

（1）鬆土除草　苗高約 10 公分時開始鬆土除草，注意鬆土要淺，不要傷到或壓住幼苗。

（2）間苗、定苗　可與鬆土除草同時進行，去弱留強，條播每隔 5～7 公分留壯苗 1 株，穴播每穴留 4～5 株。如發現缺株應及時帶土補苗。

（3）追肥　移栽前一般同時結合除草，追施較濃的人畜糞水 1 次。6～7 月是植株生長最為旺盛期，此時應適當追肥和澆水。第二年同樣中耕施肥 2 次。

第一年如收割地上部分，割後應中耕，並用腐熟堆肥壅根。播種或移栽後，應及時澆水。

4. 病蟲害防治

（1）銹病　危害莖葉。

防治方法：清潔田園，處理病株；發病初期用 25%粉銹寧 1.000 倍液噴霧。

（2）斑枯病　危害葉片。

防治方法：清潔田園，輪作，發病初期用 1：1：120 波爾多液或 50%退菌特 1000 倍液噴霧。

（3）黃鳳蝶　幼蟲危害葉、花蕾。發生時可用 90%敵百蟲 800 倍液噴霧防治。

【採收加工】　播種後第二年 9～10 月，植株開始枯萎時採挖。挖出根後，除去莖葉，抖去泥土，曬乾即可，產品以粗長、整齊、質堅硬、不易折斷、無殘莖和鬚根者為佳。在華東一些省區，以收全草入藥，可在播種當年秋季和第二年收根時割取莖葉，曬乾即成。如在春夏採收 15 公分左右的幼嫩全草，習稱「春柴胡」。

浙貝母

【藥用部位】 鱗莖。

【商品名稱】 浙貝母。

【產地】 主產於浙江、江蘇，江西、上海、湖北、湖南亦有栽培。

【植物形態】 浙貝母為百合科植物浙貝母的乾燥地下鱗莖，又名象貝、大貝、元寶貝等。多年生草本，株高30～80公分，全株光滑無毛、地下鱗莖扁球形，外皮淡土黃色，常有2～3片肥厚的鱗片抱合而成，直徑2～6公分。莖直立、單一，地上部不分枝，每株一般有二主莖並生。葉狹長無柄，全緣；下部葉對生，中部葉輪生，上部葉互生，中上部葉先端反捲。花一至數朵，頂生或總狀花序；花鐘狀，下垂，淡黃色或黃綠色，帶有淡紫色斑點；花被片6，二輪排列；雄蕊6；子房上位，3室，柱頭3裂。蒴果短圓柱形，具6棱。種子多數，扁平瓜子形，邊緣有翅，淺棕色。花期3～4月，果期4～5月。

浙貝母含多種甾體生物鹼，主要為貝母鹼、去氫貝母鹼及微量貝母新鹼、貝母芬鹼、貝母替定鹼等，又含貝母鹼苷等。味苦，性微寒，歸手少陰、少陽，足陽明、厥陰經。具清熱潤肺、止咳化痰、散結消腫等功效。

【生長習性】 浙貝母喜溫和濕潤、陽光充足的環境。根的生長要求氣溫在7～25℃，25℃以上根生長受抑制。平均地溫達6～7℃時出苗，地上部生長發育溫度範圍為4～30℃，在此範圍內，生長速度隨溫度升高，生長加快。開花適溫為22℃左右。−3℃時植株受凍，30℃以上植株頂部出現枯黃。鱗莖在地溫10～25℃時能正常膨大，−6℃時將受凍，25℃以上時出現休眠。

浙貝鱗莖和種子均有休眠期。鱗莖經從地上部枯萎開始進入休眠，經自然越夏到9月即可解除休眠。種子在5～10℃經2個月左右或經自然越冬也可解除休眠。因此生產上多採用秋播。種子發芽率一般在70%～80%。

【栽培技術】

1. 選地整地

浙貝母對土壤要求較嚴，宜選排水良好、富含腐殖質、疏鬆肥沃的沙質壤土種植，土壤pH5～pH7較為適宜。忌連作，前茬以玉米、大豆作物為好。播種前，深翻細耕，每0.0667公頃施入農家肥2500千克作基肥，再配施100千克餅肥和30千克磷肥，耙勻，做成1.2～1.5公尺的高畦，畦溝寬25～30公分，溝深20～25公分，並做到四周排水溝暢通。

2. 繁殖方法

主要用鮮莖繁殖，也可用種子繁殖，但因生長年限長，結實率低，生產上較少採用。

（1）鱗莖繁殖　於9月中旬至10月上旬挖出自然越夏的種莖，選鱗片抱合緊密、芽頭飽滿、無病蟲害者，按大小分級分別栽種。種植密度和深度視種莖大小而定，一般直徑為4～5公分的鱗莖栽植時株距為15～20公分，行距20公分。開淺溝條播，溝深6～8公分，溝底要平，覆土5～6公分。用種量因種莖大小而異，一般為每0.0667公頃用種莖300～400千克。

（2）種子繁殖　種子繁殖可提高繁殖係數，但從種子育苗到形成商品需5～6年時間。用當年採收的種子於9月中旬至10月中旬播種。條播，行距16公分左右，開深1～2公分的播種溝，撒入草木灰，然後將種子均勻撒在灰土上，薄覆細土，畦面用秸稈覆蓋，保持土壤濕潤。每0.0667公頃用種子6～12千克。

3. 田間管理

（1）中耕除草　出苗前要及時除草。出苗後結合施肥進行中耕除草，保持土壤疏鬆。植株封行後，可用手拔草。也可使用草甘膦、丁草胺等化學除草劑除草，效果較好。

（2）追肥　一般為3次，12月下旬施臘肥，每0.0667公頃溝施濃人畜肥3000千克，施後覆土。翌春齊苗時施苗肥，每0.0667公頃潑澆人畜糞1500千克或尿素20千克。3月下旬打花後追施花肥，肥種和施肥量與苗肥相似。

（3）排灌　生長中後期，需水量較大，如遇乾旱應適時澆水，採用溝灌，當土壤濕潤後立即排除。雨季積水應及時排除。

（4）摘花打頂　3月下旬，當花莖下端有2～3朵花初開時，選晴天將花和花蕾連同頂梢一齊摘除，打頂長度一般為8～10公分。

4. 病蟲害防治

（1）灰霉病　一般4月上旬發生，危害地上部分。

防治方法：發病前用1：1：100倍波爾多液噴霧預防，清除病殘株，降低田間濕度，發病時用50%多菌靈

800倍液噴施。

（2）黑斑病　4月上旬始發，尤以雨水多時嚴重，危害葉部。防治方法同上。

（3）乾腐病　一般在鱗莖越夏保種期間，土壤乾旱時發病嚴重，主要為害鱗莖基部。

防治方法：選用健壯無病的鱗莖做種；越夏保種期間合理套作，以創造陰涼通風環境；發病種莖在下種前用20%三氯殺蟎礬1000～1500倍液浸種10～15分鐘，或50%托布津300～500倍液浸種10～20分鐘。

（4）豆蕪青　成蟲咬食葉片。

防治方法：人工捕殺；用90%敵百蟲1500倍液或40%樂果乳劑800～1500倍液噴殺，也可用5%西維因粉劑防治。

【採收加工】　5月中旬，待植株地上部莖葉枯萎後選晴天採挖，並按鱗莖大小分檔，大者除去心芽，習稱「大貝」「元寶貝」；小者不去心芽，習稱「珠貝」。洗淨鱗莖，將大鱗莖（直徑3公分以上）鱗片分開，挖出心芽，然後將分好的鮮鱗莖於脫皮機中脫去表皮，使漿液滲出，加入4%的貝殼粉，使貝母表面塗滿貝殼粉，倒入籮內過夜，促使貝母乾燥，再於次日取出曬3～4天，待回潮2～3天後再曬至全乾。回潮後可置烘灶內，用70℃以下的溫度烘乾。

甘　草

【藥用部位】　根及根莖。

【商品名稱】　甘草。

【產地】 主產於新疆、內蒙古、寧夏、甘肅、青海，陝西、黑龍江、山西、河北及東北等省區亦有野生或栽培。

【植物形態】 甘草為豆科植物，多年生草本，主要類型有烏拉爾甘草、光果甘草和脹果甘草。高 50～150 公分，根莖圓柱狀，多橫生；主根長而粗大，外皮紅棕色至暗褐色；莖直立，下部木質化；葉互生，奇數羽狀複葉，倒卵形；總狀花序腋生，花萼鐘狀，花冠蝶形；莢果扁平，褐色，內有種子 6～8 粒；種子扁卵形，褐色。花期 6～7 月，果期 7～9 月。

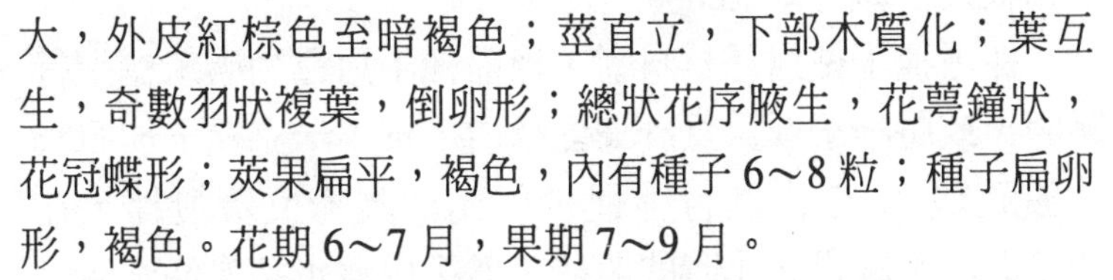

甘草主要化學成分有 3 類：三萜類、黃酮類、生物鹼類及多糖類。其中三萜類成分有甘草酸、24 二羥基甘草次酸等。黃酮類成分有甘草苷、異甘草苷元、異甘草苷等。生物鹼類為四氫喹啉類化合物，多糖類為中性多糖。具有補脾益氣、止咳祛痰、清熱解毒、緩急定痛和調和藥性之功效。

【生長習性】 甘草屬旱生性植物，根莖萌發力強，根系深可達 10 公尺。甘草抗寒，抗旱，喜光，耐熱，是鈣土的指示作物，又是抗鹽性很強的植物。種子出苗率低，一般在 10%左右。所以，多用硫酸進行播前種子處理。有效成分甘草酸的含量以秋季最高，3～4 年生根比 1～2 年生根含量高。

【栽培技術】

1. 土壤選擇

甘草根莖發達，入土深，宜旱作，耐鹽鹼，強陽性，

喜鈣，怕澇，生命力很強。栽培甘草應選擇地下水位 1.5 公尺以下，排水條件良好，土層厚度大於 2 公尺，內無板結層，pH 在 8 左右，灌溉便利的沙質土壤較好。翻地最好是秋翻，若來不及秋翻，春翻也可以，但必須保證土壤墒情，打碎坷垃、整平地面，否則會影響全苗壯苗。

2. 品種選用及種子處理

良種是奪取甘草高產的內在因素。一般選用烏拉爾甘草和脹果甘草為當家品種。

採用種子做播種材料者，播前種子用電動碾米機進行碾磨，或將種子稱重置於陶瓷罐內，按 1 千克種子加 80% 的濃硫酸 30 毫升進行拌種，用光滑木棒反覆攪拌，在 20℃溫度下經過 7 小時的悶種，然後用清水多次沖洗後晾乾備用，發芽率可達 90%以上。

3. 採種與播種

（1）**採種**　若採用人工栽培時必須年年採種，在開花結莢期摘除靠近分枝梢部的花與果，即可獲得大而飽滿的種子。採種應在莢果內種子由青變褐，即定漿中期時最好，此時種子硬實率低，處理簡單，出苗率高。採種時間不宜過早，否則播種後影響種子的發芽率，造成缺苗斷壟，導致產量低下，經濟效益欠佳。

（2）**播種**　甘草在春、夏、秋 3 個季節均可播種，其中以夏季的 5 月份播種為最好，此時氣溫較高，出苗快，冬前又有較長的生長期。播前施用優質農家肥每 0.0667 公頃 4000 千克、磷二銨 35 千克作基肥，若用種子播種，播種方法可採用條播或穴播較好，播種量每 0.0667 公頃 2～2.5 千克，行距 30～40 公分，株距 15 公分，播深 2.5～3

公分，每穴3～5粒，播後覆土耙耱保墒。

4. 田間管理

（1）施肥　第二、第三年每年春季秧苗萌發前追施磷二銨每0.0667公頃25千克，開溝施於行側10公分處，溝深15公分，施肥後覆土。

（2）灌水　播種當年灌水3～4次，每次灌水量一般在每0.0667公頃85立方公尺，第1次灌水在出苗後1個月左右進行，以後每隔1個月灌水1次，10月中旬灌越冬水，第二、第三、第四年可逐漸減少灌水次數。

（3）間苗　當甘草秧苗長到15公分高時可進行間苗，株距15公分，每0.0667公頃保苗2萬株左右。

（4）中耕除草　播種當年一般中耕3～4次，以後可適當減少中耕次數，結合中耕主要消滅菟絲子等田間雜草。

5. 病蟲害防治

甘草病蟲害主要有銹病、白粉病、紅蜘蛛等。對於銹病，可用石硫合劑進行防治；對於白粉病，可用甲基托布津進行防治；對於紅蜘蛛，可用樂果進行防治。

【採收加工】　甘草一般生長4～6年收穫經濟效益比較好。收穫前可先割去莖葉，沿行兩側進行深挖，待根莖露出地面40公分左右後，用力拔出，拔出的根莖要切去蘆頭、根尾、側根，直立根莖稱為「棒草」，橫生根莖稱為「條草」，側生根莖稱為「毛草」。「棒草」再分級、分等，長短理順後，捆成小捆，晾至半乾再捆成大捆，待風乾後上市銷售。

何首烏

【藥用部位】 塊根。

【商品名稱】 何首烏。

【產地】 主產於貴州、河南、雲南、湖北、廣西等省（自治區），安徽、廣東、湖南、浙江等省亦產。多為野生，廣東德慶等地有栽培。

【植物形態】 何首烏別名首烏、赤首烏、地精，原植物為蓼科植物何首烏，為多年生纏繞草本，長可達3公尺多。根細長，末端形成肥大的塊根，質堅實，外表紅褐色至暗褐色。莖上部分多分枝無毛，常呈紅紫色。單葉互生，具長柄，葉片為狹卵形或心形，先端漸尖，基部心形或箭形，全緣；胚葉鞘膜質，抱莖。圓錐花序頂生或腋生，花小密集，白色；花被5深裂；裂片倒卵形，外面3片背部有翅。瘦果卵形至橢圓形，具3棱，黑色有光澤。花期10月，果期11月。

何首烏含磷脂、蒽醌衍生物，主要為大黃酚、大黃素，其次為大黃酸、大黃素甲醚、大黃酚蒽酮等。味苦、甘、澀，性溫，歸肝、心、腎經，有解毒消癰，補肝腎，益精血的功效。其乾燥莖藤稱首烏藤，又名夜交藤，可養心，安神；其葉可治療疥癬、瘰癧。

【生長習性】 何首烏多野生於草坡、路邊及灌木叢等向陽或半蔭蔽處，適應性較強。首烏喜溫暖、濕潤氣候。在氣候溫暖，陽光充足，土地疏鬆肥沃，排水良好的半泥半沙土最適宜種植。而土黏、沙粗、堅硬的瘦崗地不宜種植。在富含腐殖質的壤土和沙壤土中生長佳，在中國南方及長江流域均能正常生長。初種下時怕炎熱，怕暴曬，需要蔭蔽。前期生長較慢，後期生長快。最好與瓜、菜、豆間套種，可利用瓜、菜、豆的行籬遮陰，待瓜、菜、豆收穫後，還可再種一些短期生的蔬菜或藥材，接著首烏已到生長旺期而上竹籬。

春季播種扦插的何首烏，當年都能開花結實。3月中旬播種的何首烏4～6月其地上的莖藤迅速生長時，地下根也逐漸膨大成塊根；而同期扦插的，要到第二年才能逐漸膨大成塊根。扦插生根快，成活率高，種植年限短、結塊多，因而生產上以這種方法繁殖為優。種子容易萌發，發芽率60%～70%，但因生長期較長，生產上少採用。

【栽培技術】

1. 選地整地

可在林地、山坡、土坎及房前屋後零星地塊種植。選排水良好、較疏鬆肥沃的土壤或沙壤土栽培。選好的地塊在冬前深翻30公分以上，使其充分風化。整地前每0.0667公頃施雜肥4000千克，用犁耙平整，打碎泥土後，育苗地起成高約20公分、寬約1公尺的平畦，定植地起成高約30公分、寬約1.3公尺的高畦。

2. 繁殖方式

（1）扦插繁殖　每年早春，選生長粗壯、半年生的藤蔓作插條。剪成有3個節的小段，按行距15～18公分，開溝深10公分，按株距3公分將扦插條擺入溝中，覆土壓實，插條有2個芽要埋入土中，注意要順芽生長的方向插，畦面上蓋草。若天氣較乾旱，要經常淋水，雨季注意

排風。10 天後就會長出新根，30 天後便可移栽進定植地。是主要的繁殖方法。

（2）塊根繁殖　在春季採收時，選健壯、無病害的小塊根，截成每段帶有兩三個健壯芽頭的種塊，在 2 月下旬至 3 月上旬按株行距 15 公分 × 25 公分開穴，穴深 6～10 公分，每穴栽入 1 個，覆土後及時澆水。

移栽定植宜在春季進行。在定植地上按株行距 25 公分 × 35 公分挖穴，每穴種入 1 株種苗，每畦種 2 行，種後覆土壓實，澆淋定根水。

3. 田間管理

（1）澆水除草　定植初期要經常澆水，保持土壤濕潤，幼苗期應勤於除草，一般搭架後不宜入內除草。

（2）搭架　當苗高 30 公分以上時，用竹子或樹枝搭成「人」字形、高約 1.5 公尺的支架，以利於莖藤向上纏繞生長。

（3）追肥　定植後 15 天，每 0.0667 公頃施腐熟的人糞尿 500 千克，開淺溝施於行間，以後每隔 15 天追肥 1 次，施肥濃度可逐次提高。前期以氮肥為主，後期追施磷、鉀肥。開花後追施 2%的食鹽水和石灰，可提高產量。

（4）打頂剪蔓　藤蔓長到 2 公尺高時，摘去頂芽，以利分枝。30 天後剪去過密的分枝和從基部萌發的徒長枝，以減少養分消耗。摘掉莖基部的葉子及不留種的花蕾，以利通風、透光。

（5）培土　南方產區在 12 月底進行根際培土，以增加繁殖材料，促進塊根生長；北方入冬前培土，以利於越冬。

4. 病蟲害防治

（1）葉斑病　在高溫多雨季節開始發病，田間通風不良發病重，危害葉。

防治方法：① 保持通風、透光，剪除病葉；② 發病初期噴 1：：120 波爾多液，每隔 7～10 天噴 1 次，連續 2～3 次。

（2）根腐病　多在夏季發生，危害根部。

防治方法：① 注意淋水；② 拔除病株，病穴撒土石灰蓋土踩實；③ 用 50%多菌靈可濕性粉劑 1000 倍液灌根部，可起到保護作用。

（3）銹病　2 月下旬始發病，3～5 月、7～8 月危害重，危害葉片。

防治方法：① 清除病葉、病株及地上殘葉；② 用 75%的百菌清 1000 倍液或 75%的甲基托布津 800～1000 倍液噴灑，每 7～10 天噴藥 1 次，連續 2 次。

（4）蚜蟲　用 40%樂果乳油 1500～2000 倍液加少量洗衣粉噴殺，每隔半個月噴 1 次。

【採收加工】　種植 2～3 年即可收穫，扦插的第四年收產量較高。秋季落葉後或早春萌發前採挖，除去莖藤，挖出根，洗淨泥土，大的切成 2 公分左右的厚片，小的不切，曬乾或烘乾即成。以體重、質堅、粉性足者佳。

夜交藤栽後第二年起秋季割下莖藤，除去細枝和殘葉，曬乾而成。以質脆、易折斷者佳。

知　母

【藥用部位】　根莖。

【商品名稱】 知母。

【產地】 主產於山西、河北、內蒙古，東北三省、陝西、甘肅、寧夏、山東、江蘇、安徽等省區也有分佈和栽培。

【植物形態】 知母為百合科植物知母的乾燥根莖，又名羊鬍子根、地參、蒜瓣子草。多年生草本，株高 50～100 公分，全株無毛。根狀莖肥大，橫生，著生多數黃褐色纖維狀舊葉殘莖，下面生許多粗長的根。葉基生、叢生，線形、質硬，基部擴大呈鞘狀，包於根狀莖上。花莖直立，圓柱形，其上生鱗片狀小苞片。穗狀花序稀疏而狹長；花黃白色或淡紫色，具短梗，多於夜間開放，花被 6，雄蕊 3，著生在花被片中央；子房長卵形，3 室。蒴果長卵形，成熟時沿腹縫線開裂，各室有種子 1～2 粒。種子新月形或長橢圓形，表面黑色，具 3～4 條翅狀棱，兩端尖。花期 5～6 月，果熟期 8～9 月。

知母根莖中含多種甾體皂苷，有知母皂苷A_1、A_2、A_3、A_4、B_1、B_2，其皂苷元主要有菝葜皂苷元、馬爾可苷元、新吉托苷元。其結合的糖有 D- 葡萄糖和 D- 半乳糖。味苦，性寒，歸肺、胃、腎經，具滋陰降火、潤燥滑腸之功能。

【生長習性】

知母適應性強，喜溫暖，耐寒、耐旱、忌澇。對土壤要求不嚴，野生多見於向陽山坡、丘陵等地。種子容易萌發，發芽適溫為 20～30℃。種子壽命為 1～2 年。

【栽培技術】

1. 選地整地

宜選疏鬆肥沃、且有排灌條件的壤土或沙質壤土種植，每 0.0667 公頃施農家肥 4000 千克，配施複合肥 30 千克，施後翻耕 20 公分深，整細耙平，做成 1.2 公尺寬的平畦。

2. 繁殖方法

（1）種子繁殖　秋播或春播，秋播在封凍前，春播在 4 月。條播，按行距 20 公分開淺溝將種子均勻播入，覆土 1～2 公分，稍加鎮壓並澆水。秋播翌春出苗，較齊；春播者播後 15～20 天出苗，每 0.0667 公頃用種量 0.7 千克左右。

（2）分株繁殖　結合收穫，將根莖有芽的一端切下，切成 3～6 公分的小段，每段帶芽 1～2 個。按行距 25～30 公分開溝，株距 9～12 公分栽種，覆土 3～4 公分，澆水。

3. 田間管理

（1）間苗、定苗　種子繁殖出苗後，應及時間苗，苗高 10 公分時按株距 7～10 公分定苗。

（2）鬆土、培土　幼苗出 3 片真葉時，淺鋤鬆土，以後一般每年除草鬆土 2～3 次。由於根莖多生長在表土層，因此，雨後和秋末要注意培土。

（3）追肥　每年 4～8 月，每 0.0667 公頃應分次追施農家肥 4000 千克、複合肥 20 千克，搗細拌勻，撒於根旁，並結合鋤地以土蓋肥。

（4）排灌　播種後，要經常保持畦面濕潤，越冬前視天氣和墒情，適時澆好越冬水。翌春發芽以後，若遇旱應

適時澆水。雨季注意排水。

（5）打薹　種子繁殖生長2年後，或分株繁殖當年，於5～6月即可抽薹開花。除留種田外，開花前應及時將花薹剪去。

4. 病蟲害防治

知母病害很少。蟲害主要有蠐螬危害地下部，可用毒餌翻入土中毒殺。

【採收加工】　種子繁殖3年後收穫，分株繁殖當年即可收穫。一般於春、秋兩季採挖，去淨枯葉、鬚根，曬乾或烘乾即為毛知母。趁鮮剝去根莖外皮，曬或烘乾即得光知母，習稱「知母肉」。

【留種技術】　採種母株宜選三年生以上植株，每株可長花莖5～6支，每穗花數可達150～180朵。果實成熟時易開裂，造成種子散落，故當蒴果黃綠色，將要開裂時，應及時分批採收、晾乾、脫粒、去除雜質，置乾燥處貯藏備用。

天　南　星

【藥用部位】　塊莖。

【商品名稱】　南星，天南星。

【產地】　主產於東北和四川、貴州、雲南、廣西、湖南、陝西、甘肅、安徽、浙江、河北等地。

【植物形態】　別名掌葉半夏、虎掌南星。原植物為天南星科植物天南星、異葉天南星和東北天南星。多年生草本，高33～50公分。葉由塊莖頂端生出，葉柄細長，長約 33 公分，葉片掌狀分裂，幼苗有 1～3 個小葉，2～3 年後葉片逐漸增多。塊莖近球形，扁平。花序肉穗狀，包於鞘狀大苞片內；花序先端呈長尾狀，伸出於苞片外面。漿果卵圓形，綠色，成熟時發白。紅色種子 1 粒。花期 5～6 月，果期 7～8 月。

天南星塊莖含三萜皂苷、安息香酸、黏液、澱粉、γ－氨基丁酸、鳥氨酸、瓜氨酸、精氨酸、谷氨酸、天門冬氨酸等。味苦、辛，性溫，有毒，歸肺、肝、脾經，具有燥濕化痰、祛風定驚功能，治中風痰壅，口、眼斜，半身不遂，破傷風。外用散結消腫。

【生長習性】 野生天南星多生長於山谷或林下比較陰濕的環境。人工栽培宜在樹陰下選擇濕潤、疏鬆、肥沃的黃沙土，土壤酸鹼性以偏酸性為好。天南星喜水喜肥，底肥充足才能高產。人工栽培可與高稈作物間作，創造適宜的陰濕環境。

【栽培技術】

1. 繁殖方法

（1）**塊莖繁殖** 秋天挖取塊莖時，大的藥用；中小的可種用，放在室內，上蓋濕土，或埋在深 66 公分的坑內，溫度保持在 5℃左右。第二年的 3～4 月施足基肥，翻耕整地做畦，按行距 16～26 公分，株距 16～20 公分，栽在 3～6 公分深的溝內，覆土 5 公分，澆水，每 0.0667 公頃大栽 400～450 千克，小栽 250～300 千克。

（2）**種子繁殖** 選新種子，8 月上旬播在備好的畦內，在畦內澆透水，稍乾後按行距 16 公分做淺溝，均勻撒入種子，覆土，6～10 天即出苗，結凍時用廄肥或馬糞蓋畦面能安全越冬。第二年4～5月苗高6～10公分時，按株行距13～16公分定苗，過些天，選陰天每隔一行去一行栽到別處，可林下或玉米間作，晴天栽深一些，並澆水。種子繁殖慢，產量低，故多用塊莖繁殖。

2. 田間管理

水分管理：天南星栽後應保持土壤濕潤，勤澆水，及時鬆土保墒。忌積水。

追肥：7月份苗高16～20公分時，追施500千克人糞尿。8月份追施硫酸銨15千克或餅肥50千克。

打薹：除作種用的花穗外，其餘全部摘掉。

3. 病蟲害防治

病毒病：為全株性病害，發病時葉片成花葉狀或捲曲皺縮，植株生長發育不良，後期葉片枯死。

防治方法：在田間選擇無病單株留種，增施磷、鉀肥，及時防蟲治病。

紅蜘蛛：噴灑200倍樂果溶液。

紅天蛾：7～8月份吃葉子，可在幼齡期噴90%敵百蟲800倍液防治。

【採收加工】 秋季葉黃及時挖取，刨出塊莖，去掉泥土、殘莖葉、鬚根，搓洗去皮，洗不掉的用竹刀刮去，用硫磺薰成白色，曬乾藥用。天南星有毒，收時戴手套或手擦油，如有皮膚紅腫，用甘草水洗。

百　合

【藥用部位】 鱗莖。

【商品名稱】 百合。

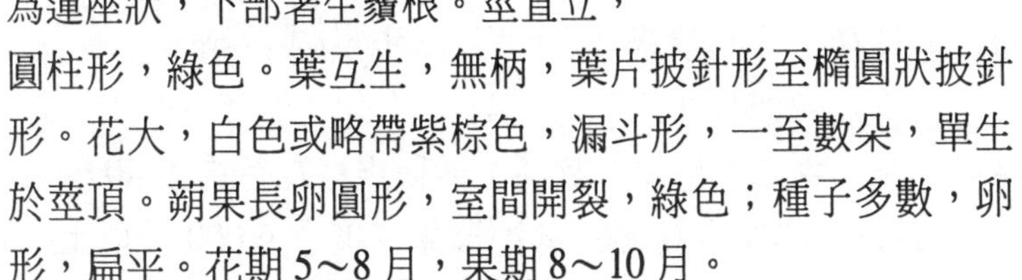

【產地】 主產於江蘇、湖南、四川、貴州、河南、河北、山東、甘肅、青海、山西、新疆、浙江、雲南、廣西等省區。

【植物形態】 百合為百合科植物，多年生草本，株高 70～150 公分。鱗莖球形，淡白色，先端常開放為蓮座狀，下部著生鬚根。莖直立，圓柱形，綠色。葉互生，無柄，葉片披針形至橢圓狀披針形。花大，白色或略帶紫棕色，漏斗形，一至數朵，單生於莖頂。蒴果長卵圓形，室間開裂，綠色；種子多數，卵形，扁平。花期 5～8 月，果期 8～10 月。

百合主要含澱粉、蛋白質、脂肪、維生素、酚酸甘油酯、甾體糖苷、甾體生物鹼、微量元素等。味甘，性寒，歸心、肺經，具有養陰潤肺、清心安神功能。

【生長習性】 百合喜冷涼、乾燥氣候，怕澇，耐旱，較耐寒，對土壤要求不甚嚴格。多生於氣候涼爽、土層深厚、肥沃的土地。能耐 −10℃的低溫。生長適宜溫度為 15～25℃。喜半蔭條件，前、中期喜光照。屬耐肥植物。忌連作。

【栽培技術】

1. 選地整地

選地勢較高、向陽、排灌條件較好、土層深厚和肥力中上未重茬的地塊。耕前，每 0.0667 公頃施入有機肥 4500 千克、鈣鎂磷 150 千克，然後深耕翻 25～30 公分。待肥腐爛後，再進行深耕細耙，使基肥與土壤充分混勻，改善土壤理化性狀，為百合根系充分發育和鱗莖膨大創造良好的條件。結合整地開溝做畦，畦寬 1.4～1.6 公尺，要求灌排便利。

2. 選種與播種

百合以營養體鱗莖栽植，鱗莖有大、中、小之分。一般以 50～60 克的中鱗莖栽植經濟效益最佳。選種時要注意：① 選有側生芽 3～5 個的鱗莖，防止種性退化；② 選無褐色壞死斑塊的鱗莖，防止病害感染造成缺苗。

百合播種期為 9 月下旬至 10 月上旬，翌年 3 月上旬才開始出苗。在南方紅壤丘陵區，播種規格為行株距 40 公分 × 30 公分，確保每 0.0667 公頃群體密度在 6,000 株以上。播種要一邊開溝一邊播種一邊蓋土，覆土厚度為 3～4 公分。播種後，必須保持地塊乾爽，不得有積水。

3. 田間管理

（1）追肥排水　百合越冬期間在封凍前每 0.0667 公頃用尿素 20 千克、氯化鉀 30 千克追 1 次臘肥，同時結合清理排水溝進行培土保根，使排水溝通暢，防止田間積水，減少百合因濕害而腐爛。春季在出苗前補施追肥兩次，每次每 0.0667 公頃用三元含硫複合肥 50 千克或硫磺 2.5 千克。出苗後在田間鋪蓋一層穀草，防止土壤板結，同時起到保濕、保肥和降溫作用。

（2）採用地膜覆蓋栽培　早春對百合進行蓋膜 30～40 天，可縮短百合出苗期 7～15 天，增產 12%。

（3）適時摘頂心　以葉片數為準，當植株已長出 60 張以上葉片、日平均氣溫未超過 23℃時進行摘頂心最適宜。試驗表明，摘頂心比不摘心增產，適期摘心比晚摘心增產，適期摘心的保留葉片愈多，增產幅度愈大。

（4）防止綠葉早枯　要延長功能葉片的壽命，在百合發育後期綠葉株的鱗莖大、產量高。為此，6 月下旬鱗莖膨大轉緩時，用 0.2%磷酸二氫鉀加 0.3%～0.5%尿素混合液，追施 1 次葉麵肥。

（5）除草　播種後 2 天內，每 0.0667 公頃噴施二草胺 50～80 克，以防雜草叢生。

4. 病蟲害防治

百合生育期間主要病蟲害是地老虎、蚜蟲和病毒病等。病毒病發病初期噴灑 1.5%植病靈乳劑 1000 倍液，或抗毒劑 1 號 300 倍液，隔 10 天 1 次，連噴 2～3 次即可。出苗後的蚜蟲用 50%甲胺磷乳油 1500 倍液噴霧，也可用 40%氧化樂果防治。4 月下旬，再每 0.0667 公頃用呋喃丹 6～8 千克或辛硫磷 0.5 千克撒毒土，進行地下殺蟲。

【採收加工】　於栽後的第二年立秋前後，待地上部分完全枯萎時，選擇晴天挖取。除去泥土、莖稈和根鬚，並將大鱗莖做商品，小鱗莖符合種鱗者選作種用。將大鱗莖剝離成片，分級後洗淨，瀝乾，投入沸水中燙煮一下，大片約 10 分鐘，小片約 5 分鐘；迅速撈出，放入清水洗去黏液，再撈出後薄攤在竹席上暴曬。

板　藍　根

【藥用部位】　根、葉。

【商品名稱】　板藍根，大青葉。

【產地】　在中國北部地方均可種

植，一般分佈在長江流域以北的華北、西北地方。主要分佈在山東平邑縣、鄄城縣、文登市，河北安國市，安徽太和縣，內蒙古赤峰市以及甘肅、新疆等省區。

【植物形態】 十字花科植物，二年生草本，高40～100公分，主根深長，圓柱形。莖直立，上部多分枝。單葉互生，基生葉較大，具柄，葉片長圓狀；莖生葉長圓狀披針形，半包莖，全緣。複總狀花序，花黃色。短角果短圓形，扁平，翅狀，紫色。種子1枚，橢圓形，褐色。花期4～5月，果期5～6月。

板藍根為常用中藥材，根含芥子苷、靛藍、靛玉紅，另含γ－谷甾醇、腺苷、精氨酸、脯氨酸、亮氨酸、谷氨酸、脯氨酸、纈氨酸、γ－氨基丁酸、棕櫚酸以及2－羥基－丁烯基硫氰酸酯等。味苦，性寒，歸心、胃經，具有清熱解毒、涼血利咽的功能。主治流行性感冒、急性傳染性肝炎等。其葉稱大青葉，也供藥用，具有根的同樣藥效。

【生長習性】 板藍根適應性較強，耐寒，喜溫暖，怕水澇。在疏鬆肥沃、排水良好的土壤中生長，根部粗長，品質好。低窪積水的土壤容易爛根。

【栽培技術】

1. 選地整地

要選地勢高、排水良好的地塊，土層深厚，還要求細碎平整的土壤。因板藍根的主根能深入土中50公分左右，前茬作物收穫後應及時翻耕，秋耕越深越好，不要行耙，冬季凍酥土塊，凍死越冬害蟲。來年春季早耕。種前每0.0667公頃適當增施磷肥可提高根的產量。施肥以底肥為主，春耕前每0.0667公頃施腐熟農家肥2500～3000千克、過磷酸鈣 100 千克，深翻至土壤下層，以改良土壤結構，增加肥力，然後深耕細耙整地做畦。

採用平畦種植板藍根，整好 2 公尺寬的平畦。這種栽培方法便於澆水，但反覆澆水易致土壤板結，產量受到一定影響。為克服排水不暢，採用高平畦栽培板藍根，由於畦面高，避免了因雨季積水造成爛根，從而可以提高產量，在整好的地面上做寬 1.2～1.5 公尺、高 15～20 公分略呈龜背形的高平畦。畦與畦之間留 30 公分寬的溝，溝底要平，以備澆水用。

下種後蓋平稍壓，立即澆水，以水沿高畦兩側溝滲透畦面為度。其他整地及管理方法與平畦種植法相同。

2. 繁殖方法

板藍根種子發芽率約為 70%，在 15～30℃溫度下種子萌發均良好。生產上可春播或夏播，春播在 4 月上旬至中旬、清明前後播種，夏播在 5 月下旬至六月上旬、芒種前播種。一般用條播法，先在畦面上按 28～30 公分行距開 3 公分深的淺溝，將種子用水浸後晾一下，隨即拌入細土均勻撒入溝內，覆土 1 公分，稍加鎮壓。每 0.0667 公頃用種量 1.5～2.0 千克，有足夠的濕度，7～10 天即可出苗。

3. 田間管理

（1）間苗定苗　在板藍根株高 7～10 公分時，間去弱苗，去弱留強，株距 16～20 公分定苗，同時進行除草。遇缺苗應及時移栽補苗。

（2）追肥　定苗後視植株生長情況，進行澆水和追肥。板藍根生長前期一般宜乾不宜濕，以促使根部下紮。生長後期適當保持土壤濕潤，促進養分吸收。一般 5 月下旬至 6 月上旬每 0.0667 公頃追施尿素 10～15 千克，撒入行間。水肥充足葉片才能長得茂盛，生長良好的板藍根可在 6 月下旬和 8 月下旬採收 2 次葉。為保證根部生長，每次採葉後應進行追肥澆水。每到大青葉採割的前 15～20 天，可追 1 次人糞尿或速效化肥，在雨後土表疏鬆時進行。追肥時土壤不可過乾或過濕，過乾易傷根系；過濕則踩後易板結土壤，影響生長。

（3）中耕除草　齊苗後進行中耕除草，經常保持土壤表層疏鬆，田間無雜草。黏土地雨後表層容易結成硬殼，中耕要勤，在雨後表土剛乾時進行，以便保墒。幼苗期不能中耕，雜草用手拔除。

（4）防旱排澇　夏季雨水過多，為防止田間積水，應及時清溝排澇，黏土地不易保墒，5 月下旬至 6 月上旬若遇乾旱，要在早晨和晚上進行灌溉；9 月上中旬，若土壤乾旱，應及時澆水，此時光合作用強，乾物質形成快。

4. 病蟲害防治

（1）霜霉病　發病葉片在葉面出現邊緣不甚明顯的黃白色病斑，逐漸擴大，並受葉脈所限，變成多角形或不規則形。在相應的背面長有一層灰白色的霜霉狀物，濕度大時，病情發展迅速，霜霉集中在葉背，有時葉面也有。後期病斑擴大變成褐色，葉色變黃，導致葉片乾枯死亡。防治：注意排水和通風透光，避免與十字花科等易感染霜霉病的作物連作或輪作，病害流行期用 1：1：100 波爾多液或用 65%代森鋅 600 倍液噴霧。

（2）根腐病　被害植株地下部側根或細根首先發病，再蔓延至主根；有時，主根根尖感病再延至主根受害。被害根呈黑褐色，隨後根系維管束自下而上呈褐色病變。以後，根的髓部發生濕腐，根部發病後，地上部分枝葉發生萎蔫，逐漸由外向內枯死。

防治：合理施肥，適施氮肥，增施磷、鉀肥，提高植株抗病力。發病期噴灑 50%托布津 800～1000 倍液或用 50%多菌靈 1000 倍液淋穴。

（3）**菜青蟲**　成蟲為白色粉蝶，常產卵於葉片上，因幼蟲全身青綠色故名，以幼蟲取食，2 齡以前的幼蟲啃食葉肉，留下一層薄而透明的表皮；3 齡以後將葉片咬穿，吃成缺刻孔洞，嚴重時將全葉吃光僅留葉柄使光合作用受阻，產量降低。

防治：清潔田園，處理田間殘枝落葉及雜草，集中漚肥或燒毀，以殺死幼蟲和蛹。冬季清除越冬蛹。用 90%晶體敵百蟲 1000～1500 倍液噴霧，或用 50%敵敵畏乳劑 1000～1500 倍液噴霧防治。

【採收加工】　板藍根：在 10 月份當地上部枯萎後刨根。宜在霜降後採挖。採挖時先在畦旁開挖 50 公分深的溝，然後順序向前刨挖，去淨泥土，曬至七八成乾，紮成小捆，再曬乾透。以根長直、粗壯、堅實、粉性足者為佳。每 0.0667 公頃產乾貨 400 千克左右。

大青葉：春種的在 6 月下旬苗高 18～20 公分時可收割一次葉子，留葉基部的嫩芽，在 3 公分處割葉。8 月下旬待苗子重新生長可再割 1 次葉。每年可收葉 3 次，曬乾即為藥用大青葉。大青葉的採割應根據葉與根的需用比例進行，少割葉子可增加根的收穫量。每 0.0667 公頃可收乾葉 200～400 千克。

牛　膝

【藥用部位】　根。

【商品名稱】　牛膝。

【產地】　主產於河南省，河北、山西、山東、安徽、江蘇、浙江、四川等省亦產。

【植物形態】　莧科植物，多年生草本。根細長圓柱形，黃白色或紅色。莖方形，直立，有節略膨大，30～100 公分高。枝頂或腋著生穗狀花序，花小，穗長 10 公分左右。胞果長圓形，果皮薄，包於宿萼內。花期 8～9 月，果期 9～10 月。

懷牛膝含皂苷，另含羥基促脫皮甾酮、牛膝甾酮、β－谷甾醇、豆甾烯醇等。牛膝味苦、酸，性平，歸肝、腎經，具有補肝腎、強筋骨、逐淤通經、引血下行功能。

【生長習性】　牛膝為深根系植物，喜溫暖氣候，遇低溫生長緩慢，苗期及秋季喜充足水分，花期和花後期為根生長旺盛期。在乾燥、向陽、土層深厚、排水良好的細沙質壤土裏生長良好。土壤酸鹼性要求為中性或微鹼性。

【栽培技術】

1. 選地整地

7 月中旬，或「小暑」後 5 天至「大暑」前 5 天為適宜播種期。選土質肥沃、富含腐殖質、土層深厚、排水良好的地塊，每 0.0667 公頃施足廄肥約 2000 千克，深翻 30 公分，把廄肥全部翻入土中。隨深翻每 0.0667 公頃撒施硫酸鉀複合肥、磷酸二氫銨各 50 千克。耙細、整平，做 90

公分寬平畦。

2. 播種技術

在做好的畦內按行距 15 公分開 2 公分深的淺溝。將新鮮、成熟種子用 60℃溫水浸泡 24 小時，撈出，與 5 倍的硫酸銨拌勻，按每 0.0667 公頃用種量 1.5 千克均勻地撒入淺溝內，覆細沙土 2 公分厚。畦內灌足水，保持土表濕潤，5～7 天出全苗。苗高 6 公分時按株距 5～7 公分定苗。

3. 田間管理

（1）澆水與除草　定苗後連澆兩遍水，隨即鬆土、除草，保持土表乾鬆、下層濕潤，以利主根向下生長。9～10 月澆 3 遍水，促進主根加快生長。雨季及時排澇，防止爛根。

（2）追肥　定苗後每 0.0067 公頃用 0.5%尿素 150 千克噴灑小苗，促使小苗加速生長。若發現缺其他微肥，及時配液補充。

（3）打頂去心　除留種田外，株高超過 45 公分時用鐮刀割除穗狀花序 1～2 次。保持株高 45 公分，減少養分消耗，促使主根加粗生長。

3. 病蟲害防治

（1）葉斑病　常在「處暑」前後危害葉片，病斑黃色或黃褐色，嚴重時變成灰褐色，直至枯萎死亡。

防治辦法：噴灑 1：1：120 波爾多液或 65%代森鋅 1：500 倍液，10～14 天 1 次，連噴 2～3 次。

（2）根腐病　雨季或低窪積水處易發病。葉片枯黃，根部變褐色，逐漸腐爛、枯死。

防治辦法：噴65%代森鋅1：00倍液或用50%托布津1：600倍液澆灌，7～10天1次，噴（灌）3～4次。

（3）銀紋夜蛾　幼蟲咬食葉片，白天潛伏葉背，晚上和陰天咬食葉面，使葉片出現空洞或缺刻。

防治辦法：利用幼蟲的假死性捕殺，或用90%敵百蟲1000倍液噴殺。

【採收加工】　11月上、中旬，割去地上莖葉，挖出根條，洗淨泥土，剪掉蘆頭，稍加晾曬，趁鮮切成飲片，曬乾或烘乾，備用。

麥　冬

【藥用部位】　塊根。

【商品名稱】　麥冬。

【產地】　主產於浙江、四川、福建、江蘇、安徽等省，中國各地均有栽培。

【植物形態】　麥冬為百合科植物麥冬的乾燥塊根，又名麥門冬，多年生草本，株高15～30公分。根莖細長，匍匐有節，節上有白色鱗片，鬚根多且較堅韌，微黃色，先端或中部常膨大為肉質塊根，呈紡錘形或長橢圓形。葉叢生，狹線形，先端尖，基部綠白色並稍擴大。花莖從葉叢中抽出，比葉短；總狀花序，每苞片內著生1～3朵花，花被6，淡紫色，偶有白色，小型，雄蕊6，雌蕊1，子房半下位，3室。漿果球形，成熟時藍黑色；種子1粒，球形，藍綠色或黃褐色。花期7～8月，果期8～10月。

麥冬塊根含多種皂苷：麥冬皂苷A、B、C、D，其中皂苷A含量最高，皂苷A、B、C、D的苷元是魯斯皂苷元。還含有β－谷甾醇、豆甾醇、β－谷甾醇－β－L－葡萄糖苷等。此外，還含單糖和寡糖類等。味甘、微苦，性微寒，歸肺、胃、心經。具養陰生津、潤肺止咳之功能。

【生長習性】　麥冬喜溫暖濕潤、較蔭蔽的環境，耐寒，忌強光和高溫。種植以肥沃、疏鬆、排水良好、土層深厚的沙質壤土為好。7月見花時，地下塊根開始形成，9～10月為發根盛期，11月為塊根膨大期，2月底氣溫回升後，塊根膨大加快。種子有一定的休眠特性，5℃左右低溫經2～3個月能打破休眠而正常發芽。種子壽命為1年。忌連作。

【栽培技術】

1. 選地整地

宜選疏鬆、肥沃、濕潤、排水良好的中性或微鹼性沙質壤土種植，積水低窪地不宜種植，忌連作，前茬以豆科植物如蠶豆、黃花苜蓿和麥類為好。每0.0667公頃施農家肥4000千克，配施100千克過磷酸鈣和100千克腐熟餅肥作基肥，深耕25公分，整細耙平，做1.5公尺寬的平畦。

2. 繁殖方法

以小叢分株繁殖。一般在4月中旬至5月上旬栽種，結合收穫，邊收、邊選、邊栽。選生長旺盛、無病蟲害的高產壯苗，剪去塊根和鬚根，以及葉尖和老根莖，拍鬆莖基部，使其分成單株，剪去殘留的老莖節，以基部斷面出現白色放射狀花心（俗稱菊花心）、葉片不開散為度。按行距25～30公分，穴距20～25公分開穴，穴深5～6公分，每穴栽苗8～10株，苗基部應對齊，垂直種下，然後兩邊用土踏緊，做到地平苗正，及時澆水。每0.0667公頃需種苗700千克左右。

3. 田間管理

（1）中耕除草　一般每年進行3～4次，宜晴天進行，最好經常除草，同時防止土壤板結。

（2）追肥　麥冬生長季長，需肥量大，一般每年5月開始，結合鬆土追肥3～4次，肥種以農家肥為主，配施少量複合肥，前期以氮肥為主，後期以磷、鉀肥為主，以利塊根膨大。

（3）排灌　栽種後，經常保持土壤濕潤，以利出苗。7～8月，可用灌水降溫保根，但不宜積水，故灌木和雨後應及時排水。

4. 病蟲害防治

黑斑病：4月中旬始發，危害葉片。防治方法參見浙貝母。

根結線蟲病：危害根部，防治方法參見丹參。

蟲害主要有螻蛄、地老虎、蠐螬等，防治方法如前述。

【採收加工】　各地收穫年限不同，江、浙一帶栽後2～3年收穫。一般於4月下旬選晴天，用鐵耙將塊根挖起，切下塊根，置籮中用水洗淨，然後再翻曬3～5天，如此反覆多次，至七八成乾時剪去鬚根，再曬至全乾。也可邊曬邊搓，直至曬乾搓盡鬚根為止。

北沙參

【藥用部位】　根。

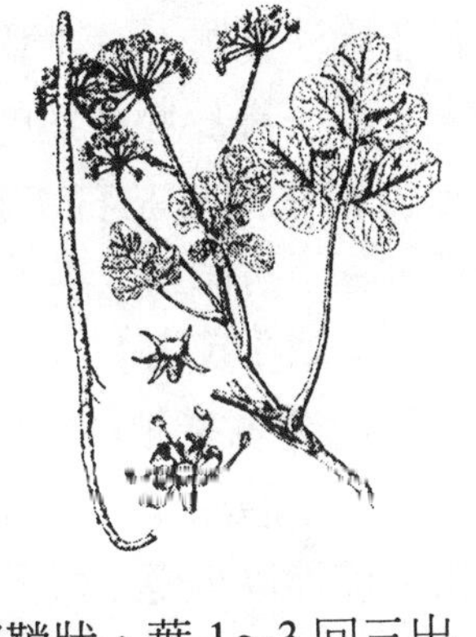

【商品名稱】 北沙參。

【產地】 主產於山東、河北、遼寧，江蘇、浙江、福建、廣東等省，臺灣亦產。

【植物形態】 北沙參為傘形科植物珊瑚菜的乾燥根，又名萊陽沙參。多年生草本，株高 30 公分左右。主根細長，圓柱形。莖直立，少分枝。莖生葉具長柄，基部略成寬鞘狀，葉 1～3 回三出分裂至深裂，葉片革質；卵圓形，邊緣有鋸齒、莖上部葉不裂，兩面疏生細柔毛。複傘形花序，密生灰褐色絨毛，傘幅 10～20 毫米，不等長；無總苞，小總苞片 8～12，披針形；小傘形花序有小花 15～20 朵，被絨毛，花小，白色，萼齒 5，窄三角狀披針形，疏生粗毛；花瓣 5，先端內折，雄蕊 5，雌蕊 1，子房下位，花柱基部扁圓錐形，柱頭 2 裂。雙懸果球形或橢圓形，果棱有翅，被棕色粗毛，表面黃褐色或黃棕色，種子 1 枚。花期 5～7 月，果期 6～8 月。

北沙參含佛手柑內酯、補骨脂內酯、圓當歸內酯、花椒毒酚、花椒毒素等多種香豆精類化合物，以及生物鹼、微量揮發油。還含傘形花子酸、異傘形花子油酸、棕櫚酸、大量亞油酸。性微寒，味甘、微苦，歸肺、胃經，具養陰清肺、祛痰止疾之功能。

【生長習性】 喜溫暖濕潤的氣候和陽光充足的環境；抗寒，耐乾旱，忌水澇，忌連作。怕高溫酷暑，耐鹽鹼；對土壤要求以土層深厚、疏鬆、肥沃和排水良好的油

沙土、沙質壤土、沖擊沙土為好。

種子屬於胚後熟的低溫休眠類型，一般需在5℃以下土溫經4個月左右才能完成後熟過程，種子才能正常發芽。種子壽命為2年。

【栽培技術】

1. 選地整地

選土層深厚、土質疏鬆肥沃、排灌方便的沙質壤土種植，前茬以小麥、穀子、玉米等為好。黏土、低窪積水地不宜種植。每0.0667公頃施農家肥4500千克作基肥，深翻50～60公分，整細耙平後做成1.5公尺寬的畦，四周開好深50公分的排水溝。

2. 繁殖方法

用種子繁殖，以秋播為好。播種方法有兩種。

（1）**寬幅條播**　播幅寬15公分左右，沿畦橫向開4公分深的溝，溝底要平，行距25公分，將種子均勻撒入，種子間距4～5公分，覆土方法是開第二條溝時溢土覆蓋前溝，覆土厚度以3公分為宜。

（2）**窄幅條播**　播幅寬6公分，行距15公分左右，其他同寬幅條播。播種量依土質而定，一般每1000平方公尺用種6～9千克。純沙地播種後需用黃泥或小酥石填壓，以免大風吹走種子。

3. 田間管理

早春解凍後，若地板結，要用鐵耙鬆土，保墒。由於北沙參是密植作物，行距小，莖葉嫩、易斷，故出苗後不宜用鋤中耕，必須隨時拔草，待小苗具2～3片真葉時，按株距3公分左右成三角形間苗。如發現小參苗現蕾應及時摘除。雨季積水應及時排除。

4. 病蟲害防治

（1）根結線蟲病　5月始發，危害根部。防治方法參見丹參。

（2）病毒病　5月上、中旬始發，危害葉片和全株。防治蚜蟲、紅蜘蛛危害，選無病株留種。

（3）銹病　又名黃疸，8月中下旬始發，危害莖葉。防治方法參見柴胡。

（4）鑽心蟲　以幼蟲鑽入參葉、莖、根、花蕾中危害。

防治方法：於7～8月選無風天晚上用燈光誘殺成蟲，卵期及幼蟲未鑽入植株時用90%敵百蟲400倍液或20%樂果1000倍液噴殺。

此外，還有根腐病、蚜蟲等危害，注意防治。

【採收加工】　播種後第二年9月參葉微枯黃時採挖。收挖時，先在畦一端挖一深溝，露出根部時用手提出，除去參葉。刨出的參根不能在陽光下曬，否則將不易去皮。收穫的參根粗細分開，選晴天洗去泥沙，攏成1千克左右的小把，將尾根先放入沸水中順鍋轉2～3週（6～8秒），再把整把全部撤入鍋內燙煮，不斷翻動，並使水保持沸騰，直至參根中部能捏去皮時，撈出，剝去外皮，曬乾即可。如遇陰雨天，則應烘乾，以免變色霉爛。

太子參

【藥用部位】　塊根。

【商品名稱】　太子參。

【產地】 主產於福建、江蘇、安徽、山東等省。

【植物形態】 太子參為石竹科植物異葉假繁縷的乾燥塊根，又名童參、孩兒參。多年生草本，株高 10～20 公分。塊根多數，肉質，紡錘形，外皮淡黃色，疏生鬚根。莖直立，近方形，節略膨大，節間有兩行短柔毛。葉對生，近無柄，下部葉匙形或倒披針形，上部葉卵狀披針形至長卵形，長約 7 公分，寬約 1 公分；莖頂有 4 片大形葉狀總苞。花腋生，二型：莖下部接近地面的閉鎖花，小形，紫色，萼片 4，閉合，無花瓣，雄蕊通常 2；莖頂部著生普通花 1～3 朵，形大，白色，等片 5，花瓣 5，倒卵形，雄蕊 10，花柱 3，子房上位。蒴果近球形，熟時下垂，開裂。種子 7～8，扁球形，紫褐色，表面具疣點。花期 4～5 月，果期 5～6 月。

太子參含皂苷、果糖、澱粉、多種氨基酸（與人參類似），並含有：棕櫚酸、亞油酸、三棕櫚酸甘油酯及太子參環酞A 及 B、β－谷甾醇、豆甾烯、胡蘿蔔苷、蔗糖、麥芽糖等。味甘、微苦，性平。歸肺、脾經。具益氣健脾、生津潤肺之功能。

【生長習性】 太子參多半野生於陰濕山坡的岩石縫隙和枯枝落葉層中，喜疏鬆富含腐殖質、排水良好的沙質壤土。適宜於溫和濕潤氣候，在 4 月下旬平均 10～20℃的氣溫下生長旺盛，忌炎夏高溫強光暴曬，當氣溫達 30℃以上時，植株生長停滯。6 月下旬植株開始枯萎，進入休眠越夏。太子參耐寒性強，在 -17℃的氣溫下可安全越冬。喜肥，怕澇，積水後容易爛根。

種子不宜乾燥久放，宜隨採隨播，且必須滿足一定的低溫條件下才能萌發，所以在自然條件下，春季才能見到實生苗。由種參長出的無性苗亦於春季出苗，出苗後，植株生長逐漸加快，地上部形成分枝，葉片增大。地下莖具「莖節生根」的特性，並隨著地上部的生長，膨大成紡錘狀的塊根。太子參從春季出苗至夏季倒苗，全生育期為 4 個月左右。

【栽培技術】

1. 選地整地

選擇肥沃疏鬆、排水良好、富含腐殖質的沙質壤土。忌連作，前茬以甘薯、蔬菜等為好，坡地以向北、向東者為宜。一般在早秋作物收穫後，將土地耕翻，重施基肥，肥種以農家肥為主，且應充分腐熟。耬細耙勻，做成 1.2～1.5 公尺寬、20 公分高的畦，畦面保持弓背形。

2. 繁殖方法

可分為有性繁殖和無性繁殖。有性繁殖因果種難育，當年產量又低，故生產上以無性繁殖為主。播種時間以 10 月下旬前為宜，過遲則種參因氣溫下降而開始萌芽，栽種時易碰傷芽頭，影響翌年出苗。種參應選芽頭完整、參體肥大、無傷、無病蟲害的塊根。

栽種時，先在整好的畦面上橫向開 13 公分左右深的條溝，然後將種參按株距 5～7 公分斜栽溝內，要求芽頭朝上，離畦面 6 公分，芽頭位置在同一水平上，習稱「上齊下不齊」。然後按行距（溝距）15 公分再開第二條溝，並將後一溝的土覆在前一條已排好參的溝內，再行排參，依此按序進行。栽完一畦，稍加鎮壓，並將畦面整成弓背形。每 0.0667 公頃用種量 40～50 千克。

3. 田間管理

（1）防止人畜踩踏　栽後當年不出苗，要保持畦面平整，避免人畜踐踏，否則易造成局部短期積水，使參根腐爛，最終導致缺苗減產。留種田越夏期間更應防止踩踏。

（2）除草、培土　2 月上旬，幼苗出土時，生長緩慢，越冬雜草繁生，可用小鋤淺鋤 1 次，以後見草就拔。同時結合整理畦溝，將畦邊倒塌的土撒至畦面，或用客土培土，培土厚度以不超過 2 公分為宜。5 月上旬後，植株早已封行，除了拔除大草外，可停止除草。

（3）追肥　太子參生長期短，主要以基肥為主，特別是後期，如追肥不當，多施氮肥可導致莖葉徒長，影響產量。如幼苗瘦弱，可在 4 月上旬每 0.0667 公頃施入腐熟的餅肥 30～40 千克，並隨後澆水。

（4）排灌　太子參怕澇，雨後畦溝必須排水暢通。在乾旱少雨時，應注意澆水，以保持畦面濕潤，利於發根和植株生長。

4. 病蟲害防治

（1）病毒病　受害植株葉片皺縮，花葉、植株早枯，塊根細而小。應綜合防治：注意防治蚜蟲，選無病株或實生苗留種，輪作。

（2）葉斑病　多發於春夏多雨季節，危害葉片，嚴重時植株枯黃而死。一般在發病初期用 1：1：100 的波爾多液，每隔 7～10 天噴施 1 次，或用 65%代森鋅可濕性粉劑

500～600 倍液噴霧防治。

（3）**地老虎、蠐螬、金針蟲** 幼蟲咬食塊根或根莖，尤以塊根膨大、地上部即將枯萎時危害嚴重。可配備敵百蟲毒餌於傍晚撒到田間誘殺。

【採收加工】 6月下旬，植株枯萎倒苗時，除留種地外，即應起挖，收穫時宜選晴天，洗淨泥土，置沸水中燙 2～3 分鐘，撈出暴曬至半乾，搓去鬚根，並堆起來使之回潮，再曬至全乾。此法所得產品習稱燙參，也可不經水燙，起挖後，直接曬乾，稱生曬參。本品以身乾、無鬚根、大小均勻、色微黃者為佳。

當　歸

【藥用部位】 根。

【商品名稱】 當歸。

【產地】 主產甘肅、陝西、寧夏、雲南、四川等省，其他地區也有栽培。

【植物形態】 傘形科植物當歸的乾燥根。多年生草本，高 0.4～1 公尺。莖直立，帶紫色，有縱直槽紋。主根粗短。葉為 2～3 回奇數羽狀複葉，葉柄長 3～10 公分，基部膨大成鞘。葉片卵形，小葉片呈卵形或卵狀披針形，近頂端一對無柄，1～2 回分裂，裂片邊緣有缺刻。複傘形花序頂生，無總苞或有 2 片；傘幅 10～14 公分，不等長；小總苞片 2～4；每一小傘形花序有花 12～36 朵；小傘梗密生細柔毛；花白色。雙懸果橢圓形，分果有 5 棱，側有寬而薄的翅，翅緣淡紫色，每棱槽有1個油管，接合面2個油管。花期6～7月，果期6～8月。

當歸含揮發油及水溶性成分。油中主要含藁本內酯及正丁烯酰內酯。此外尚含倍半萜A及B、香荊芥酚、當歸芳酮、苯戊酮鄰羧酸、正戊酰苯鄰羧酸、苯二甲酸酐等，水溶性成分阿魏酸、尿嘧啶、丁二酸、煙酸、腺嘧啶、膽鹼等。尚含蔗糖、氨基酸類。味甘、辛，性溫；歸肝、心、脾經。具有補血活血、調經止痛、潤腸通便功能。

【生長習性】 當歸喜高寒涼爽氣候，要求土壤微酸性，甘肅在海拔2000公尺以上，雲南在2500～2800公尺以上地區栽培，故宜選擇高寒潮濕地區，土層深厚肥沃，排水良好的沙質壤土栽培。當歸在幼苗期喜陰，移栽第二年能耐強光。不宜連作，前作以玉米、大麻為宜。輪作期2～3年。

【栽培技術】

1. 育苗移栽

（1）**育苗** 用種子繁殖。苗床宜選擇在背風、蔭蔽的山坡或荒地，於5月燒掉雜草，翻地，耙平做畦，從芒種到夏至撒種於畦內，播後再蓋1層細土，再蓋1層稻草，每0.0667公頃播種量5千克左右。8月選陰天揭掉蓋草，並及時拔掉雜草，以利幼苗生長。

（2）**挖苗貯藏** 寒露後（10月上旬）挖起幼苗，稍帶些土，掐掉葉子，紮成小把，晾乾，堆藏或窖藏於乾燥陰涼處，貯時每層幼苗之間隔1層細土，頂部用土封閉。

（3）**栽植** 移栽一般在清明節前後進行。移栽前先在預植地裏施足底肥，每畝可施廄肥3000～10000千克，然後深翻30公分，耙平，按行株距各25公分開穴，每穴2～3株，填土壓實。

2. 田間管理

（1）中耕鋤草　5月返青後，當苗高達7～10公分時，及早鋤頭遍草，將苗根周圍的土打鬆，要淺鋤；當苗高達15～20公分時，鋤第二遍草，要鋤深、鋤通；當苗高達20～25公分時，鋤第三遍草，要鋤淨，並進行根際培土。

（2）控制抽薹　一般生產地抽薹植株占總數的10%～30%，嚴重時達40%～70%，給生產帶來一定的損失。提早抽薹常與種子、育苗及第二年栽培條件有一定的關係，因此必須注意下列問題：

① 選擇良好的種子：生產上應採用三年生當歸所結的種子作種用，以種子成為粉白色時採收為宜。嚴格控制播期，使苗齡控制在70～90天。

② 培育良好的栽子：選擇陰濕肥沃的環境育苗，育苗時注意多施燒薰土，精細整地，適時播種，適當密植，精細播種，保證全苗，使出苗整齊，生長茁壯；選陰雨天揭草，避免幼苗曬死變稀。及時搭棚遮陰。9月適當追施氮肥，延遲收挖，不要挖斷栽子，貯藏栽子之前避免把栽子晾得過乾。這些措施都能降低抽薹率。

③ 選好育苗地：育苗時應選擇土壤濕潤，海拔在2000公尺以上的山坡地。

3. 病蟲害防治

（1）根腐病　又名爛根病。病原是真菌中的一種半知菌。主要危害根部。大田多在5月發生，地下害蟲多及低窪積水的地塊發病重。發病後葉片枯黃，植物基部根尖及

幼根開始變褐色水漬狀，隨後變黑脫落，受害根呈銹黃色，腐爛後剩下纖維狀物，植株死亡。

防治方法：栽植前土壤消毒，每 0.0667 公頃用 70%五氯硝基苯 1 千克；選無病種苗，用 1：1：150 波爾多液浸泡，晾乾栽植；拔除病株，在病穴中施入 1 把石灰粉，用 2%石灰水或 50%多菌靈 1000 倍液全面澆灌病區，防止蔓延。

（2）褐斑病　病原是真菌中的一種半知菌。危害葉片。從 5 月發生一直延續到收穫。高溫多濕條件下易發病。發病初期在葉面上產生褐色斑點，病斑擴大後外周有一褪綠暈圈，邊緣呈紅褐色，中心呈灰白色。後期在病株中心出現小黑點，病情發展，葉片大部分呈紅褐色，最後全株枯死。

防治方法：冬季清掃田園，徹底燒毀病殘組織，減少菌源；發病初期摘除病葉，噴 1：1：150 波爾多液；5 月中旬後噴 1：1：150 波爾多液，每隔 7～10 天噴 1 次或噴 65%代森鋅 500 倍液 2～3 次。

（3）桃大尾蚜　又名膩蟲，屬同翅目蚜科。主要危害當歸的新梢嫩葉。春季由桃、李樹上遷入田內為害，使嫩葉變厚呈拳狀捲縮。

防治方法：當歸地要遠離桃、李等植物，以減少蟲源；發現蚜蟲時可用 20%殺滅菊酯 3000～4000 倍液噴霧。

（4）黃鳳蝶　又名茴香鳳蝶，屬鱗翅目鳳蝶科。幼蟲危害當歸葉片，咬成缺刻或僅剩葉柄。

防治方法：幼蟲發生初期可抓緊人工捕殺；發生數量較多時噴灑 80%敵敵畏 1000～1500 倍液或青蟲菌 300 倍

液。每週1次，連續2～3次。

（5）**種蠅**　又名地蛆，屬又翅目花蠅科。幼蟲危害根莖。在當歸出苗期，從地面咬孔進入根部危害，把根蛀空或引起腐爛，植株死亡。

防治方法：種蠅有趨向未腐熟堆肥產卵的習慣，因此施肥要用腐熟堆肥，施後用土覆蓋，減少種蠅產卵；發現種蠅危害，可用40%樂果2000倍液或90%敵百蟲800倍液澆根，每隔5～7天1次，連續2～3次。

【收穫加工】　當歸種植3年才可採收。採收時間在10月上旬，當歸葉已發黃時，割去地上部使太陽曬到地面，促使根部成熟，10月下旬採挖當歸。一般每0.0667公頃產乾當歸150千克左右，豐產田可達到350～400千克。

當歸收挖後，及時抖淨泥土，挑出病根，掰去殘留葉柄，待水分稍蒸發後，用柳條將當歸紮成小把，放在預先搭好的棚架上，用柴草薰煙，使當歸上色，至當歸表皮呈赤紅色或金黃色後（約需薰15天），再用煤薰烤至全乾。當歸品質好壞取決於產區、栽培技術、挖當歸的早晚和薰乾的技術。

烏　頭

【藥用部位】　塊根。

【商品名稱】　烏頭。

【產地】　主產四川、陝西。目前雲南、貴州、河北、湖南、湖北、江西、甘肅等省有栽培。

【植物形態】　別名五毒根。毛茛科植物，多年生草本。塊根通常2～3個連生在一起，呈圓錐形或卵形，母根稱烏頭，旁生側根稱附子。外表茶褐色，內部乳白色，粉狀肉質。莖高100～130公分，葉互生，有柄，掌狀2～3回分裂，裂片有缺刻。立秋後子莖頂端葉腋間開藍紫色花，花冠像盔帽，圓錐花序。蓇葖果，由3個分裂的子房組成。種子黃色，多而細小。花期7～9月，果期8～10月。烏頭主要含有二萜類生物鹼，含量較多的生物鹼有烏頭鹼、次烏頭鹼、中烏頭鹼等。母根為鎮痙劑，治風痹、風濕神經痛。側根有回陽、逐冷、祛風濕的作用，治大汗之陽、四肢厥逆、霍亂轉筋、腎陽衰弱的腰膝冷痛、精神不振以及風寒濕痛、腳氣等症。

【生長習性】 喜溫暖濕潤氣候。適應性很強，海拔2000公尺左右均可栽培，不退化。在土層深厚、疏鬆、肥沃、排水良好的沙壤土栽培，或陽光充足的高平地種植，前茬作物水稻、玉米、蔬菜、小麥為好。忌連作，否則品種退化，選向陽較瘠薄的沙壤土育種為好，塊根健壯，支根細，作種栽。植株生長良好，少病害，產量高，品質好。3～4月份為地上部分旺盛生長期，5月下旬到6月下旬地下部分生長旺盛。

【栽培技術】

1. 選地整地

烏頭喜溫暖濕潤氣候，選擇陽光充足、表土疏鬆排水良好、中等肥力土壤為佳，適應性強，忌連作。前茬作物以水稻、玉米、蔬菜、小麥或黃連為主，作物收穫後，進行翻曬，充分風化，使土壤細碎，作畦，寬100～130公分，高16公分，溝寬26公分，在畦上施腐熟廄肥或堆肥，每 0.0667 公頃 1000 千克以上，翻入土中，充分混匀，整平畦面呈弓背形。

2. 繁殖方法

烏頭繁殖方法多半是無性繁殖，冬至前後採收選種後立即下種，或貯藏備種。培育優質高產品種，必須選擇在海拔 1000 公尺左右的山區培育、繁殖材料。

（1）適時下種　適時下種很重要，7 月下旬至 8 月初將土地備好，收烏藥時，適合作種栽的附子立即按行距 50 公分、株距 26 公分、深 10 公分開穴，栽 1～2 個種栽，芽口向上，覆土 3 公分，再套種蔬菜、蠶豆、豌豆、小麥等。天乾旱時 7～8 天澆水 1 次，讓附子在地裏休眠，第二年出苗生長。

（2）貯藏備種　收附子時，大的藥用，小的留在蔸上，假植於沙質壤土中，種時取出種栽；若從老蔸取下種栽，用沙質壤土或沙土挖 66 公分左右深的坑，在下面鋪一層種栽，上蓋 16 公分厚沙土，再鋪一層栽子，蓋上沙土，直到地面，做成瓦背形，四周和中間立幾束玉米稈等物使之通氣。12 月份，到備好的地裏，分大、中、小三等，大株行距 26 公分，中株行距 20～23 公分，小株行距 16 公分，施足底肥，以廄肥和適量的過磷酸鈣（每 0.0667 公頃 15 千克）施入穴內，覆土 6～10 公分，每 0.0667 公頃下種量為 50 千克，冬栽時要選擇健壯整齊、產量高、品質好的幼苗。

過於寒冷的地方不能冬種的也可春天栽種，方法同上，和玉米、花生、甘薯等套種，每 0.0667 公頃產烏藥 4 萬個左右，一般只能繁殖兩年。山區培育品種，防止退

化，優良品種以「和尚頭」為最好，塊根大，產量高。

(3) 間套作方法，附子栽完後，隨即在畦的一面套種青筍，每隔 16 公分種一窩。第二年 4 月底或 5 月初青筍收後，套種玉米，每隔 50 公分種一窩，每穴留兩苗，套種玉米只套種在畦的向陽面，主要為附子遮陰。附子收穫後，立即在畦上播種白菜，不必施肥，每 0.0667 公頃可產白菜 3500 千克。也可在附子收穫後，再栽晚稻苗，先把稻秧寄栽在別的稻田內，6 公分距離 1 株，7 月底至 8 月初附子收穫後，立即灌水整地栽秧。如果玉米還未成熟，可暫留不收，如果水淺，可在挖了附子的畦內栽秧，不影響玉米最後成熟。這樣能糧藥雙收。

3. 田間管理

(1) 修根打尖　修根分兩次進行，第一次 4 月上旬苗長出 4～5 片葉時進行，把植株附近泥土刨開，現出母根及附子大的在母根內側留 2～3 個較大的附子，小苗留 1 個，其餘的附子全部摘掉。第二次在 5 月中旬，刨 13～16 公分深以露出附子上半部為度，削去母根上的新生小附子及所保留的大附子上的鬚根，只留下面 1 個獨根，使附子表面光滑，注意勿損傷母根。每次施肥前要打尖。3～5 天後，在植株葉腋間長出腋芽，立即拿去，使營養集中於附子的生長。

(2) 除草追肥　烏頭栽植宜精細，除保持土壤濕潤疏鬆外，見草就除，夏天忌積水，適時追肥，苗高 6 公分時，追第一次肥，每 0.0667 公頃施腐熟餅肥 50 千克，混合稀糞液 2500 千克，施在行間。第二次施肥在第一次修根後，施腐熟餅肥 100 千克混合稀糞水 2000 千克，施在每兩株距間。第三次施肥在第二次修根後，糞量加大施在上次未施的兩株距間。注意病植株，發現即拔掉燒毀，缺苗者要補齊。

（3）培土　為防治雨水侵入根部，減少根腐病，降低地溫，促進塊根膨大，在追肥時將畦兩側的土培植物根部做成魚背形。

（4）灌水排水　如果遇到春旱或土壤過於乾旱，應及時澆水，氣溫升高後，應澆早晚水，雨季注意排水，防止亂根。

4. 病蟲害防治

白絹病，又叫根腐病。在6～8月發病重，受害根成亂麻狀乾腐或爛薯狀濕腐。根周圍和表土佈滿油芽子狀菌核。

防治方法：和水稻或禾本科輪作，採用高畦，雨季排水，土壤消毒，發病用50%多菌靈或50%甲基托布津1000倍液灌病區。

【採收加工】　附子栽後第二年7月收穫。留種地冬季隨挖隨栽。用鋤頭刨出塊根去掉鬚根泥土，去掉地上莖葉將附子和母根分開，每0.0667公頃產附子500千克左右，母根曬乾稱為川烏、附子含有烏頭成分，屬劇毒藥，用藥前必須加工。

大　黃

【藥用部位】　根及根莖。

【商品名稱】　大黃。

【產地】 掌葉大黃與唐古特大黃主產甘肅、青海、西藏、四川等地，主要為人工栽培；藥用大黃主產於四川、貴州、雲南、湖北、陝西等省，人工栽培或野生。

【植物形態】 別名生軍，將軍，錦紋。為蓼科植物掌葉大黃、大黃或雞爪大黃。多年生草本，高 2 公尺。地下有粗壯的肉質根及根狀莖。莖粗壯，有不明顯的縱紋。

單葉互生；具粗柄，基生葉圓形或卵圓形，掌狀 5～7 深裂；莖生葉較小，有短柄；托葉鞘大，筒狀，有縱紋。圓錐花序頂生，花淡黃白色，花被片 6，淡黃色，雄蕊 9，花柱 3。瘦果卵圓形，有三棱，沿棱生翅，翅邊緣半透明。花期 6～7 月，果期 7～8 月。

大黃主要含蒽醌類衍生物，包含游離蒽醌類及其苷，雙蒽酮類及其苷。游離蒽醌衍生物有大黃酸、大黃素、大黃素甲醚等，為大黃的抗菌成分。結合性蒽醌類衍生物為游離蒽醌類的葡萄糖苷或雙蒽酮苷，係大黃的瀉下成分。此外尚含鞣質類物質。味苦，性寒，歸脾、胃、大腸、肝、心經，具有瀉下通便、涼血解毒、破積行淤的作用。

【生長習性】 野生大黃產在中國西部、西南海拔 2000 公尺左右的高寒山區，年平均氣溫約 10℃，年降水量 500 毫米，相對濕度 50%～70%，無霜期 90～130 天。喜乾旱涼爽氣候，耐寒。5℃開始萌芽生長，適宜溫度 15～22℃，超過 30℃生長遲緩，忌連作、低畦地、重黏土、酸性土。種子發芽率 3～4 年，溫度適宜，種子吸水 100%～120%，2～3 天即能出苗，故苗期應給足水分。溫度低於 0℃或高過 35℃，發芽受到抑制。播種當年或第二年形成葉簇，3 月中旬返青，第三年 5～6 月開花，6 月下旬果實成熟，種子易脫落，所以，當果序有部分種子變黃褐色速剪下曬乾脫粒。11月地上部枯萎。

【栽培技術】

1. 選地整地

大黃屬多年生深根植物，以陽光充足、土層深厚、中性及微鹼性的沙質壤土和石灰質壤土為好。酸性土壤，每0.0667公頃施石灰100～200千克，深耕7公分，施足基肥，每0.0667公頃3000～4000千克。乾旱地區解凍後，耙平土壤，趁濕把種子播下。

2. 繁殖方法

用種子繁殖，分直播和育苗，或子芽繁殖。

（1）**直播**　選三年生健壯植株的老熟飽滿種子，在春季雨前播種。在整好的土地上，北方4月中下旬穴播，行距為60～75公分，株距45～60公分，每穴播5～10粒，可和黃芪混播，覆土2公分左右，每公頃播種量22.5～30千克。在較南地區採用秋播，株距45公分，行距60公分穴播或條播，可以和三木香、當歸等作物地邊間作。適時澆水、施肥、除草，以利出苗。播前種子放入18～20℃溫水中浸6～8小時，浸後用濕布覆蓋催芽，每天須翻動1～2次，有1%～2%種子萌芽時即可播種。

（2）**育苗**　春季選向陽的熟地或生地進行深耕整細耙平，做120公分寬的苗床，要隨地形而定。在北方，3月份播種，條播，行距9～10公分，覆土3～4公分，10天即出苗。播後注意適度澆水，苗高6～10公分，按直播定苗。南方用高畔，條播撒播均可。溝25公分開橫溝，播幅3公分，溝深3公分，施入人糞尿後，種子均勻撒入溝內。每隔 3～5 公分有種子一粒為合適，覆細土或薰土一層，不見種子即可。再蓋草保墒。出苗後趁陰天或傍晚揭覆蓋草，苗出齊堅持見草即除。施入人畜糞尿水 2～3 次，加快幼苗生長。

第一次除草結合間過密的苗，移栽選中指粗的根莖大苗，去主根和支根的細長部分，行株距 60 公分 × 75 公分挖穴，深 30 公分，施土雜肥 1.5～2 千克，栽一苗，覆土高於芽頭 6 公分左右，低於地面 6～10 公分，利於追肥和培土。播後蓋薄草，經常澆水保持土壤濕潤。種量每 0.0667 公頃 50 千克。

（3）子芽繁殖　當大黃收穫時，分取母株、子芽或切割母株根莖之芽栽培。在分離和切割的傷口處，塗上草木灰防腐爛。此法可以保留品種優良不變異。但不能獲得大量種苗，供大面積生產。

3. 田間管理

大黃生長期較長，3 年才能收穫，因此適時鬆土、鋤草、追肥、防治病蟲害特別重要。一般在第一、二年鬆土 3 次，追肥 2 次。第一次 6 月初追餅肥或化肥（過磷酸鈣每 0.0667 公頃 10～15 千克，氯化鉀每 0.0667 公頃 5～7 千克，硫酸銨每 0.0667 公頃 7～10 千克）。第二次 8 月下旬施磷、鉀肥，每 0.0667 公頃用量 10 千克。第二年追肥 2～3 次，第一次在返青後，第二次在一個半月後採用旁開溝施下，覆土澆水。

4. 病蟲害防治

（1）根腐病：多雨季節發生，以防為主。選地勢高燥無積水的地方種大黃，經常鬆土，保持土壤通透性。

（2）**葉斑病**：發病初期，7～10 天噴 1 次 1：1：100 的波爾多液。

（3）**蚜蟲**：危害嫩葉，用樂果乳劑 0.5 千克加 1000 千克水噴灑。

（4）**金花蟲**：葉甲科的蟲子，成、幼蟲咬食葉片成孔洞，用 90%敵百蟲 800 倍液或魚藤精 800 倍液噴霧。

（5）**斜紋夜蛾**：幼蟲咬食葉片成缺刻。燈光誘殺，幼蟲期噴 90%敵百蟲 800 倍液或 50%磷胺乳油 1500 倍液，7～10 天噴 1 次。

（6）**蠐螬**：金龜甲科。幼蟲危害苗或嚼食大黃根，造成缺苗或根部空洞。嚴重者在根際 1～2 公分可找到。

【採收加工】 栽後 3 年秋，地上莖葉枯萎時，挖取根及根狀莖，去淨葉莖、泥土，用碗片刮去粗皮及頂芽和細鬚根，大型的可用繩串起，中小型的可切片，陰乾或烘乾。

紫　　菀

【藥用部位】 根。

【商品名稱】 紫菀。

【產地】 分佈東北三省、內蒙古、山西、陝西、甘肅、安徽，主產於河北省安國及安徽省亳州、渦陽。

【植物形態】 別名小辮兒、夾板菜、驢耳朵菜、軟紫菀，為菊科紫菀屬植物紫菀的根部。多年生草本，高達 150 公分。根狀莖粗短，簇生多數細長根，外皮灰褐色。莖直立單生，表面有淺溝，上部有分枝，疏生短毛，下部無毛。基生葉叢生，開花時漸枯落，葉片長橢圓形至橢圓狀披針形，長20～40公分，寬6～12公分，基部漸窄，下延長成翼狀葉柄，邊緣有銳鋸齒，兩面疏生小剛毛；莖生葉互生，漸無柄，葉片披針形，長18～35公分，寬5～10公分。

夏秋季開花，頭狀花序多數，傘房狀排列，有長梗，密被短毛。總苞半球形，綠色微帶紫；邊緣舌狀花藍紫色，雌性；中央管狀花黃色，兩性。瘦果扁平，一側彎凸，一側平直，被短毛，冠毛白色或淡褐色，較瘦果長3～4倍。花期8～9月，果期9～10月。

紫菀根含紫菀皂苷、紫菀酮、槲皮素、無羈萜、表無羈萜醇及少量揮發油及琥珀酸等。味辛、苦，性溫，歸肺經，具潤肺止咳、化痰止咳功能，主治支氣管炎、咳喘、肺結核、咯血等。

【生長習性】 喜溫暖濕潤氣候，怕乾旱，耐寒性較強，在北方根能在土中越冬，對土壤要求不嚴，除鹽鹼地和沙土地外均可種植。3月上旬芽萌動，下旬出苗，4月下旬以後迅速發棵，10月下旬後葉子逐漸枯黃，11月下旬完全枯萎。

【栽培技術】

1. 繁殖方法

紫菀用根狀莖繁殖，春、秋兩季栽植，春栽於4月上旬、秋栽於10月下旬進行，實際生產上多採用秋栽，在北方寒冷地區防止種苗冬季在地裏凍死，只能春天栽，在刨收時，選擇粗壯節密、色白較嫩帶有紫紅色、無蟲傷斑痕、接近地面的根狀莖作種栽，不採用蘆頭部的根狀莖作種栽，因這樣的根狀莖栽植後容易抽薹開花，影響根的產量和品質。

種栽於秋栽時隨刨隨栽，若春栽需進行窖藏，栽前將選好的根狀莖剪成 6～10 公分長的小段，每段帶有芽眼 2～3 個，以根狀莖新鮮、芽眼明顯的發芽力強，按行距 30～35 公分開 6～8 公分的淺溝，把剪好的種栽按株距 16 公分平放於溝內，每撮擺放 2～3 根，蓋土後輕輕鎮壓並澆水，每 0.0667 公頃需用根狀莖 10～15 千克，栽後 2 週左右出苗，苗未出齊前注意保墒保苗。

2. **田間管理**

早春和初夏地裏雜草較多，應勤除草，淺鬆土以免傷根。夏季葉片長大封壟後只能拔草，不宜深鋤。

生長期間應經常保持土壤濕潤，尤其在北方乾旱地區栽種應注意灌水，無論秋栽或春栽，在苗期均應適當地灌水，但地面不能過於潮濕，以免影響根系生根。6 月份是葉片生長茂盛時期，需要大量水分，也是北方的旱季，應注意多灌水勤鬆土保持水分，7～8 月為北方雨季，紫菀雖然喜濕但不能積水，應加強排水，9 月雨季過後，正值根系發育期需適當地灌水，總之紫菀的灌排水應根據生長發育期和地區不同而異。

紫菀開花後，影響根部生長，見有抽薹的應立即將薹剪下，勿用手扯，以免帶動根部影響生長。

3. **病蟲害防治**

斑枯病：危害葉片，發病前及發病初期噴 1：1：120 波爾多液，每 7～10 天 1 次，連續數次。

【採收加工】 10 月下旬，葉片出現黃萎時收穫，如果土壤很乾燥可稍澆水使土壤鬆軟，便於刨挖，採挖前先割去莖葉，將根刨出，去淨泥土，將根狀莖取出作種栽用，其餘編成辮子曬乾。

澤　瀉

【藥用部位】　塊莖。

【商品名稱】　澤瀉。

【產地】　主產於四川、福建，以福建所產者優，中國南北各省亦有栽培。

【植物形態】　別名水澤、天鵝蛋、一枝花、如意花，為澤瀉科植物澤瀉。多年生草本，高可達 100 公分。地下莖球形或卵圓形，密生多數鬚根。單生葉、數片單生基部，葉片橢圓形，有明顯弧形脈 5～7 條。花葶自葉叢中生出，花小，白色；為大型輪生狀的同錐花序，小花梗長短不一。瘦果環狀排列，扁平倒卵形，褐色。花期 6～8 月，果期 7～9 月。

澤瀉塊莖中含多種四環三萜酮醇衍生物，包括澤瀉醇 A、B、C 及澤瀉醇 A 乙酸酯、澤瀉醇 B 乙酸酯、澤瀉醇 C 乙酸酯、表澤瀉醇 A，此外還含揮發油、膽鹼、卵磷脂、脂肪酸、豆甾醇、樹脂、蛋白質和多量澱粉等。味甘，性寒，入腎、膀胱經，有清熱、滲濕、利尿等作用。

【生長特性】　澤瀉為水生植物，喜生長在溫暖地區，耐高濕，怕寒冷，土壤以肥沃而稍帶黏性的土質為宜，幼苗期喜蔭蔽，移栽後則喜陽光充足，通常栽培於水田或爛泥田裏，前作多為早稻。忌連作。

【栽培技術】

1. 選地

澤瀉喜歡生長在光源充足，氣候溫和、濕潤，日光充足（苗期喜蔭蔽）、土質肥沃稍黏的壩區、山區。

2. 繁殖方法

用種子繁殖、育苗移栽。澤瀉優質高產的關鍵是培育良種，施足基肥，淺栽密植，加強管理。

（1）培育良種　收澤瀉時選健壯、球莖肥大、葉柄基部呈三棱形無病蟲害的作種栽，第二年春種於肥沃秧田，株行距 30～40 公分，每年追肥 2 次，種子呈金黃色時採種子，不能採種過早，否則發芽率低；過遲雖發芽率高，但產量低。採下後裝罐中貯藏，禁煙薰，備育苗。

（2）育苗　選排灌方便的地作育苗田，翻耕後施人糞尿 500～1000 千克，耙平做 100 公分寬的苗床，溝寬 30 公分，6 月末 7 月初播種。把種子浸泡於溫水中 24 小時，晴天用灰拌種，均勻撒播。每公頃用種約 7.5 千克，播後用掃帚在畦面輕拍 1 次，使種和泥土混合，日光強的地方，插枝條遮陰，並立即澆水 3 公分深。2 月後排水，待苗出後，早排水曬苗。苗高 5 公分，保持 3 公分淺水，苗高 6 公分時間去弱苗、密苗、缺苗、補苗，使株距為 3 公分，並除草追 1 次肥，播後 25 天，拔掉遮陰物，35～40 天即可定植。

（3）定植　早稻收後，翻耕土地，每 0.0667 公頃施腐熟的綠肥 500 千克、人糞尿 3000～4000 千克，於 8 月下旬至 9 月上旬定植，搶早定植是增產的關鍵，帶土栽壯苗，一苗一穴，按株行距 30 公分密植，栽時以接觸泥土栽穩為宜，禁栽深，否則球莖呈細長，不要摘去綠葉，免生過多的側苗。栽後保持淺水，勤灌水，水不能超過葉面。

3. 田間管理

栽 2～3 天後，浮在水面上沒栽好，再栽上，並補苗。澤瀉共施 4 次肥，除施足基肥外，早追肥，第一次於栽後 10～20 天用人糞尿、草木灰、餅肥、硫酸銨等。

以後每隔 10 天 1 次，每次量逐漸增加，施肥前放水，第一、二次追肥時把苗根部泥土撬鬆，拔掉雜苗灌水。打薹：抽薹長芽，及時打薹摘芽，從基部摘掉，加速根部生長。11 月下旬放乾田水，備收穫。

4. 病蟲害防治

（1）白斑病　危害葉和葉柄，發生紅褐色病斑。

防治方法：播種前用 40%福馬林 80 倍液浸種 5 分鐘，晾乾播種，發病用 65%代森鋅 500～600 倍液或 50%硝散 200 倍液噴霧，7～10 天 1 次，連打 2～3 次。

（2）蚜蟲　危害葉和葉柄，吸食汁液。

防治方法：栽苗時用煙草，石灰水（煙草 0.5 千克、生石灰 0.25 千克，對水 30 千克）噴射，葉背蚜蟲可用水沖洗。

【採收加工】　11 月末至第二年 1 月採收，除去莖葉，洗淨泥土曬乾，陰雨天烘乾，勤翻忌烤焦。乾後在地面鋪稻草，把澤瀉倒入，用火燒去鬚毛，把澤瀉裝入有碎瓷碗片的撞籠內。撞擊鬚根和粗皮，色白為止，50 千克鮮貨可出 12.5 千克乾品。

栝　樓

【藥用部位】　根，果實。

【商品名稱】　天花粉，栝樓。

【產地】　分佈於山東、河南、山西、陝西、河北、北京、天津、江蘇、浙江、安徽、四川、湖南、福建、廣東、雲南等省市。

【植物形態】　栝樓亦稱瓜蔞、柿瓜、野苦瓜、藥瓜、杜瓜、大圓瓜。為葫蘆科植物。栝樓的果實、根均可入藥，果實叫全栝樓，果殼叫栝樓皮，種子稱栝樓仁，根名為天花粉。

為多年生攀緣草本植物，地下塊根粗大，長1～1.8公尺，圓柱形，根皮黃褐色，根斷面白色，富含澱粉。莖較粗，多分枝，長10公尺多。捲鬚2～3歧，分叉處以上旋捲。葉互生；葉柄長3～10公分；葉片近圓形或心形，掌狀5～7深裂，邊緣淺裂或粗齒。雌雄異株，雄總狀花序單生或與一單花並生，或在枝條上部者單生，總狀花序長10～20公分，頂端有5～8花；花萼筒狀，長2～4公分，頂端擴大，徑約10公分，中、下部徑約5公分。花冠白色，裂片倒卵形；花藥靠合，花絲分離、粗壯，被長柔毛。雌花單生，被柔毛；花萼筒形，裂片和花冠同雄花；子房橢圓形，綠色，柱頭3個。果實橢圓形或圓形，長7～10.5公分，成熟時黃褐色或橙黃色，種子卵狀橢圓形，淡黃褐色。花期5～8月，果期8～10月。

栝樓根中含多量澱粉粒及皂苷。並含一種蛋白質名

「天花粉蛋白」，又含精氨酸、谷氨酸、丙氨酸、γ－氨基丁酸等10多種氨基酸，還含栝樓酸、膽鹼以及β－谷甾醇、α－菠甾醇、豆甾醇等甾醇類成分。味甘、微苦，性寒，歸肺、胃、大腸經，有清熱化痰、寬胸散結、潤燥滑腸、消腫排膿功能。

栝樓皮主治肺熱咳嗽、胸脇痞痛、咽喉腫痛、乳癖乳癰。栝樓仁主治痰熱咳嗽、肺虛燥咳、腸燥便秘、癰瘡腫毒。天花粉主治熱病口渴、消渴多飲、肺熱燥咳、瘡瘍腫毒。另外，栝樓還有抗菌、抗衰老、抗癌、抗愛滋病等作用。

【生長習性】 栝樓適應性很強，耐寒、耐高溫，但氣候溫暖、潮濕時生長良好，對光、溫、水、土均不甚敏感，常野生於田間、山坡、林間或山谷陰濕處。人工栽植多於房前屋後的空地、樹下以及荒山、荒坡、草地。栝樓較為理想的生長環境是氣候溫暖、光照柔和、土層深厚、土壤潮濕肥沃的沙質壤土，不宜在低窪地和鹽鹼地栽培。

【栽培技術】

1. 選地整地

選擇通風透光、土層深厚、土質疏鬆、排水良好、金屬含量和農藥殘留不超標的沙質壤土地塊。入冬前深翻土地，整細耙平，按行距2公尺左右，挖深0.5公尺、寬0.4公尺的溝，使土熟化，消滅塊根塊莖類雜草和地下越冬蟲害，第二年春天，每0.0667公頃施腐熟農家肥2000～3000千克、餅肥40千克、磷肥30～40千克，與土拌勻，平溝，然後澆足水，2～3天後再次平整土地、做畦備用，畦寬2公尺，畦高呈龜背形。

2. 繁殖方式

栝樓可用種子、分根和壓條繁殖。種子繁殖速度快，但難以控制雌雄比例，故適宜採收天花粉用。為採收果實，適宜採用分根和壓條繁殖，這樣容易控制雌雄比例，生產上採用較多。

（1）種子繁殖　9～10 月選橙黃色、短柄的成熟果實，剖開取出種子，洗淨，曬乾，切忌烘烤，以免降低發芽率。北方地區在第二年春天清明至穀雨間，將種子用 40～50℃溫水浸泡一晝夜，取出晾乾，然後將浸泡過的種子與河沙混勻，在 20～30℃的溫度下催芽，種子裂口後按行距 20 公分、株距 12 公分開穴點播。

穴深 4 公分，每穴用種子 1～2 枚，種子裂口向下，覆土，澆水，保持苗床濕潤。苗高 10 公分即可移栽，移栽的行株距為 2 公尺 × 0.33 公尺。

（2）分根繁殖　北方在穀雨前後，南方在秋分至立冬，挖取 3～5 年生健壯的栝樓根，直徑 3～6 公分斷面白色新鮮的作種根，如以收穫栝樓果實為目的，挖根時注意多挖雌株的根，少挖雄株的根，雌株根和雄株根要分別擺放，以免混雜。

然後，將種根切成 6～10 公分小段，切口蘸上草木灰，攤於室內通風乾燥處晾放 1 天，待切口癒合後下種。在整好的畦內按行株距 2 公尺 × 0.33 公尺的規格挖穴，將種根段平放在穴內，覆土 3～4 公分，用手壓實，再培土 10～15 公分，開成小土堆，以利保墒。栽後 20 天左右，待萌芽時除去上面的保墒土，1 個月左右即可出苗。如遇天旱，1 個月後仍不出苗，可在離種根 10～15 公分處開溝澆水，但不能直接向根上澆水，以免爛根。

栽時要雌雄株搭配，一般按（5～10）：1 的比例合理搭配栽種。

（3）壓條繁殖　根據栝樓易生不定根的特徵，在夏季雨水充足氣溫高的季節，將生長健壯的莖蔓拉下，放在事先施足基肥的土地表面，在其節上壓土，待根長出後即可切斷莖蔓，長成新株。翌年春季即可移栽到大田。

3. 田間管理

（1）中耕除草　栝樓生長的春秋季節要注意中耕，既能提高地溫，加速生長根生長，又可除去雜草，節省肥力。中耕宜淺不宜深，防止損傷種根。

（2）追肥　每年追肥 3 次。第一次追肥應在移栽的當年苗高 50 公分左右時，或在以後每年莖蔓開始生長時。在距植株約 30 公分處，開溝環施腐熟的人糞尿、廄肥和餅肥，每 0.0667 公頃用量 2000 千克，隨後蓋土。第二次追肥宜在 6 月上中旬開花初期進行，用肥種類和施肥方法同第一次。第三次在冬前與越冬培土同時進行，每 0.0667 公頃用農家肥 1500～2000 千克。

（3）排灌　栝樓喜潮濕怕乾旱。每次追肥後，要澆透水 1 次。如遇連續乾旱不雨，也要根據墒情適當增澆。如遇連陰雨，地塊積水時應及時排水。

（4）搭架　為了使繁茂的栝樓莖蔓分佈均勻，能更好地通風透光，防止過於鬱蔽，需要在莖蔓長到 30～40 公分時搭設棚架。移栽當年植株不會太大，所搭棚架不宜太高。第二年，植株長大，又將開花結果，則應把棚架搭穩，架高 1.8 公尺左右，可用長 2 公尺左右的水泥預製件或竹、木桿作立柱，下埋 20～30 公分，1 行栝樓 1 行立柱，每隔 2～2.5 公尺立 1 根，2～3 行之間搭一橫架。架子上面、兩頭、中間、四角拉鐵絲，保持牢固。架子頂上橫排兩行細竹竿或秸稈，用繩綁在鐵絲上。然後，在每株栝樓旁插兩根小竹竿，上端捆在架子頂部橫桿或鐵絲上，將莖蔓牽引到架上，用細繩輕輕捆住即可。

（5）整枝疏芽　上架前每株留 2～3 根粗壯的莖蔓，去掉其餘分枝和腋芽。上架後要及時摘除瘋叉、腋芽，剪去瘦弱和過密分枝，使莖蔓分佈均勻，不重疊擠壓。這樣通風透光性好，又減少了養分消耗，減少病蟲害，多開花、多結果。

（6）授粉　栝樓為雌雄異株植物，自然授粉受到一定限制，往往坐果率、結實率不高。為了提高果實和種子產量，開花期間宜進行人工授粉或蜜蜂授粉。人工授粉的方法是在早晨 8～9 點鐘，用毛筆蘸取雄花粉，逐朵塗抹雌花柱頭，使大量花粉進入柱頭孔內。但這種方法很費人工，成本較高。目前推廣的微型蜂箱授粉技術效果很好。

具體方法是在開花期間，請蜂農到栝樓田放蜂或到北京市農科院資訊所租用授粉蜂箱，每 0.13～0.20 公頃地放一箱授粉蜂，通過蜜蜂採蜜給栝樓授粉，坐果率、產種量都大大提高。

（7）培土　越冬北方寒冷地區，上凍前在植株周圍中耕，施入農家肥，並從離地面 1 公尺處剪斷莖蔓，把留下的部分盤好，放在根上，用土埋好，形成高 30 公分左右的土堆。南方栝樓可安全越冬，但應在冬季追肥後培土護根，以利植株來年生長旺盛。

4. 病蟲害防治

（1）根線蟲病　發病植株地下部主根、側根和鬚根上生有大小不等的腫瘤狀物（根結、蟲癭）。瘤狀物表面光滑，上面再生側根。嚴重危害時，根上佈滿腫瘤，主根上的瘤體較大，直徑在2公分以上，植株地上部生長衰弱。

防治方法：實行輪作，選用健康無病種條。早春深翻土地，暴曬土壤，殺滅病源。塊根栽種前，用4%甲基異硫磷乳油800倍液浸漬15分鐘，晾乾後下種。整地時，用5%克線磷顆粒劑每0.0667公頃10千克拌入少量乾沙，撒於畦面，翻入土內，然後澆水，滲透後再播種，亦可用20%甲基異硫磷乳油每0.0667公頃1.5千克加細土30千克，翻入土中進行土壤消毒。

（2）栝樓透翅蛾　近幾年來在北京地區危害嚴重，6月份出現成蟲，7月上旬幼蟲孵化，開始在莖蔓的表皮蛀食，隨著蟲齡增大蛀入莖內並分泌黏液，刺激莖蔓後，莖蔓危害處膨大成蟲癭，莖蔓被害後整株枯死，8月中下旬老熟幼蟲入土做土繭越冬。防治要及時，一旦蛀入莖蔓，防治效果就不好。

防治方法：7月上旬用80%的敵敵畏乳劑1000倍液噴灑莖蔓，尤其噴離地面40公分高的莖蔓，可收到更好的防治效果。

（3）黃守瓜　以成蟲咬食葉片，以幼蟲咬食根部，甚至蛀入根內危害，使植株枯萎而死。

防治方法：在清晨進行人工捕捉。用90%敵百蟲1000倍液毒殺成蟲，2000倍液灌根毒殺幼蟲。

（4）蚜蟲　6～7月發生，危害嫩心葉及頂部嫩葉，可用40%樂果800～1500倍液噴殺。

【採收加工】

（1）採收 ①果實：秋天栝樓果實陸續成熟，當果實表皮有白粉，並變成淡黃色時，分批採摘，成熟一批採收一批。採收時，用剪刀在距果實15公分處，連莖剪下，懸掛通風乾燥處晾乾，即為全栝樓。

②天花粉（根）：雄株的塊根澱粉含量高、品質好，若根入藥，以挖雄根為好。一般移栽後第三年霜降前後採挖，年限越長越好，但到第六年仍不收穫的，根的纖維素增多，粉質減少，品質下降。

（2）加工 ①栝樓皮：將果實切開至瓜蒂處，把種子和瓤一起取出，曬乾或烘乾，即成栝樓皮。

②栝樓仁：把內瓤和種子放在木盤內，加草木灰，用手反覆搓擦，在水中淘淨內瓤，曬乾，就成栝樓仁。

③天花粉（根）：將挖出的塊根去淨泥土及蘆頭，刮去粗皮，細的切成10～15公分長的短節，粗的可再對半縱剖，切成2～4瓣，曬乾即成。

牡　丹

【藥用部位】　根皮。

【商品名稱】　丹皮。

【產地】　主產於安徽、四川、湖南、湖北、陝西、山東、甘肅、貴州等地。

【植物形態】　毛莨科植物牡丹，落葉小灌木，高1～2公尺。根圓柱形，外皮灰褐色或紫棕色，有香氣。莖分枝短而粗，皮灰黑色。葉互生，紙質，寬大，常為2回3出複葉，頂生小葉3中裂，側生小葉2淺裂或不裂。花單生於枝頂，花萼5，綠色；花瓣5或為重瓣，白色，玫瑰色或黃色；雄蕊多數，心皮5。蓇葖果卵形，密生黃褐色絨毛，內有種子7～15粒，黑褐色，具光澤。花期4～5月，果期6～9月。牡丹鮮皮中含牡丹皮原苷，但易自身的酶而水解成牡丹酚苷及1分子L-阿拉伯糖；根皮含牡丹酚、芍藥苷、揮發油以及苯甲酸、植物甾醇、苯甲酰芍藥苷和苯甲酰氧化芍藥苷。皮味苦、辛，性微寒，歸心、肝、腎經，具有涼血清熱、活血化淤功能。

【生長習性】 喜夏季涼爽、冬季溫暖的氣候，要求陽光充足、雨量適中的環境。怕炎熱與嚴寒，耐旱，畏澇。牡丹根系較深，種植時要求用土層深厚、肥沃、疏鬆，排水及通氣性良好的中性或微酸性沙質壤土或輕壤土，鹽鹼地、黏重地、低溫地及遮陰地等均不宜種植。

忌連作，前作以芝麻、花生、大豆為好。需間隔3～5年才能重茬。

【栽培技術】

1. 選地整地

選擇向陽乾燥、土層深厚、排水良好的沙質壤土進行種植，前作以芝麻、玉米等為好，4～5年內不可進行連作。待前作收穫後，每0.0667公頃施用廄肥或土雜肥5000千克左右，深翻60公分以上，整細耙平後做成寬1.3公尺的高畦，四周開好排水溝。

2. 繁殖方法

（1）種子繁殖　生產中常進行育苗移栽。

① 採種與種子處理：牡丹種子一般在 8 月中下旬陸續成熟，當果實呈蟹黃色，果腹部開始破裂時，即可進行採收，然後將果實放置在室內陰涼處使其後熟。當果莢充分開裂露出黑色光亮的種子時，將種子取出立即進行播種。由於牡丹種子一經乾燥就會喪失發芽力，如不能立即播種時，要將種子與 3～5 倍的河沙混勻進行層積處理，等到翌年早春取出再行播種。

② 育苗：在整好的畦面上按行距 20 公分左右開橫溝進行條播，保持溝深 6 公分左右，播後覆土約 3 公分。每 0.0667 公頃用種量 80 千克。

③ 移栽：播種 2 年後，於 9～10 月起苗，剔除患病及瘦弱的植株後，栽植的整好的土地上，保持行株距 40 公分 × 50 公分，穴深要在 25 公分以上，保證小苗的根部舒展，不得捲曲。栽後覆土壓實。

（2）分株繁殖　在每年的 8～10 月採收丹皮時，選擇三年生健壯、無病蟲害的植株，挖起全株，將大根切下入藥，留中、小根作種。順著自然生長的形狀，用刀從根頸處切開，按株行距 50 公分 × 40 公分開穴，每穴栽 1 株。

3. 田間管理

（1）中耕、除草與培土　移栽後的第二年春季萌芽出土後開始中耕除草，每年 3～4 次，保持田間無雜草。第一次在 3～4 月，第二次在 6～7 月，第三次在 9～10 月。冬季培土，有利於根部的生長，提高藥材產量。

（2）追肥　種植時除施足基肥外，每年的春、秋、冬季還要各追肥 1 次。春季施人畜糞水，秋季施人畜糞水加適量磷鉀肥，冬季施腐熟廄肥加餅肥。方法是於行間開溝，將肥料施入溝內，然後蓋土。

（3）摘蕾　為了提高藥材的產量，除留種者外，在第三、四年春季植株出現花蕾時要及時摘除。摘蕾宜選擇晴天上午進行，以利傷口癒合，防止感病。

（4）排灌水　生長期內如遇乾旱要及時澆水，高溫多雨季節要及時排水，以防爛根。

4. 病蟲害防治

（1）灰霉病　危害葉、莖、花各部。被害葉片出現圓形病斑，呈紫褐色或褐色，天氣潮濕時，長出灰色霉狀物。

防治方法：① 選用無病種苗，並用 1：1：100 的波爾多液進行消毒。② 加強田間管理，保持株間通風透光。③ 秋末徹底清潔田園，將枯枝病葉集中燒毀。④ 發病初期噴灑 50%多菌靈 800～1000 倍液或 50%托布津 1000～1500 倍液或 1：1：100 波爾多液，每 10 天噴施 1 次，共 2～3 次。

（2）葉斑病　主要危害葉片。發病初期葉面出現黑褐色圓形或橢圓形病斑，最後病斑上出現黑色小點和霉狀物。防治方法同灰霉病。

（3）銹病　花期開始發病，葉面上起初出現淡黃褐色的小斑點，不久即膨大成橙黃色大斑，破裂後散發出黃色粉末。

防治方法：① 選擇高燥、排水良好的土地種植，或者做成高畦。② 徹底清潔田園，將病株及枯枝、落葉集中燒毀。③ 發病初期噴灑波美 0.3～0.4 度的石硫合劑，或 97%敵銹鈉的 200 倍液，每 7～10 天 1 次，連續 2～3 次。

（4）蠐螬　危害植株的根部。防治時用 90%敵百蟲

1000 倍液進行澆灌。

【採收加工】 移栽 3～4 年後，於 8～10 月將根部挖起，剪去莖葉，去除泥沙、鬚根，趁鮮用小刀在根皮上劃一條細縫，剝去木質部後曬乾，即為原丹皮。若趁鮮用竹刀或碗片刮去外皮，抽出木質部後曬乾，則稱為刮丹皮。一般每 0.0667 公頃產量可達 250～350 千克。

杜　仲

【藥用部位】 樹皮。

【商品名稱】 杜仲。

【產地】 主產於湖北、四川、貴州、雲南、陝西等省。多為栽培。

【植物形態】 杜仲科植物，落葉喬木，高 1000～2000 公分。全株折斷時均有白色帶韌性的絲膠相連。單葉互生；葉片卵狀橢圓形，邊緣鋸齒。花單性異株，無花被，常先葉開放，雄花具雄蕊 4～10 枚，雌花具扁平狹長雌蕊 1 枚，柱頭 2 分叉。翅果扁橢圓形。種子 1 粒。花期 3～4 月，果期 5～10 月。

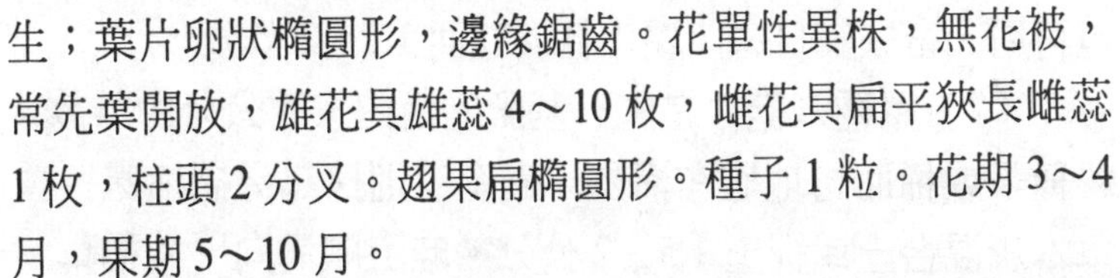

杜仲的藥用部分為其樹皮，樹皮中含有杜仲膠、桃葉珊瑚苷、松脂醇二－β－D 葡萄糖苷、β－谷甾醇、白樺脂醇等。味甘，性溫，歸肝、腎經，有補肝腎、健筋骨、強腰膝和降血壓、安胎等作用。

【生長習性】 杜仲適應性很強，野生於海拔 700～1500 公尺的地方，抗寒能力較強。對氣候和土壤條件要求不嚴。喜生長於陽光充足、雨量豐富的濕潤環境。土壤以土層深厚、肥沃，呈酸性和微酸性、中性、微鹼性的沙質壤土為好。房前、屋後、道旁及低山、高山排水良好的土壤均可栽培。土壤過鹼、過濕或過於貧瘠的均生長不良。

【栽培技術】　一般採用種子繁殖。

1. 播前處置

將種子於 10 月底採下後裝入塑膠編織袋內，懸掛於通風涼爽處。12 月下旬用清水浸 1～2 天，每天換 1 次清水，最後 1 次換水時加少量硫酸銅或代森銨（鋅）、多菌靈殺滅病菌，撈出濾至播種時能撒開不粘手，直接入畦播種。杜仲種子壽命為 1 年，種子發芽率與成熟度、新鮮度關係密切，老熟的種子發芽率低，春播發芽率則更低。

2. 播種技術

（1）整地施肥　選擇沙田或沙壤田，播前反覆耕耙 2～3 遍。在最後 1 次耕耙前用複合肥「打茬口」。做成 1 米畦，掏 20～25 公分深，溝內施圈肥或撒複合肥及菜餅，也可用人畜尿糞打底，覆土低於畦面 1.5～2 公分。

（2）播種入畦　在施有基肥的溝內按 5 公分距離放 1 粒種子或稀而勻地撒在溝內，過密者則揀起另擺稀處。覆草木灰混合土或細土 1.5～2 公分。畦上順溝向平鋪稻草、茅草保溫。蓋草不必過厚，以免苗齊後掀草時順勢帶出幼苗。

（3）滅鼠治蟲防病　稻草蓋畦後，易招引老鼠，老鼠咬吃杜仲子極為嚴重。必須即時投藥誘殺老鼠。

苗出土的 15～20 天前，即用 1：3 的呋喃丹和黃土拌和撒畦面，毒殺地老虎。苗基本出齊即掀去稻草、茅草，再撒 1 次 1：4 的百蟲粉和草木灰和細土。乾癟子或因杜仲結子灌漿期遇旱，其子內肉呈黑色，不要有「鋪鋪看」的僥倖心理，更不要和壯實子一塊育苗，以防壯實子出苗後感染上立枯病。

3. 苗期管理

（1）間苗　出苗過密的幼苗間出另行移栽，使其保持株距 8～10 公分，以苗基本出齊後開出真葉前移栽為佳，未開真葉其根部幾乎無鬚根。在陰天或傍晚用硬竹片輕輕挑出（儘量帶泥），隨挑（一把）隨栽，栽後澆水，7～10 天後用極淡人尿糞或尿素溶液澆肥 1 次。

（2）噴藥保苗　在整個苗期，要噴藥防治蝗蟲和隨後招引來的吉丁蟲、天牛等害蟲。波爾多液能防止立枯病，但苗木得了立枯病後再噴波爾多液已無濟無事，應採用抗枯靈、多菌靈澆灌。同時，要淺鋤地表，以增加地溫，多澆淡肥，以增強土壤肥力。

霜霉病葉有黑斑，背面似霜，落葉；菌核病表現為爛根、爛莖。在氣溫 20℃左右，較長時間的多雨，濕度大，地力不足，以及受附近杜仲幼林病源的感染，苗圃中也易得上述病。可採用代森銨（鋅）、代森錳鋅、多菌靈噴灑或灌澆。鬆土增加地溫，並加撒 1：4 的草木灰和生石灰粉於株根部，除病株深埋或焚燒，注意田間排水。

（3）除草鬆土　幼苗出土後見草就拔，防止草荒；4 片真葉後就要鬆土鋤草。早鋤能提高地溫，抗衡病源，開始 1～2 遍時要淺鬆，整個苗期鬆土鋤草 4 次，8 月份高溫期只拔草不鬆土。

（4）施肥　苗期施肥要「少吃多餐」，以農家肥和複合肥為佳，施肥要清淡，以每次鬆土後稀澆為宜，碳銨不宜用，以防肥害。苗高 30 公分後即可在雨天撒尿素，每 0.0667 公頃每次用量 4～5 千克。苗高 40 公分後，每隔 15～20 天即可輕撒 1 次尿素。杜仲苗秋期猛長，若肥料跟上，大者當年可長至 100～110 公分高，即可培養出優質苗木。

4. 病蟲害防治

杜仲病害主要有猝倒病、葉枯病、根腐病、猝倒病和葉枯病。在發病初期噴 65%代森鋅可濕性粉劑 500～600 倍液，25 天噴 1 次，根腐病用 70%甲基托布津可濕性粉劑，挖寬 30～45 公分、深 50～70 公分的環狀溝 3～5 條，按 100～150 克／株施入樹冠週邊。結合清園，消除被害樹木，消滅越冬害蟲。

根據刺蛾蟲繭的越冬習性，破壞它的越冬場所，人工消滅越冬蟲繭，方法是冬季擊碎樹幹上的蟲繭，結合耕作挖掘杜仲樹周圍土中的蟲繭。

【造林】

（1）造林地選擇　杜仲造林地最好選擇避風向陽的緩坡，山腳，山坡中、下部及山間臺地土層深厚、疏鬆、肥沃、排水良好的酸性或微鹼性土壤。石灰岩裸露的石山夾縫只要土層深厚也可以栽植。

（2）整地　杜仲造林地要儘量做到全面深翻整地。造林地做成寬 2 公尺以上的梯田，然後在梯田內挖穴，穴為寬 80 公分、深 60 公分的方穴，穴內施放基肥。

（3）造林密度　一般株行距為 1.5 公尺 × 2 公尺，2 公尺 × 2 公尺或 2 公尺 × 3 公尺，每 0.0667 公頃 110～220 株生產實踐證明以 2 公尺 × 2 公尺的株行距最佳。

（4）栽植技術　苗木栽植前根系要帶泥漿，苗木要端立在穴中央，一手扶苗，一手鏟土，然後把苗輕輕往上一提，使苗木根系舒展。栽植深度稍深於苗木原土印，切忌過深，分層回填表土，層層踏實，上覆一層鬆土。

（5）幼林撫育　① 摘除下部側芽：杜仲栽植後要儘早摘去幹莖下部側芽，只留頂端 1～2 個健壯飽滿側芽。在樹木發芽後的第二個月內，應將過多側枝剪掉，只保持 6～8 個側枝為最好。

② 鬆土除草：每年進行 2 次鬆土除草。第一次鬆土除草時間應在 4 月上旬以前進行，第二次宜在 6 月上旬進行。還可結合深翻土地進行林糧間作，以耕代鋤。

③ 追肥：每 0.0667 公頃施肥量是氮肥 8～12 千克、磷肥 8～12 千克、鉀肥 4～6 千克，或每株施用農家肥 25 千克，環狀開溝 15～18 公分，施肥後覆土。

④ 修枝除蘗：杜仲的根蘗萌生能力強，所以要經常對地面上的萌蘗枝和側旁枝及時進行修剪，以促進主幹生長。

【採收加工】　定植 10 年後，選擇粗大的樹幹，在每年的 4～5 月，按所需的長短要求，用鋸將周圍樹皮鋸斷，再以大鉤刀劃一直線，將樹皮剝下。為了保持林源，可在杜仲出土 30 公分以上剝取樹圍的 1 / 3，或在樹圍多留幾塊使樹能繼續生長，過數年之後，樹皮就癒合成原狀。可結合採伐，在離地面 80 公分處向上量，一段一段鋸下，樹皮至剝完為止，不合長度的樹皮、較粗的樹皮及枝條均可藥用。採伐後的樹蔸，仍可發芽更新，培育成新樹。

環狀剝皮法：用刀子齊地面處割 1 / 3 環狀口至木質

部，向上至樹杈處平行地割同樣長的口，再縱割兩刀，用竹刀從縱口處輕輕剝動，使樹皮與木質部脫離，這樣 1～2 年剝 1 次，剝皮處用稻草或薄膜包紮起來，促使樹皮生長。再者在杜仲的主幹上，由上而下留一條寬約 2 公分的杜仲皮，以便輸送水分和營養物質，餘下樹皮全部剝下，迅速用薄膜把剝下皮的杜仲主幹圍緊，3 個月後，剝皮的樹幹長出新皮，第二年 4～5 月去掉薄膜。

將剝下的樹皮用開水燙後放置平地，以稻草墊底，將杜仲皮層層緊實重疊平放，用木板加石頭壓平，四周並以稻草蓋嚴，使之發汗。經 1 週左右，在中間抽出一塊進行檢查，呈紫色者，即可取出曬乾，刮去粗糙表皮使之平滑。也可將定植 4～5 年的杜仲樹葉於 10～11 月採摘，取其葉柄，除去枯葉，曬乾藥用。

厚　朴

【藥用部位】 樹皮、根皮。

【商品名稱】 厚朴。

【產地】 川朴主產於四川、湖北，陝西、甘肅也有分佈。凹葉厚朴分佈於浙江、江蘇、福建、江西、安徽、湖南等省，有野生和栽培。

【植物形態】 別名川朴、紫油厚朴。原植物為木蘭科植物厚朴（川朴）、凹葉厚朴（溫朴）。落葉喬木，高 700～1500 公分。單葉互生，具柄；葉片革質，倒卵形或橢圓狀倒卵形。花單生於幼枝頂端，花被片 9～12 或更多，白色；雌雄蕊均多數。聚合果長橢圓狀卵形、木質，內含種子1～2粒，種皮鮮紅色。花期4～6月，果期8～9月。凹葉厚朴，外形與上述相似，主要區別點在於本種葉片先端凹陷，形成二圓裂。花期4～5月，果期6～8月。

厚朴樹皮含揮發油、含厚朴酚，及其異構體和厚朴酚。此外尚含有三羥基厚朴酚、去氫三羥基厚朴酚、三羥基厚朴醛、木蘭箭毒鹼、氧化黃心樹寧鹼及鞣質。厚朴味苦，性溫，歸脾、胃、肺、大腸經，具有溫中理氣、燥濕健脾、消痰化食的作用。可治腹痛脹滿、反胃嘔吐、宿食不消、痰多喘咳、瀉痢等症。

【生長習性】 厚朴喜歡高山海拔1500公尺左右冷涼濕潤氣候，幼苗期海拔低生長得快，成苗海拔高生長得快，但海拔1700公尺以上時，種子不成熟。凹葉厚朴生長在海拔500公尺左右，幼苗期喜歡半陰、半陽，成苗期喜歡光照充足。土壤宜中性或微酸性沙壤上。忌黏重土壤。

【栽培技術】

1. 選地

選擇土層深厚、疏鬆肥沃的沙壤土。

2. 繁殖方法

（1）種子繁殖 栽培技術得當，田間管理的好，10月份果鱗露出紅色的種子，採下果實，選大果、種子飽滿無病蟲害的留種用。混拌粗沙，除去紅色蠟質，反覆揉搓，趁種鮮播種、育苗。如果春播，裝入麻袋，掛陰涼通風處，忌將果實與種子分離。播種前把種子用棕片包住，放冷水中浸泡2天，用粗沙搓掉種子外面的紅蠟，洗淨種子，播種育苗。種子外運要曬2～3天再裝袋，不能脫粒，否則發芽率降低。育苗地選低山半陰半陽、肥沃的沙質壤土或黃壤或輕壤黏土，1 年即能長 30 多公分高，如果高山育苗，需 2 年多時間。做 100～160 公分寬的苗床，施足基肥，撒播或條播，覆細土約 3 公分輕壓，使種子與細土密接，再蓋薄層稻草。苗出土後，揭去蓋草，並除草。苗高6公分時，施淡人糞尿，注意及時澆水和排水。

移栽：苗高 60 公分左右起苗定植。初春萌發時挖起，起苗時，從畦邊順行深挖，防止斷根。栽前將主根剪短，按行株距 230 公分 × 300 公分，挖好直徑 60 公分左右、深 50 公分左右的穴，栽時使根部伸直，蓋土後壓緊，澆水後再蓋一層疏鬆細土。定植後經常澆水，到苗成活為止。

（2）壓條法　厚朴生長 10 年後，在樹幹基部四周生長多數幼苗，在立冬之前或早春，挖開母株基部的泥土，在與母株著生的近基部從外側用刀橫割深入一半，中下部用手握住，向切口的相對方向攀壓，使樹苗從切口縱裂開 2 公分，裂縫中放置小石塊使其夾住，然後蓋土高出地面 5～6 公分，稍壓、澆水。第二年早春刨開土見割口生根則可截斷移栽。

此外，採收時砍樹幹剝皮，在樹蔸基部冬天堆土次年有大量幼苗萌發，第三年早春即可按前法壓條移栽繁殖，每株樹只能留 1 株苗，生長 10～15 年後又可採伐。

3. 田間管理

定植後經常澆水，至苗成活為止。前 5 年可在林內間套種各種作物，如豆類、菜類、藥材等矮稈植物，做到經常除苗鬆土。每年春天施農家肥料、草木灰、人糞尿或混合施硫酸銨過磷酸鈣。

施肥方法：植株旁邊開穴施入肥料並在樹根部培土。移栽於乾旱地方要注意抗旱保苗。生長15年以上的樹，樹皮還很薄，必要時砍幾刀促進樹皮增厚。

4. 病害防治

根腐病：苗期注意根腐病，發現後拔掉病株，穴位要消毒，防止傳染。栽種時選擇排水良好的地方，雨季注意排水，即可防止根腐病。

【採收加工】 厚朴一般以生長20年左右採皮為好，15年也可以，但年限越長，樹皮品質越好。在5～6月採收為好，如不做壓條繁殖連根挖出，剝下的樹皮，稱為根朴。樹幹部分按30公分長割一段，刮去粗皮，一段段地剝下，再剝樹枝，大筒套小筒，橫放盛器內，防止樹液流出，此稱為筒朴。

厚朴花的採收：每年的5月份左右採下花蕾作藥用。如果作種用，採生長10年左右樹的子作種子，每株僅能留4～5朵花，種子才飽滿，成熟度好。果皮呈紫紅色、果微裂露出紅色種子時採收。

加工：把筒朴夾住放開水鍋中，用水燙淋，至軟為止，用草把兩頭塞住，直立放在木桶或屋子角落處，上面加蓋濕草等物「發汗」24小時，皮斷面呈紫褐色或棕褐色，有油潤光澤，取出分單張用木棒等物撐開曬乾，用甑子蒸軟後即是捲朴。大的兩人用力捲起，捲成兩捲，小的捲成單捲，把兩端紮好、曬乾，晚上收回放成「井」字形，乾後分等級紮捆。根樸不經發汗曬乾即成。

朴花：採回花放在籠中蒸5分鐘，取出用文火烘乾或烘焙至七成乾再曬乾。

黃　柏

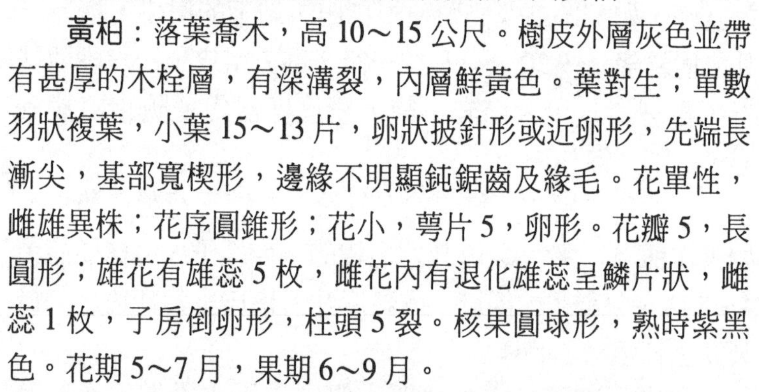

【藥用部位】　樹皮。

【商品名稱】　黃柏。

【產地】　分佈於東北、華北及寧夏等地，陝西、甘肅、湖北、廣西、四川、貴州、雲南等省區亦有。

【植物形態】　別名黃檗、檗木、黃坡欏。原植物為芸香科植物黃柏、川黃柏。

黃柏：落葉喬木，高 10～15 公尺。樹皮外層灰色並帶有甚厚的木栓層，有深溝裂，內層鮮黃色。葉對生；單數羽狀複葉，小葉 15～13 片，卵狀披針形或近卵形，先端長漸尖，基部寬楔形，邊緣不明顯鈍鋸齒及緣毛。花單性，雌雄異株；花序圓錐形；花小，萼片 5，卵形。花瓣 5，長圓形；雄花有雄蕊 5 枚，雌花內有退化雄蕊呈鱗片狀，雌蕊 1 枚，子房倒卵形，柱頭 5 裂。核果圓球形，熟時紫黑色。花期 5～7 月，果期 6～9 月。

川黃柏：與上種的區別為樹皮的木栓層較薄，小葉 7～15 片，長圓狀披針形至長圓狀卵形。花瓣 5～8；雄花有雄蕊 5～6 枚；雌花有退化雄蕊 5～6 枚。花期 5～6 月，果期 6～10 月。

川黃柏含多種生物鹼，主要為小檗鹼，並含有少量的黃柏鹼、木蘭鹼、掌葉防己鹼等。關黃柏含小檗鹼，同時含有藥根鹼、黃柏鹼、木蘭鹼、掌葉防己鹼等，另含黃柏內酯、黃柏酮、黃柏酮酸及油菜甾醇、β－谷甾醇、黏液質等。黃柏味苦，性寒，歸腎、膀胱經，具有清熱解毒，瀉火燥濕等作用。清下焦濕熱、瀉火，治濕熱引起的痢疾、黃膽、白帶、痔瘡便血，陰虛火旺引起的骨蒸勞熱、目赤耳鳴、盜汗、口舌生瘡等，並有抑菌作用。

【生長特性】 黃柏對氣候適應性很強，山區和丘陵地都能生長。苗期稍能耐寒，成年樹喜陽光，喜潮濕，喜肥，怕澇，耐嚴寒。

【栽培技術】

1. 選地整地

選擇山坡、宅旁、路邊濕潤地帶種植，沼澤地、黏土均不宜栽種。育苗地選肥沃濕潤的土地，每 0.0667 公頃施廄肥 2500 千克，翻耕後做 100～120 公分寬畦。幼樹較成年樹不耐嚴寒，寒冷地區育苗地宜選向陽背風地塊。

2. 繁殖方法

生產中多採用種子育苗，也可用萌芽更新及扦插繁殖。種子育苗：10 月下旬，黃柏果實呈黑色，種子即已成熟，採後堆放於房角或木桶內，蓋上稻草，漚 10～15 天後放簸箕內用手搓脫粒，把果皮搗碎，用篩子在清水中漂洗，除去果皮雜質，撈起種子曬乾或陰乾，貯放在乾燥通風處備用。秋播或春播，如春播種子需經沙藏冷凍處理，沙子和種子的比例為 3：1，為了保持一定濕度，少量種子沙藏後可裝入花盆埋入室外土內。種子多時可挖坑，深度 30 公分左右，把種子混入沙中裝入坑內，覆土 2～3 公分，上面再覆蓋一些稻草或雜草。秋播可在 11～12 月或封凍前進行。春播 3～4 月，播種宜早不宜遲，否則出苗晚。幼苗遇到氣溫高的季節，多生長不良。育苗地每 0.0667 公頃施廄肥 2500～5000 千克，育苗時在已做好的畦面按

30～45公分距離橫向開溝，深1公分左右，南方在溝內施稀人糞每0.0667公頃1000～1500千克。然後將種子均勻撒入溝內，每00667公頃播種量2～3.5千克。

播完後用薰土和細土混合蓋種，厚0.5～1公分，稍加鎮壓，澆水，再蓋1層稻草或地面培土1公分，以保持土壤濕潤，在種子發芽未出之前，除去覆蓋物，攤平培高的土，以利出苗。

3. 田間管理

定植後的半月內，注意乾旱適當澆水，以免影響成活。在生長期間，前2～3年每年夏、秋兩季鬆土除草1次，以嫩草作肥料，入冬前施1次廄肥，每株溝施10～15千克，在黃柏未成林前，可以間種玉米或其他作物。

（1）苗期管理　春播後約半月即可出苗，秋播出苗時間比春播稍早，出苗期間，經常保持土壤濕潤。出苗後，如幼苗過密，須及時間苗，在苗高6～10公分時間苗1次，除去小苗和弱苗，每隔1公分留1株，當苗高5～6公分時定苗，株距3～5公分。

（2）追肥　育苗地施肥對黃柏幼苗生長影響較大。據觀察在同一塊地育苗，施肥的一年生植株高30～60公分；不施肥的二年生植株高也只有15～30公分。故一般育苗地除施足基肥外還應追肥2～3次，施稀糞或硫酸銨每0.0667公頃5～10千克。夏季在植株封行時施1次廄肥，每0.0667公頃2500千克，不但增加肥力，且有利保濕防旱。

（3）鬆土、除草、澆水　黃柏幼苗最忌高溫乾旱，在夏季高溫時，若遇乾旱，常因地表溫度升高，幼苗基部遭受損害，植株失水葉片脫落而枯死。所以遇乾旱應及時澆水，勤鬆土，或在畦面鋪草及鋪圈肥。

(4)移栽　育苗1年後，到冬季或第二年春季即可移植。黃柏幼苗根系較發達，長達30～60公分，起苗應選雨後土壤濕潤時進行，連土挖出，儘量少傷根系。移植時剪去根部下端過長部分，按行距100公分挖穴移植，2～3年出圃定植。也有育苗1～2年後，直接定植的。在選好的土地上，按3公尺距離開穴，穴深30～60公分、寬60～100公分，施廄肥每穴5～10千克作底肥，與表土混勻，每穴1株，填土一半時，將樹苗輕輕往上提，使根部展開，再填土至平，踏實澆水，覆一層鬆土。

4. 病蟲害防治

(1) 銹病　是危害黃柏葉部的主要病害，病原是真菌中的一種擔子菌。發病初期葉片上出現黃綠色近圓形邊緣不明顯的小點，發病後期葉背成橙黃色微突起小疱斑，這就是病原菌的夏孢子堆，疱斑破裂後散出橙黃色夏孢子，葉片上病斑增多以致葉片枯死。

根據文獻報導，本病在東北一帶發病重，一般在5月中旬發生，6～7月危害嚴重，時晴時雨有利發病。

防治方法：發病期噴敵銹鈉400倍液，或波美0.2～0.3度石硫合劑，或50%二硝散200倍液，每隔7～10天1次，連續噴2～3次。

(2) 黃鳳蝶　又名鳳蝶，屬鱗翅目鳳蝶科。幼蟲危害黃柏葉，5～8月發生。

防治方法：① 在鳳蝶的蛹上曾發現大腿小蜂和另一種寄生蜂寄生，因此在人工捕捉幼蟲和採蛹時把蛹放入紗籠內，保護天敵，使寄生蜂羽化後能飛出籠外，繼續寄生，抑制鳳蝶發生。② 在幼蟲幼齡時期，噴 90%敵百蟲 800 倍液，每隔 5～7 天 1 次，連續噴 1～2 次。③ 在幼蟲 3 齡以後噴每克含菌量 100 億的青蟲菌 300 倍液，每隔 10～15 天 1 次，連續 2～3 次。

（3）蛞蝓　是一種軟體動物，以成、幼體舔食葉、莖和幼芽。

防治方法：① 發生期用瓜皮或蔬菜誘殺。② 噴 1%～3%石灰水。

【採收加工】　定植後 10～15 年可以收穫。收穫宜在 5～6 月進行，此時植株水分充足，有黏液，容易將皮剝離。先砍倒樹，按長 60 公分左右依次剝下樹皮、枝皮和根皮。樹幹越粗，樹皮品質越好。也可不砍樹，只縱向剝下一部分樹皮，以使樹木繼續生長，即先在樹幹上橫切一刀，再縱切剝下樹皮，趁鮮除去粗皮，至顯黃色為度，在陽光下曬至半乾，重疊成堆，用石板壓平，再曬乾。品質規格以身乾、鮮黃色、粗皮去淨、皮厚者為佳。

徐長卿

【藥用部位】　全草。

【商品名稱】　徐長卿。

【產地】　中國大部分地區均有分佈，主產於華東、貴州、廣西及東北等地。

【植物形態】　徐長卿為蘿藦科多年生草本植物，高 60～80 公分。全株光滑無毛，含白色有毒乳汁。根狀莖短，上生多數細長鬚根，形如馬尾，土黃色，有香氣。莖直立，節間少，少分枝。單葉對生，披針形或條形。圓錐花序頂升或腋生；花多數，花萼5深裂；花冠黃色。蓇葖果角狀，長約6公分，表面淡褐色。種子多數，卵形，暗褐色。花期6～7月，果期9～10月。

徐長卿含牡丹酚、異丹皮酚、β－谷甾醇、硬脂酸、蜂花烷、十六烯等。味辛，性溫，歸肝、胃經。具有祛風化濕、止痛止癢功能。

【生長習性】 徐長卿對氣候的適應性較強，長江南北的山區和平原陽光充足的地方都可正常生長，喜溫暖、濕潤的環境，但忌積水，耐熱耐寒能力強，當溫度30℃以上時仍能正常生長，在－20℃的氣溫下地下根莖也能存活。二年生以上的植株均能開花結實，但結果率較低。種子容易萌發，發芽適溫為25～30℃，發芽率可達90%以上，種子壽命為2～3年。

【種植技術】

1. 選地整地

選擇富含腐殖質、土層深厚、排水良好的肥沃沙質壤土種植為佳。每0.0667公頃施入充分腐熟的農家肥2000～3000千克，加過磷酸鈣30千克作基肥，深翻30公分左右，整平耙細，做高畦，畦寬13公分、長6～10公尺，或視地形而定，畦面呈龜背形，最後因地制宜地開好大小排水溝。

2. 繁殖方法

（1）種子繁殖（育苗移栽） 選二年生以上的成熟、飽滿、發芽率一般在80%以上的子種。春播的播種期在

2～3月，低溫地區多在9～11月秋播。育苗地開130公分寬的高畦，按行距15公分開溝條播，溝深2公分左右，溝底要平，播種溝內撒一層腐熟堆肥粉，並淋入畜糞水，種子用草木灰拌勻，均勻撒於播種溝內，播後再覆蓋一層火燒土或腐殖質土，最後蓋草，保持畦面濕潤。

2～3週後即可出苗，出苗後及時揭去蓋草，齊苗後，可按先後不同的株距進行多次間苗定苗，並及時鬆土、追肥、除雜草。精心培育1年後，在冬季倒苗後至次年春季萌發前小心採挖種栽移栽。株行距22～26公分，每穴2株，栽時使根系伸直，覆土壓實，並淋澆糞水定根。種子育苗繁殖每0.0667公頃播種量為1.5～2.5千克，可移植大田擴種0.534～0.667公頃。

（2）分株繁殖　早春3月將徐長卿的地下根莖挖起，選健壯、色白、節密、無病蟲害的新鮮根莖，將過長的鬚根剪下作藥用，留下長約5公分的根，然後按芽嘴多少，把根莖剪斷，將母蔸分開，分成數株，每株保留芽嘴1～2個。栽種方法與育苗移栽相同，每0.0667公頃大田需栽根莖45～80千克，每0.0667公頃母本田的種根莖可移栽0.667公頃左右大田。

3. 田間管理

（1）間苗補苗　育苗地播種後20～25天出苗，齊苗後當苗高3公分左右開始間苗，以後陸續進行2～3次，當苗高7～10公分時採取錯株留苗的方法進行定苗，株距6～10公分、行距15公分左右。間苗時發現缺苗，要及時補植。

（2）中耕除草　在整地前1週，用除草劑噴灑地面後再整地開溝播種。在出苗前於畦面上覆蓋一層生土或火燒土。苗期氣溫較低，植株生長緩慢，但雜草對苗期徐長卿危害尤重，必須抓緊時機在封行前（苗高 15～20 公分）鬆土除草 2～3 次。鬆土時近植株處淺鬆，行間可深些，以免傷根，要保護好幼苗，防止被土塊壓迫，更不可碰傷苗莖。雨後土壤板結也應及時鬆土。

（3）培土壅蔸　定植幼苗成活後，待苗高 20 公分時，將家畜糞與火燒土或其他不帶雜草種子的肥土混合敲碎，蓋住植株蔸部，厚度不超過 3 公分，可促進植株地下部分生長，提高產量。

（4）合理追肥　除整地前施足基肥外，必須適當追肥 2～3 次。第一次在清明前，當苗高 3～6 公分時，每 0.0667 公頃用 1500 千克淡人畜糞水（或尿素 4 千克對水）施於根部，以促進幼苗生長；第二次在 5 月上中旬，要氮磷鉀肥並施，每 0.0667 公頃用優質三元複合肥 8～12 千克加腐熟餅肥粉 25 千克混勻，離苗 10 公分處穴施，以滿足植株分枝增葉的需要；第三次在芒種前後，採取看苗施肥法，一般以腐熟的人畜糞水、沼氣肥液等農家有機肥為主。每次追肥都要結合中耕除草進行。此外，若用磷酸二氫鉀溶液等微肥激素對植株進行根外追肥 2～3 次，能提高植株的抗病、抗倒伏能力並提高產量。

（5）排、灌水　種子發芽後要注意淋水，使土壤濕度適中。遇乾旱應及時澆水抗旱，防止植株乾枯死亡；雨季雨水集中時，要防止積水爛根，應注意適時清溝排水。

（6）搭架　順畦溝走向每隔 6 公尺豎 2 根竹竿或木樁（木樁高約 120 公分），在離畦面高 25 公分、45 公分、

65 公分處，各拉 2 道布條或塑膠繩，將欲倒伏的苗倚於繩的兩側固定住。適時搭架解決徐長卿容易倒伏而導致產量低的難題，促使植株正常生長分枝，增加分枝數，使莖稈增粗，提高植株高度，從而提高產量。

（7）留種　種田應加強管理，避免植株過早倒伏，開花前期用磷酸二氫鉀進行根外追肥，或花期適當噴灑複合坐果靈，可有效地提高坐果率，促進種子生長健壯。果實一般在 9 月份成熟，因其蓇葖果成熟後會自動開裂，種子即隨風飄落，故應及時採收，當蓇葖果呈黃綠色，將要開裂時，分期、分批及時採收。將採收的果實置匾內揉搓，除去果殼和種纓，選擇成熟、飽滿、呈褐色的種子放乾燥陰涼處保存，或用牛皮紙袋和布袋貯藏。貯藏期間注意勤翻曬，以防大穀盜成蟲與幼蟲咬食種子。

4. 病蟲害防治

（1）根腐病　受害根呈黑色腐變。一般於 5 月初開始發生，6～7 月發病嚴重，能一直延續到 10 月底，排水不良或地勢低窪有利於發病。

防治方法：雨季及時排水、鬆土，減少地面株間濕度；發現病株及時拔除，病穴用石灰處理，防止蔓延。藥劑可用 50%多菌靈 500 倍液、70%土菌消 500 倍液，或用 58%瑞毒黴可濕性粉劑 600 倍液、25%根腐靈可濕性粉劑 500 倍液、75%百菌清可濕性粉劑 600 倍液澆灌植株根部，以減輕危害。

（2）蟲害　主要有蚜蟲和蛴象，主要危害幼嫩植株的莖葉和刺吸果汁。

防治方法：每 0.0667 公頃用 40%氧化樂果 2000 倍液

噴灑，或用20%的速滅殺丁20毫升對水50千克稀釋噴灑植株，7天1次，連續2～3次。

【採收加工】 分株繁殖的徐長卿栽後當年即可採挖。用種子繁殖的2年後採挖。將不需留作種根的，連根掘起，洗淨泥土，曬乾即可。需留作種秧的，在秋、春季將其莖葉和根分別採收。採收後的莖葉，去淨泥土、雜質，曬至半乾後紮成小把，再曬乾或陰乾。

採根一般在次年早春結合播種進行，剪取種根留作種秧用，剩下的根洗淨去雜質、曬乾作藥材出售。乾燥的全草莖葉灰綠色；乾燥根及根莖為深褐色，質脆易斷。以乾燥、肥大、色正、無雜質、氣味濃者為佳品。

荊　芥

【藥用部位】 全草。

【商品名稱】 荊芥。

【產地】 主產於江西、江蘇、浙江、四川、河南、河北等省，中國大部分地區有栽培。

【植物形態】 荊芥為唇形科植物荊芥乾燥地上部分，又名香荊芥，其花序稱荊芥穗。一年生草本，株高70～100公分，有強烈香氣。莖直立，四棱形，基部帶紫紅色，上部多分枝。葉對生，基部葉有柄或近無柄，羽狀深裂為5片；中部及上部葉片無柄，羽狀深裂為3～5片；裂片線形至線狀披針形，全緣，兩面均被柔毛，下面具下凹小腺點，葉脈不明顯。輪傘花序，多輪，密集於枝端，呈穗狀；花小，淡紫色，花

冠2唇形；雄蕊4，2強；花柱基生，2裂。小堅果4，卵形或橢圓形，表面光滑，棕色。花期6～8月，果期7～9月。

荊芥全草及穗含揮發油，油中主要成分為右旋薄荷酮、消旋薄荷酮、左旋胡薄荷酮及少量右旋檸檬烯等。味辛，性微溫，入肺、肝經，具發表、散風、透疹之功能，炒炭有止血作用。

【生長習性】 荊芥對氣候、土壤等環境條件要求不嚴，中國南北各地均可種植。喜溫暖、濕潤氣候及日光充足、雨量充沛的環境。對土壤要求不嚴，但土質黏重、地勢低窪積水地不宜種植。種子發芽適溫為15～20℃，種子壽命為1年。幼苗能耐0℃左右的低溫，-2℃以下則會出現凍害。忌乾旱，忌連作。

【栽培技術】

1. 選地整地

宜選較肥沃濕潤、排水良好的沙壤土種植。地勢以陽光充足的平坦地為好。荊芥種子細小，整地必須細緻，同時施足基肥，每0.0667公頃施農家肥2000千克左右，然後耕翻深25公分左右，粉碎土塊，反覆細耙，整平，做成寬1.3公尺、高約10公分的畦。

2. 繁殖方法

種子繁殖、直播或育苗移栽。一般夏季直播，而春播採用育苗移栽。

（1）**直播** 5～6月，麥收後立即整地做畦，按行距25公分開0.6公分深的淺溝，將種子均勻撒於溝內，覆土擋平，稍加鎮壓。每0.0667公頃用種子0.5千克。也可秋播，但秋播占地時間較長，一般少採用。播種方法也可採用撒播。

（2）育苗移栽　春播宜早不宜遲。撒播，覆細土以蓋沒種子為度，稍加鎮壓，並用稻草蓋畦保濕。出苗後揭去覆蓋物，苗期加強管理，苗高6～7公分時，按株距5公分間苗，5～6月苗高15公分左右時移栽大田，株行距為15公分×20公分。

3. 田間管理

（1）間苗、補苗　出苗後應及時間苗，直播者苗高10～15公分時，按株距15公分定苗，移栽者要培土固苗，如有缺株，應及時補苗。

（2）中耕除草　結合間苗進行，中耕要淺，以免壓倒幼苗。撒播者，只需除草。移栽後，視土壤板結和雜草情況，可中耕除草1～2次。

（3）追肥　荊芥需氮肥較多，但為了稈壯穗多，應適當追施磷、鉀肥，一般苗高10公分時，每0.0667公頃追施人糞尿1300千克，20公分高時施第二次，第三次在苗高30公分以上時，每0.0667公頃撒施腐熟餅肥60千克，並可配施少量磷、鉀肥。

（4）排灌　幼苗期應經常澆水，以利生長，成株後抗旱能力增強，但忌水澇，故如雨水過多，應及時排除積水。

4. 病蟲害防治

（1）根腐病：高溫積水時易發生。防治方法參見丹參。

（2）莖枯病：危害莖、葉和花穗。

防治方法：清潔田園，與禾本科作物輪作；每 0.0667 公頃用 200 千克堆製的菌肥耙入 3～4 公分的土層。蟲害有地老虎、銀紋夜蛾等。

【採收加工】 春播者，當年 8～9 月採收；夏播者，當年 10 月採收；秋播者，翌年 5～6 月才能收穫。當花穗上部分種子變褐色，頂端的花尚未落盡時，於晴天露水乾後，用鐮刀從基部割下全株，曬乾，即為全荊芥，如只收花穗，稱荊芥穗，去穗的秸稈稱荊芥秸。全荊芥以色綠莖粗，穗長而密者為佳。荊芥穗以穗長、無莖稈、香氣濃郁、無雜質者為佳。

薄　荷

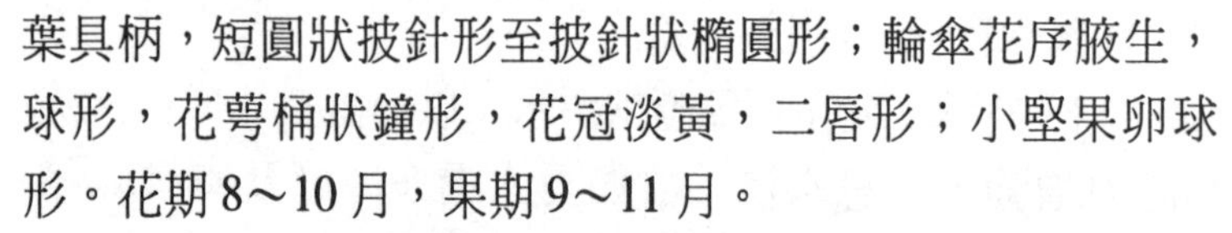

【藥用部位】 全草。

【商品名稱】 薄荷。

【產地】 中國各地均產。

【植物形態】 薄荷，別稱蘇薄荷、南薄荷。唇形科多年生草本香花植物。莖高 30～60 公分，銳四棱形；單葉對生，葉具柄，短圓狀披針形至披針狀橢圓形；輪傘花序腋生，球形，花萼桶狀鐘形，花冠淡黃，二唇形；小堅果卵球形。花期 8～10 月，果期 9～11 月。

薄荷莖和葉含揮發油，稱薄荷油，油中主要含 L- 薄荷腦，其次為 L- 薄荷酮及薄荷酯等。溫度稍低時即析出大量無色薄荷腦晶體。葉尚含蘇氨酸、丙氨酸、谷氨酸、天冬酰胺等多種游離氨基酸。味辛，性涼，歸肺、肝經，具有宣散風熱、清利頭目、透疹功能。另外，薄荷含有十分豐富的蛋白質、礦物質、碳水化合物等營養成分及醫藥成分和芳香物質。嫩莖葉可做清涼飲料、糕點，提取薄荷油，其中的薄荷腦是糖果、飲料、食品、醫藥、日用化學工業的重要添香原料。

【生長習性】 薄荷喜陽光充足、溫暖濕潤的環境。較耐高溫，在日平均氣溫30℃以上時，能正常生長；地上部分不耐寒；在年降雨量1100～1500毫米地區生長發育良好。生長前、中期需水量較大，後期較少。一般土壤均適宜生長，以沙質壤土為宜。

【栽培技術】

1. 選地整地

以平坦向陽、肥沃、近水源、排灌良好、pH5.5～6.5的微酸性沙壤土栽培最好，在光照不足、易旱、易漬水的地生長不良。薄荷不宜連作，一般栽後空閒3年才能再種植。薄荷根入土集中在30公分深處，種植前進行深耕除草，每0.0667公頃施腐熟堆肥、土雜肥、過磷酸鈣、骨粉等3000～5000千克作基肥，耕翻入土，然後整地播種。

2. 品種選擇

薄荷栽培品種很多，生產上常用的有青莖圓葉（青薄荷）與紫莖紫脈（紫薄荷），兩者含油量均高，尤以紫薄荷含油量高，香氣濃，抗旱力強。

3. 繁殖方法

薄荷主要採取根莖和分株繁殖，也可扦插與種子繁殖。

（1）根莖繁殖　一般在10月下旬或3～4月進行，以秋繁發根快，生長分蘖早。將母株地下根莖挖出，選用白色、新鮮、粗壯、節短的作種。清除老根、黑根，按行距24公分開深6～10公分的溝條植，或將根莖剪切成6～10公分的小段，按15～20公分株距在溝內縱擺，施入稀薄人糞尿後覆土。種莖要隨挖隨栽隨覆土，以防失水乾枯，提高成活率。一般每0.0667公頃需種根莖100～150千克。

（2）分株繁殖　於秋季薄荷地上莖葉收穫後，迅速對其地塊進行中耕、除草、施肥，促進萌芽分蘖，翌年4～5月苗高6～15公分時，挖出老株分蔸，按行株距21公分×15公分移栽，每穴栽2個單株苗，施人糞尿作種肥，培土壓根。

4. 田間管理

加強中耕鬆土、除草，保持土壤的疏鬆透氣。合理施肥：每次收穫中耕後及時追肥，苗期以氮肥為主，薄肥勤施，促早生快發；分枝期增加施肥量，氮、磷、鉀搭配，提高枝葉產量；後期增施磷、鉀肥，改善品質。防旱排澇：乾旱季節適時灌水防旱，雨季加強排水防漬。維持土壤的濕潤，是實現薄荷優質高產的關鍵。

5. 病蟲害防治

主要病害有銹病、白星病。對銹病，可由降低田間濕度、發病初期噴施25%粉銹寧進行防治。白星病又稱斑枯病，5～10月發生，可在發病初期使用1：1：200波爾多液或65%代森鋅噴灑防治。害蟲有小地老虎、銀紋夜蛾、蚜蟲、尺蠖等，防治方法如前。

【採收加工】　薄荷主要收穫地上莖葉藥用或提取薄荷油、薄荷腦。1年可收穫2次。第一次在7月，不晚於大暑；第二次在10月。適宜收穫期在開花3～5輪的初花期，這時薄荷葉厚，邊緣反捲下垂，薄荷油、薄荷腦含量最高。搶晴天上午10時至下午3時收割，齊地割取地上莖葉。作藥用的及時陰乾或曬乾即可，但在乾燥過程中，要防止雨露與堆漚，以免霉爛變質。用於提取薄荷油的，可直接進行浸提或蒸餾加工，以第一次收穫的莖葉含油量較高，品質最好。

半枝蓮

【藥用部位】 全草。

【商品名稱】 半枝蓮。

【產地】 主產於江蘇、江西、福建、廣東、廣西等省區，其他省份也有分佈。

【植物形態】 半枝蓮為唇形科植物半枝蓮的乾燥地上部分，又名並頭草、趕山鞭、牙刷草。多年生草本，株高30～40公分。莖下部匍匐生根，上部直立。莖方形、綠色。葉對生，葉片三角狀卵形或卵圓形，邊緣有波狀鈍齒，下部葉片較大，葉柄極短。花小，2朵對生，排列成偏側的總狀花序，頂生；花梗被黏性短毛；苞片葉狀，向上漸變小，被毛。花萼鐘狀，外面有黏柔毛，二唇形，上唇具盾片。花冠唇形，藍紫色，外面密被柔毛；雄蕊4，2強；子房4裂，柱頭完全著生在子房底部，頂端2裂。小堅果卵圓形，棕褐色。花期5～6月，果期6～7月。

半枝蓮全草顯生物鹼、黃酮類（有黃芩素、黃芩素甙）紅花素、甾類、鞣質的反應。具清熱解毒、活血祛瘀、消腫止痛、抗癌等功能。

【生長習性】 半枝蓮喜溫暖濕潤的氣候，對土壤條件要求不高。野生多見於溝旁、田邊及路旁潮濕處。過於乾燥的土壤不利生長。種子容易萌發，發芽適溫為25℃。種子壽命為1年。

【栽培技術】

1. 選地整地

以疏鬆、肥沃的沙質壤土或壤土為好，翻耕，同時每0.0667公頃施入農家肥2000千克作基肥，耕細整平，做成1.3公尺寬的畦。

2. 繁殖方法

（1）種子繁殖 多直播，時間於9月下旬至10月上旬，條播或穴播。條播按行距25～30公分開溝，溝深4公分左右；穴播按穴距27公分左右開穴。播種時，先將種子撒入混有畜糞水的草木灰裏，拌成種子灰，再均勻地撒入溝內或穴內，覆1層細土或草木灰，播後約20天即可出苗。每0.0667公頃用種子300～400克。是主要的繁殖方法。

（2）分株繁殖 春夏進行。將植株老根挖起，選健壯、無病蟲害植株進行分株，每株有苗3～4根，按穴距27公分左右穴栽，栽後澆水。

3. 田間管理

（1）間苗、補苗 直播的在苗高5～7公分時按株距4～5公分進行間苗，同時進行補苗，補苗應帶土移栽，栽後澆水。

（2）中耕除草 出苗即行中耕除草，以後每次收割後都應及時進行。

（3）追肥　結合中耕除草，每次每 0.0667 公頃追施 1300～2000 千克人畜糞水。半枝蓮一般栽培 3～4 年後，植株衰老，萌發能力減弱，必須進行分株另栽或重新播種。

4. 病蟲害防治

半枝蓮在生長過程中，幾乎無病害發生，花期易發生蚜蟲和菜黑蟲危害。前者可用樂果防治，後者可用 50%的敵敵畏 1000 倍液噴霧防治。

【採收加工】　用種子繁殖的，從第二年起，每年 5、7、9 月都可收割 1 次。分株繁殖的，當年 9 月收穫 1 次，以後每年也可收割 3 次。收時用鐮刀齊地割取全株，揀除雜草，捆成小把，曬乾或陰乾即可。

【留種技術】　5～6 月，種子逐漸成熟時分批採收果枝，曬乾或陰乾，搓出種子，簸淨莖稈、雜質，置布袋中，於乾燥處貯藏。

廣　藿　香

【藥用部位】　全草。

【商品名稱】　廣藿香。

【產地】　主產中國南方各省。

【植物形態】　別名土藿香。原植物為唇形藿香屬植物藿香。多年生直立草本，高 60～200 公分，有芳香氣。莖四棱形，上部被極短的細毛。葉對生，具長柄，葉片心狀卵形至矩圓狀披針形，長 12～13 公分，寬 1～10 公分，先端短漸尖或銳尖，邊緣具鈍鋸齒，葉面無毛或近無毛，散

生透明腺點，背面披短柔毛。輪傘花序多花，在主莖或側枝的頂端密集成假穗狀花序，長3～19公分；苞片闊線形或披針形；花萼筒狀，5裂；花冠唇形，淡紫紅色。小堅果卵狀短圓形，褐色。花期4～5月。但少見花果。

藿香乾草及乾葉含揮發油，油中主要成分為廣藿香醇，尚含少量苯甲醛、丁香酚、桂皮醛等。味辛，性微溫，歸肺、脾、胃經，具有解暑袪濕、行氣和胃功能。主治風寒感冒，嘔吐泄瀉，胃寒疼痛，噁心作嘔，暑熱引起的發熱頭痛、胸悶等症。藿香是臨床常用藥，治四時感冒特好，對流感效果也很好，是藿香正氣丸的主要成分。

【生長習性】 藿香喜歡生長在溫暖的環境，對土壤要求不嚴，一般土均能生長，以沙質壤土為好，忌低窪地。比較耐寒，根在北方能越冬，第二年返青長出藿香，地上部不耐寒，霜降後大量落葉，大雪葉子落光，地上部枯死。

【栽培技術】

1. 選地整地

選擇肥沃沙質壤土，地勢平，不能選擇低窪地，地選好後要深翻，每0.0667公頃施圈肥2500千克左右，整平耙細，做畦寬120公分左右。

2. 繁殖方法

作為種用的藿香應採當年播種的藿香種子。9月份左右採下飽滿的種子作為種用，按行距24～30公分劃3～4公分深的小淺溝，把種子均勻撒入溝內，覆土，整平。天旱要澆水，北方4月份播種，南方秋播（9～10月），當年出苗，生長時間長，產量高，春播產量較低。

3. 田間管理

（1）間苗補苗　當苗高 3 公分時，按株距 10～12 公分間去過密的苗子，缺苗要補栽，選擇陰天栽植，澆稀薄糞水。穴播的藿香每穴留 3～4 株。

（2）中耕、施肥、灌溉　要中耕除草 2～3 次，苗高 30 公分進行基部培土，施人糞尿和腐熟的糞肥為主，或每 0.0667 公頃施硫酸銨 10～13 千克，施完要澆水。第二次施肥 8 月份，方法同上（藿香為喜肥作物）。清理溝道，遇到連雨季節要疏通溝道，防止積水爛根。

4. 病蟲害防治

（1）角斑病　由真菌引起，主要危害葉片，多發生在雨季。5～6 月份在葉的正面形成圓形、近圓形的病斑，中間淡褐色，邊緣暗褐色，上面生淡黑色霉狀物，潮濕雨季嚴重。

防治方法：立即摘去病葉燒毀，實行輪作。發病噴 1：1：120 波爾多液。

（2）紅蜘蛛　是藿香常見的害蟲，6～8 月天旱、高溫、低濕發生嚴重。紅蜘蛛集中在葉背面吸汁液，受害部位初期出現黃白色小斑，逐漸在葉面可見較大的黃褐色焦斑，最後全葉變黃脫落。

防治方法：收穫時把落葉燒掉；早春消除田埂、溝邊和路旁雜草，發病後用 40%樂果乳劑 2000 倍液噴殺。收前半個月停藥，免去藥材上的殘毒。

【採收加工】　南方有用鮮藥的習慣，6 月初至 9 月中旬，將藿香割下，把中部以上的枝葉趁鮮入藥，清暑熱效果較好。一般的藿香在 7 月中下旬花序尚未出現時收割。不能過早和過遲，過早香氣差，過晚下部的葉子越來越少，影響品質。選晴天齊地面割取全株，晾乾或迅速曬乾，烤乾，打捆，包裝貯運，放置於乾燥處。防止受潮，發霉和蟲蛀。現在有的藥廠用純葉製中成藥。從6月中旬開始，分期分批採植株下邊的老葉，每次採摘不要過多，7月下旬全株割下，再全部將葉採下，梗不要，葉子曬乾除去雜質。

紫　　蘇

【藥用部位】　果實、葉。

【商品名稱】　紫蘇子，紫蘇葉，紫蘇梗。

【產地】　中國各地均有栽培。

【植物形態】　紫蘇為唇形科，紫蘇屬，一年生草本植物，莖高30～200公分，有長柔毛，葉片有柄，寬卵形或圓卵形；輪傘花架2花，頂生和腋生；花萼鐘狀，花冠紫紅色或粉紅色至白色；小堅果近球形。花期6～8月，果期8～10月。

紫蘇根、莖、葉和種子均可入藥。莖葉含揮發油，油中主要成分為L-紫蘇醛，具特殊香氣；其次尚含左旋檸檬烯，α-蒎烯、欖香素、紫蘇酮等。紫蘇子味辛，性溫，歸肺經，具降氣消痰、平喘、潤腸功能。紫蘇葉味辛，性溫，歸肺、脾經，具解表散寒、行氣和胃功能。嫩枝嫩葉具特異芳香，可作調味佐料和蔬菜食用，是優良的出口創匯蔬菜。

【生長習性】 紫蘇喜陽光充足、溫暖濕潤的氣候，怕寒冷。種子發芽的適宜溫度為 18～20℃。對土壤要求不嚴，但以排水良好、疏鬆肥沃的沙質壤土、壤土較好。

【栽培技術】

1. 選地整地

各類土壤都可栽培紫蘇，以 pH6～6.5 的壤土和沙壤土栽培為好。大田基肥以有機肥為主，每 0.0667 公頃施腐熟垃圾肥 5000 千克、糞肥 3000 千克或雞羊糞 1500 千克、複合肥 100 千克。土壤翻耕曬垡整細耙平後做畦，畦面寬 90 公分，畦溝寬、深各 30 公分。

2. 繁殖方法

（1）播種育苗　選用日本的食葉紫蘇或國內的大葉紫蘇品種。選擇表土不易板結、通氣保水性好、含腐殖質較高的肥沃土壤做苗床。每 0.0667 公頃苗床先於地表均勻施用腐熟的雞羊糞 200 千克或濃人糞尿 400 千克。翻入土內，曬垡10 天後，再撒施複合肥 5 千克、尿素 2 千克作底肥。肥土混勻耙平整細後做床，床高 15 公分，長寬視地形和操作方便而定。3 月中下旬播種，播種前在床面噴灑 300 倍除草通藥液除草。噴藥後 4 天播種，將種子均勻地撒在床面上，覆蓋薄土和稻草，澆足水，平覆或架設小拱棚蓋膜壓平即可。

（2）苗期管理　育苗期間，施淡人糞尿 2～3 次，間苗 3 次，定苗苗距 3 公分左右。為防止幼苗徒長和土壤濕度過大，需經常揭膜換氣。苗齡 45 天左右移栽。

（3）移栽定植　4 月底至 5 月初定值，每畦栽 6 行，株行距 15 公分 × 15 公分，每 0.0667 公頃栽 1.5 萬～2 萬

株。為消滅雜草和防止地老虎危害幼苗，定植前3天可用除草劑噴灑土表並用糠麩和500倍液的敵百蟲灑在畦面誘殺。

3. 田間管理

（1）摘葉打杈　紫蘇定植20天後，對已長成5莖節的植株，應將莖部4莖節以下的葉片和枝杈全部摘除，促進植株健壯生長。

摘除初茬葉1週後，當第5莖節的葉片橫徑寬10公分以上時即可開始採摘葉片，每次採摘2對葉片。並將上部莖節上發生的腋芽從莖部抹去。5月下旬至8月上旬是採葉高峰期，可每隔3～4天採1次。9月初，植株開始生長花序，此時對留葉不留種的可保留3對葉片摘心、打杈，使其達到成品葉標準。全年每株紫蘇可摘葉36～44片，每0.0667公頃可產鮮葉1700～2000千克。

（2）施肥、澆水　幼苗栽植成活後，每隔半月根際追肥1次，每次每0.0667公頃大田施人糞尿2500千克或尿素10千克。為加速葉片生長，提高葉片品質，每月用0.5%尿素液根外追肥1次。生長期間如遇高溫乾旱，早晚要澆水抗旱。

4. 蟲害防治

危害紫蘇的害蟲主要有葉蟎、蚜蟲、青蟲和蚱蜢等，可選擇80%敵敵畏乳油800～1000倍液、60%速滅殺丁乳劑10000倍液等進行防治，噴藥時間應在每批葉片採摘後進行。

【採收加工】　採收紫蘇葉：夏季枝葉茂盛未開花前選擇晴天採收，除去雜質，將植株倒掛在通風背陰地方陰乾，或曬乾。採收紫蘇子：秋季果實成熟時採收，去除雜質，曬乾。

穿 心 蓮

【藥用部位】 全草。

【商品名稱】 穿心蓮。

【產地】 主產廣東、廣西、福建等省，南方各地均有栽培。華中、華北、西北等地也有引種。

【植物形態】 別名欖核蓮、一見喜、圓錐藥草等。原植物為爵床科植物穿心蓮，多年生草本，高 50～100 公分。莖直立，有棱，多分枝，節呈膝狀膨大。單葉對生，近無柄，葉披針形或尖卵形，先端漸尖，基部棱形；邊全緣或淺波狀，葉柄短或近於無柄。圓錐花序頂生或腋生；花小，淡紫白色，二唇形，上唇內面有紫紅色花斑；雄蕊 2 枚；子房上位，2 室。蒴果線狀長橢圓形，表面中間有一條縱溝，成熟時紫褐色，種子多數。花期 7～10 月，果期 8～11 月。

穿心蓮主要含二萜內酯類化合物，以穿心蓮內酯、新穿心蓮內酯、去氧穿心蓮內酯、脫水穿心蓮內酯為主，其中穿心蓮內酯含量最高。味苦，性寒，歸肺、心經，具有清熱解毒、消炎、消腫止痛作用。主治細菌性痢疾、尿路感染、急性扁桃體炎、腸炎、咽喉炎、肺炎和流行性感冒等，外用可治療瘡癤腫毒、外傷感染等。

【生長習性】 穿心蓮喜溫暖濕潤氣候，怕乾旱，如果長時間乾旱不澆水，則生長緩慢，葉子狹小，早開花，影響產量。種子最適宜溫度 25～30℃和較高的濕度，要有

良好的通氣條件。

苗期怕高溫，超過35℃，烈日暴曬，出現灼苗現象，故苗期注意遮陰，降低土壤溫度。苗床通風，植株生長最適溫度25～30℃，溫度27℃左右，有足夠的雨水，植株迅速生長，枝葉繁茂，當氣溫下降到15～20℃，生長緩慢，0℃或霜凍植株枯萎。成株喜光，喜肥，在生長季節，多施氮肥，配合好澆水、排水是豐產的關鍵。

【栽培技術】

1. 選地整地

選擇肥沃、平坦、排灌方便、壤土疏鬆、光照充足的土地種植。忌高燥，瘦地和過沙的地，也可在幼齡果樹林行間種植。地選好後，要翻地做畦。加上排水道寬130～150公分，一條深溝道20公分深，一條淺溝道12公分深，田四周開30公分深的邊溝，溝溝相通，排水方便，天旱時堵塞溝，雨多時作排水用。

作藥材用的地，於行間開6～10公分溝，施入腐熟堆肥、人糞或氨水為基肥（氨水在栽前3天施），每0.0667公頃用氨水75千克，對水2500千克，澆溝裏，覆土整平。

2. 繁殖方法

（1）育苗　用種子育苗移栽或直播和扦插繁殖方法。南方北方均用育苗移栽方法，直播因早春溫度低，出苗遲，產量低，不利於生長。但在北方育苗是採用火炕育白薯秧的方法育苗。

播種3～4月份，播前種子處理，方法比較多，用沙磨、溫水浸種和曬種等法。用沙子拌種，在水泥地上用磚頭輕輕摩擦，至種皮失去光澤，蠟質層部分磨損即可，磨得太過易傷種子。用冷水或溫水浸種 12 小時，時間不能過長，否則易亂種。把種子曬 3～4 天，直接播或曬後再浸種。種子出苗的關鍵是合適的溫度和濕度。

育苗地要求秋收後深翻風化，育苗前兩週施腐熟大糞作基肥，翻土，耙細整平，做畦寬 150 公分左右。播前選晴天，育苗床深灌，待水滲後，撒一層過篩的細土，把種子播入，覆薄層細土以蓋住種子為標準。上面再蓋 1 層鋸末或粉碎的樹葉，保持土壤濕潤，防止板結再蓋薄膜，夜間蓋草簾或蒲席，保溫。

（2）苗床管理　控制好溫濕度，出苗前保持苗床濕潤，表土不能乾燥發白，因種子在苗床表面，如果乾燥，新發出的小芽得不到水分，易枯乾。如果表土乾燥，上午 9～10 點，把薄膜揭開用噴壺在畦面灑水，一般澆 3～4 次水就出苗了。苗出齊後，灑水次數減少，防止猝倒病。

苗床溫度保持在 25～30℃，溫度過高，揭開薄膜，注意通風，先揭小縫，逐漸加大。中午陽光強烈時床面蓋葦席。溫度達到 17～20℃，出苗 50%～70%時，揭開覆蓋物，對苗進行鍛鍊。適當控制水分，每隔 5 天噴淋薄的腐熟糞水，去掉糞渣，濃度逐漸增加，促進幼苗生長，使根系發育良好，以適應移栽後的大田環境。

（3）移栽　當苗長 6 公分左右、長出 3～4 片真葉時移栽，栽前一天苗床澆水便於帶土起苗，成活率高。選陰天或傍晚進行，按行株距（24～30）公分 ×（15～25）公分，每 0.0667 公頃栽 7000～13000 株。作種子地行距 45～60 公分，株距 30～45 公分，栽後均馬上澆水。南方栽後 1 天澆 2 次水，北方澆 2 次水，接著淺鬆土，苗緩的不好，

再澆1次水，緩苗期間土壤一定要濕潤和疏鬆。

（4）間套作　穿心蓮可以和許多植物套種，6月份移栽可種在黃瓜架下。穿心蓮畦埂上可種芥菜、蘿蔔，行間還能套種地丁。套種方法是9月上旬隔行把穿心蓮割下入藥，套種地丁。穿心蓮移栽前再種一茬小蘿蔔、小白菜、油菜或豌豆。

3. 田間管理

追肥：商品用的穿心蓮需多施氮肥，以人糞尿為主，定植10天後澆1次，每0.0667公頃施人糞尿500千克，對水1500千克，以後半個月1次，每0.0667公頃施濃糞尿2000千克。封壟後不澆，以後澆人糞尿，要在採收完葉後進行，萬不能澆後即採葉。田間保持濕潤，北方6~8月份更要注意溫度和田間管理，作商品的地要經常早晚澆水，鋤苗易淺鋤，切記別傷根。植株旁邊的草用手拔，雨季注意排水，以免傷根、亂根。

要想獲得豐產的關鍵是適當提早育苗，早定植，延長生長期。合理密植，多栽時加強管理，保證全苗，特別要注意7~8月份田間管理，多施肥，勤澆水，雨季注意排水。

4. 病蟲害防治

（1）猝倒病　又稱立枯病，俗稱「爛秧」。是由真菌引起的，幼苗期發生普遍，當長出2片真葉時，危害嚴重，使幼苗莖基部發生收縮，得病的幼苗出現灰白色菌絲，發病初期在苗床內零星發生，傳播很快，一個晚上就會出現成片死亡。發病原因是土壤濕度大，苗床不通風，陰雨天和夜間發病比晴天和白天嚴重。

防治方法：出苗後減少澆水，澆早水，苗床四周通風，特別注意晚上和陰雨天的通風，降低土壤溫度，加強光照。發病初期用 1：1：120 波爾多液噴灑，也可用 50% 托布津可濕性粉劑 1000 倍液噴霧。

（2）**枯萎病**　該病是真菌中的鐮刀菌引起的病害，主要危害根及莖基部，6～10 月幼苗和成株都能發生。幼苗期發生，若環境潮濕，在莖的基部和周圍地表出現白色綿毛狀菌絲體。一般局部發生，發病初期，植株頂端嫩葉發黃，下邊葉仍然青綠，植株矮小，根及莖基部變黑，全株死亡。

防治方法：育苗地禁選低窪地，灌溉時不澆大水，不積水，不重茬，不傷害植物（有傷口易接種鐮刀菌），禁止和易得枯萎病植物輪作。

（3）**黑莖病**　易侵害成株，在莖基部和地面部位發生，表現為長條狀黑斑，向上下擴展，造成莖稈抽縮細瘦，葉變黃綠下垂，邊緣向內捲，嚴重時植株枯死。黑莖病多發生在 7～8 月份高溫多雨季節。

防治方法：加強田間管理，疏通排水溝，防止地內積水，增施磷、鉀肥。

（4）**疫病**　由真菌中的一種藻狀菌引起，高溫多雨季節發生。表現為葉片上水漬狀病斑，暗綠色，葉片萎縮下垂，像開水燙過一樣。

防治方法：用 1：1：120 波爾多液或敵克松 500 倍液噴霧防治（應在晚上或陰天用），防強光照射。

（5）**螻蛄**　多在春天發生，咬斷幼苗，造成死亡。

防治方法：人工捕捉，誘餌毒害。用 90%晶體敵百蟲

100克加少量水溶解後，與50千克炒香的棉子或菜子餅拌勻，做成小團，在床四周每隔1天放1個誘殺。

（6）棉鈴蟲　主要危害種子，吃掉嫩種粒。

防治方法：冬季深翻地，消滅越冬蛹，或者幼蟲期用50%磷胺1500倍液噴殺，也可用25%殺蟲脒水劑500～1000倍液噴殺。用黑光燈誘殺成蟲，或用90%晶體敵百蟲1000倍液和25%西維因可濕性粉劑250倍液混合後噴霧。

【採收加工】　穿心蓮採收時間和藥效關係很密切，適時採收，有效成分含量高，植株要現蕾時為最佳採收時間。再者從栽培後75～90天，從莖基部分枝2～3節的地方，割取全草為最合適，割後要加強水肥管理，準備割第二次。也有的地區採穿心蓮的葉，方法是從株高20～25公分處開始採，將莖基部的黑綠色的、比較厚的老葉摘下，採1～2次即可，每次不要過多，否則影響植株生長。

嫩葉不要採，避免影響產量，當頂梢開始變尖時全部割下，再把葉子摘下，不要受霜凍，否則葉子變紅紫色，影響藥的品質。

中國各地區氣候不一樣，採收時間各異，廣東、福建定植3～4個月採收，8月份割第一次，11月份割第二次，華北9月份中下旬割穿心蓮；上海8月份割。收穫後曬乾，如果沒有曬乾，遇到陰雨天應該攤開，不能堆積，否則會發熱變質。

細　辛

【藥用部位】　全草。

【商品名稱】　細辛。

【產地】 主產於遼寧、吉林、黑龍江等省，陝西、山東也有栽培。但以遼寧產的品質為佳。

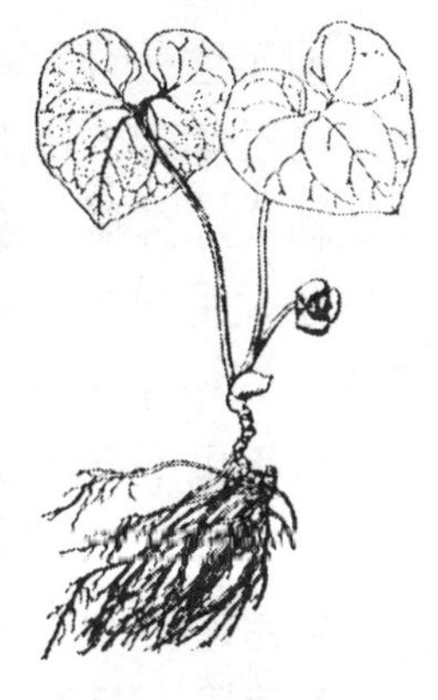

【植物形態】 細辛為馬兜鈴科植物遼細辛的乾燥帶根全草，別名細參、東北細參等。遼細辛為多年生草本植物，株高15～25公分。地下有橫走的根莖，生許多細長的白根，有強烈的辛味和香氣。

根狀莖上部分枝，每分枝上有1～2片心臟形葉片，長4～12公分，寬5～14公分，柄長7～15公分，葉呈叢生狀，單株葉片數十枚至上百枚。花單生，由兩葉柄中間抽出；花被紫紅色，廣橢圓形，由基部反捲。蒴果半球形，成熟不開裂，待腐爛後才破裂。種子卵狀圓錐形，硬殼質，灰褐色有光澤。花期4～5月，果期6～7月。

細辛主要成分為揮發油，油中主要含甲基丁香酚，其他尚含黃樟醚、優香芹酮、細辛醚等多種成分。性溫，味辛，有小毒。有祛風、散寒、解熱、鎮痛等作用，主治感冒、咳嗽、哮喘、風濕性關節痛、鼻炎、喉炎、胃炎。

【生長習性】 細辛屬陰生植物，喜涼爽、濕潤的環境，忌強光和乾旱。

土壤以疏鬆、肥沃、濕潤、富含有機質為好。一般7月初播種8月初種子裂口，8月中旬露出胚根，9月初可達4公分，10月份可達6公分以上。當年不出苗，經4℃以下的低溫打破休眠後到第二年春天，當地溫回升到6℃左右時幼芽出土。8～12℃時達出苗盛期。

細辛生長發育極為緩慢，播種後第二年只長兩片子葉；第三年春才長出 1 片真葉；第四年仍為 5 片真葉，或少數為 2 片真葉，極少數開花；第五、六年才多數為 2 片真葉並大量開花結實。春天幼苗出土，5 月份地上部基本定型，以後不再長新的枝葉，即使因病蟲或外傷失去莖葉，當年也不再生長。根莖在地下休眠，秋季形成一個小芽，越冬後來年抽出較小的葉片。因此，保護地上部健壯生長極為重要。

【栽培技術】

1. 選地整地

細辛喜疏鬆肥沃、富含有機質土壤，酸鹼度以中性或微酸性為好。忌強光、怕乾旱，因此，東北主產區多選林下栽培，用老參地或農田種植必須搭棚遮陰。林下栽培對樹種要求不嚴，但以闊葉林最好，針闊混合林次之。坡向以東或西為好，坡度最好在 10°以內。

整地宜在春夏季進行，早整地有利於土壤熟化，使細辛生長好，病害輕。刨地前將林地的小灌木或過密樹枝去掉，保持林下有 50%～60%的透光率。刨地深度 15～20 公分，揀除石塊、樹根，耬平土面，做成寬 1～1.2 公尺、長 10～20 公尺、高 20 公分左右的高畦，作業道寬 50～100 公分，土層厚作業道可稍窄，土層薄作業道寬些，以保證畦面有足夠的土量。

2. 繁殖方法

（1）種子繁殖　是主要的繁殖方法。種子處理的方法是在林下背陰處挖一淺坑，深約 15 公分，大小依種子多少而定，將 1 份種子與 5 份以上的沙子拌勻放火坑內，上蓋約5公分厚的沙子，再蓋樹葉或稻草。常檢查，注意保溫不積水，經45天左右應及時播種以免發芽。

播種方法：撒播、條播、穴播均可。撒播可將種子與10倍細沙或土拌勻撒於畦面，每0.0667公頃播種5～6千克。條播在畦上按行距10公分，播幅4公分，每行播130粒左右。穴播按行距13公分，穴距7公分，每穴播7～10粒。播後用腐殖土或過篩的細土覆蓋，厚約2.5公分，其上再蓋草或樹葉3公分左右。保持土壤濕潤。

在種子充足的情況下可以採用直播，在原地生長3～4年收挖產品。目前產區為充分利用種子擴大種植面積，多採用育苗移栽。以移栽2～3年苗為好，在每年的秋末春初地上部枯萎後或幼苗萌動前進行。

栽植方法是在施足基肥的畦上橫向開溝，行距17～20公分，株距7～10公分，將種根在溝內擺好，讓根舒展，覆土厚度以芽苞離土表5公分左右為宜，上面蓋草或樹葉。還可按行距15公分挖穴栽植，每行栽7～10穴。

（2）分根繁殖　利用收穫的植株，將根狀莖上部4～5公分長的一段剪下，每段須有1～2個芽苞並保留根條，後按20公分×20公分的株行距挖穴，每穴種2～3段根莖。

3. 田間管理

（1）澆水除草　細辛根系淺，不耐乾旱，特別是育苗地，種子細小，覆土淺，必須經常檢查土壤濕度，土壤乾時及時澆水，以保證苗全、苗壯。應注意及時拔草，畦上和畦溝均應無雜草。

（2）調節光照　5月份以前氣溫低，細辛苗要求較多

光照，可不用遮陰。從 6 月開始，光照應該控制在 50%～60%的透光率，利用老參地栽細辛必須搭好蔭棚，林間栽培也要按細辛對光照的要求補棚或修理樹枝。

（3）施肥培土　細辛是喜肥植物，種植在瘠薄的土壤裏，如果不施肥，生長極其緩慢。

根據遼寧的經驗，基肥以豬圈糞為最好，薰土肥次之，化肥以過磷酸鈣為好。每年 5 月和 7 月可分別用過磷酸鈣 1 千克加清水 50 千克攪拌後取上清液，用噴壺向畦面澆灌，每 20 平方公尺用過磷酸鈣 1 千克。入冬以後，每 0.0667 公頃用豬圈糞 4000 千克摻入過磷酸鈣 40 千克一起發酵，將已發酵好的肥料與 5 倍左右的腐殖土混合一起撒蓋於細辛畦上，既起到來年的施肥作用，又可保護芽苞安全越冬。因為細辛根莖每年向上生長一節，其上芽苞如果不加保護，易受凍害。

（4）摘除花蕾　多年生植株每年開花結實，消耗大量養料，影響產量，因此除留種地以外，當花蕾從地面抽出時應全部摘除。

4. 病蟲害防治

（1）病害防治　細辛病害較少，目前危害較重的是菌核病，每年的早春到夏季發生，為害全株。

防治方法：加強田間管理，畦內不積水、不板結，注意通風，光照調整到 50%～60%的透光度。應適時收穫或換地種植。藥劑防治可用 50%多菌靈 500～1000 倍液噴葉或灌根。發現病株應徹底清除，在病穴撒石灰或用 5%的福馬林進行土壤消毒。

（2）蟲害防治　主要有地老虎、黑毛蟲、蝗蟲、細辛鳳蝶等，黑毛蟲、蝗蟲、細辛鳳蝶咬食葉片，嚴重時大部分葉片被吃掉。地老虎危害最重，咬食幼芽，截斷葉柄和根莖。地老虎可用敵百蟲拌炒香的豆餅或麥麩做成毒餌誘殺，或用毒土毒殺。其他害蟲可用敵百蟲 1000 倍液噴灑葉面防治。

【採收加工】 種子直播的細辛，如果密度大，生長 3～4 年即可採收。用二年生苗移栽的，栽後 3～4 年收穫；用三年生苗移栽的，栽後 2～3 年收穫。有時為了多採種子也可延遲到第 5、6 年收穫，但超過 7 年植株老化容易生病，加之根系密集，扭結成板，不便採收。

採收時期以每年 9 月中旬為佳。收穫後去淨泥沙，每 1～2 千克捆成一把，放陰涼處陰乾，避免水洗、日曬，水洗後葉片發黑，根條發白；日曬後葉片發黃，均降低氣味，影響品質。每 0.0667 公頃可產乾品 400～700 千克。

金 銀 花

【藥用部位】 花蕾或初開的花。

【商品名稱】 金銀花，雙花，忍冬。

【產地】 中國各地均產，主產於山東、河南等省。產山東（平邑、費縣、蒼山等縣）者稱「東銀花」；產河南（密縣）者稱「南銀花」。

【植物形態】 忍冬科植物，多年生常綠纏繞灌木。莖長可達 9 公尺，中空，多分枝。葉對生，卵形或長卵形。花成對腋生，苞片葉狀，花梗及花均具短柔毛，花冠初開時為白色，2～3天後變為金黃色。漿果球形，熟時黑色。花期5～7月，果熟期7～10月。

金銀花花蕾含黃酮類，為木犀草素及木犀草素-7-葡萄糖苷。並含肌醇、綠原酸、異綠原酸、皂苷及揮發油。性寒，味甘、苦，有清熱解毒之功效，用於治療瘟病發熱、風熱感冒、咽喉腫痛、肺炎、痢疾、丹毒等症。

【生長習性】 金銀花生命力強、適應性廣、耐乾旱瘠薄，在微酸、微鹼性土壤中能很好地生長，不喜過多水分，喜充足陽光。可利用水土流失嚴重的瘠薄荒地種植，既能保土保水、綠化環境，又能增加收入。

【栽培技術】

1. 繁殖技術

（1）培育壯苗 金銀花的繁殖以育苗為主。首先備好苗床，可選擇中性或微酸、微鹼性的肥沃土壤作為苗床地。將地深翻30～40公分，碎土耙平後稍微壓實，整成寬1公尺的畦塊，按行距15～20公分開好條溝，溝內墊放一層土雜肥作基肥。然後，選藤剪插。

應選擇生長旺盛、抗病力強、開花多、藤莖粗壯的當年春生藤作種藤。用剪刀按每3節芽剪成一段（長約20公分），並將入土的一端剪成斜面，用生根粉或種子營養劑、草木灰處理後，按株行距4公分×（15～20）公分的要求，將種藤像栽紅薯秧一樣插入土中，深度7～8公分（必須有1節芽埋入土中），然後蓋土壓實，將行溝整平，澆水1次，注意遮陰防曬。其次，管好苗床。待新苗長出後，及時去掉遮陰物，並保持土壤濕潤。當苗高10公分時，應薄施糞水或氮肥1次，並注意摘心打頂，促進根系發達和主莖粗壯，為移栽打下基礎。

（2）適時移栽　當苗齡期 1 年時，就可在春分至穀雨時節起苗移栽，密度以土質而定，一般每穴株行距 2 公尺 ×（2.5～3）公尺。移栽前先要挖好寬 60～70 公分、深 40～50 公分的穴坑，並施足以農家肥為主的底肥，每穴 3～5 千克。肥土以一穴 1～2 株為宜，瘦土可一穴 3 株，栽成「品」字形，每 0.0667 公頃穴坑量控制在 120～140 個。

2. 田間管理

移栽後要及時澆水，確保成活率。1 個月後，每隔 15 天左右施 1 次淡糞尿水或 1：300 的氮肥水。待新芽長到 2 個節以上時，及時摘心，促使側枝早發成叢，並視藤的長度適時搭架，以利新藤纏繞生長。

採花後，要及時剪除病、枯、弱枝，並鋤草鬆土，加施肥料，確保來年豐產。

3. 病蟲害防治

主要是蚜蟲和白粉病。防治的基本藥物可用膠體硫混合劑，即膠體硫 100 克、敵百蟲 10 克、樂果 15 克加清水 30 千克，混合後噴施，一般每隔 15 天噴施 1 次。

【採收加工】　5～6 月要及時採花和加工。加工方法可陰乾、晾乾，或以硫磺燃燒煙薰，然後曬乾，也可用微火或電烤爐烘乾，但應掌握適宜溫度，使顏色、乾度恰到好處，以防變黑。

乾燥後應密封儲藏，以防受潮變色、防蟲蛀。

菊　花

【藥用部位】　花。

【商品名稱】　菊花、滁菊、亳菊、貢菊。

【產地】　中國各地均有栽培，以長江兩岸長勢為好。根據產地不同，分別冠以杭菊、懷菊、亳菊、滁菊、貢菊、川菊等。

【植物形態】　多年生草本植物，莖直立，高 60～150 公分，多分枝。全株被白色絨毛，靠近根部常木質化，幼枝帶棱。單葉互生，卵圓型；頭狀花序，頂生或腋生。花冠大小、顏色因品種而異，多以白色者入藥。花期 9～11 月。

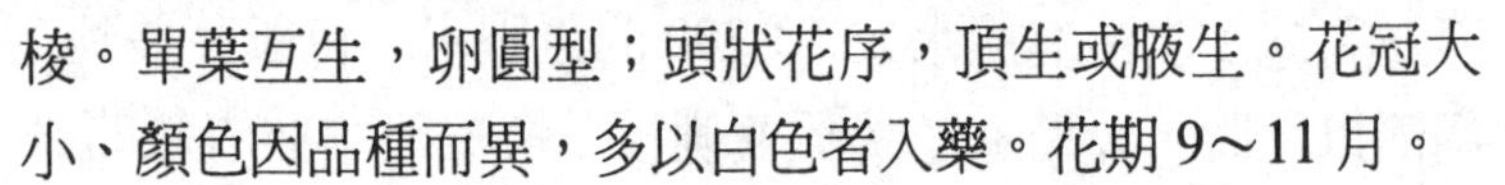

菊花含揮發油，油中含有菊花酮、龍腦、龍腦乙酸酯等。黃酮類化合物為木犀草素 -7- 葡萄糖苷、大波斯菊苷、刺槐苷等。味甘、苦，性涼，歸肺、肝經，具有清肝明目，散風清熱功能。用於風熱感冒，頭暈目眩，目赤腫痛，血壓高等症。

【生長習性】　以宿根越冬。喜溫暖濕潤氣候，耐寒冷，怕風；喜日照，忌蔭蔽；怕旱，怕澇；對土壤要求不嚴，以肥沃的沙質壤土生長良好，喜中性偏酸土壤。忌連作。

【栽培技術】

1. 選地整地

選擇地勢高燥、肥沃、疏鬆、排水良好的地塊。扦插育苗地尚須有水源以澆灌方便。視土地原有肥力酌施基肥，耕翻耙平後做成寬 1～1.2 公尺、高 25～30 公分的高畦，畦間距 30 公分。

2. 繁殖方法

（1）分根法　菊花採收後，選健壯的植株，割除殘莖，用馬糞或土雜肥覆蓋保暖越冬，使根芽翌春早發。翌春 3～4 月當新苗萌發後，扒開覆蓋的糞土以加速其生長。4 月下旬至 5 月上旬，苗高 20 公分左右時，將其全部挖出，按新苗分株。

在畦上按行距 50 公分、株距 30 公分，挖深 10 公分左右的穴，每穴植入分株苗 1～2 棵，覆土壓實。

（2）扦插法　選留種的母株及覆蓋越冬法與分根法同。4 月下旬苗高 15～20 公分時，沿地面將其割下，從中選 10 公分以上長的粗壯苗，摘除最下部 2～3 片葉，按行株距 7 公分 ×7 公分扦插於育苗床。遮陰保濕，20 天左右可生出新根，扦插後有 2 片新葉長出時，即可移栽，移栽方法與分根法栽植相同。

3. 田間管理

（1）中耕除草　定植後，見午後無萎蔫現象時，苗已成活，可開始鬆土、除草。一般進行 3～4 次，到現蕾後不再進行。中期用雙草克防治雜草，使用方法見說明書。

（2）追肥　定植後植株生長旺盛時，每 0.0667 公頃施稀薄糞水約 1000 千克；開始孕蕾時再施上述肥 2000 千克，另施過磷酸鈣 10～15 千克或用 2%過磷酸鈣水噴霧作葉面追肥。

（3）排灌　定植後遇旱需澆灌，保持濕潤以提高成活率。成活後需要土壤偏乾，促進根系發育、控制地上部徒長，此時遇雨要及時排水降濕。

（4）打頂　定植成活後，苗高 15～20 公分時，選晴

天打頂，摘去莖尖1～2公分，促進分枝。此後每2週進行1次，連續3～4次。7月下旬以後不再進行，否則分枝過多、花個頭過小。

4. 病蟲害防治

（1）葉枯病　又名斑枯病。病原菌是一種半知菌，生長各期均可發生，多雨季節嚴重。下部葉片首先發病，病葉出現近圓形紫褐色病斑，中心灰白色。後期病斑上生有小黑點（分生孢子器）。病斑擴大後全葉乾枯（不脫落）。

防治方法：生長前期控制水分，防止瘋長以利通風透光；雨後及時排水，降低土壤濕度。發病初期，及時摘除病葉，集中燒毀並用1：1：100波爾多液或50%代森錳鋅800～1000倍液噴霧。

（2）蚜蟲　4月下旬開始發生，可用40%樂果乳油200倍液噴霧或25%唑蚜威1500～2000倍液噴霧殺滅。

【採收加工】　菊花的開花期約20天。一般於11月初開得較為集中。應分批採收，以花心（管狀花）2/3開放時為最適採收期。收穫全開放的花，不僅香氣散逸，而且加工後易散，色澤亦差。

收穫時將花連所在的枝從分枝處割下或剪下，紮成小把，以利陰乾；或直接剪取花頭，隨即加工。加工方法有陰乾、曬乾、烘乾等。

（1）陰乾：11月上旬，視花絕大部分進入適宜採收期時，選晴天下午連花枝一起割下，分2～3次割完，掛搭好的架上陰乾。全乾後剪下乾花，即為成品。著名的亳菊，即為陰乾品。

（2）生曬：將採收的帶枝鮮花置架上陰乾1～2月，

剪下花朵，每 100 千克噴清水 2～4 千克，使均勻濕潤後，硫磺薰 8 小時左右，每 100 千克菊花用硫磺 2 千克，起到消毒及漂白作用。薰後稍晾曬即為成品。也可以採收後以鮮花薰硫磺、薰後日曬至乾。前者如懷菊花，後者如滁菊花、川菊花。

（3）蒸曬：將收穫的鮮菊花置蒸籠內（鋪厚度約 3 公分）蒸 4～5 分鐘，取出放竹簾上暴曬，勿翻動。曬 3 天後可翻 1 次，曬 6～7 天後，堆起返潤 1～2 天，再曬 1～2 天，花心完全變硬即為全乾，可為成品。杭菊即為蒸曬品。

（4）烘培：將鮮菊花置烤房竹簾上（或鋪於烘篩置於火炕），厚度 3～5 公分，在 60℃左右溫度下烘烤，半乾時翻動 1 次，九成乾時取出略曬至全乾即為成品。貢菊即為烘焙品。以上幾種加工方法，以烘乾方法為最好，乾得快，品質好，出乾率高，一般 5 千克鮮花能加工 1 千克乾貨。菊花每 0.0667 公頃產乾品 100～150 千克。以花序完整、身乾、顏色鮮豔、氣味清香、無梗葉、無碎瓣、無霉變者為佳。

款　冬　花

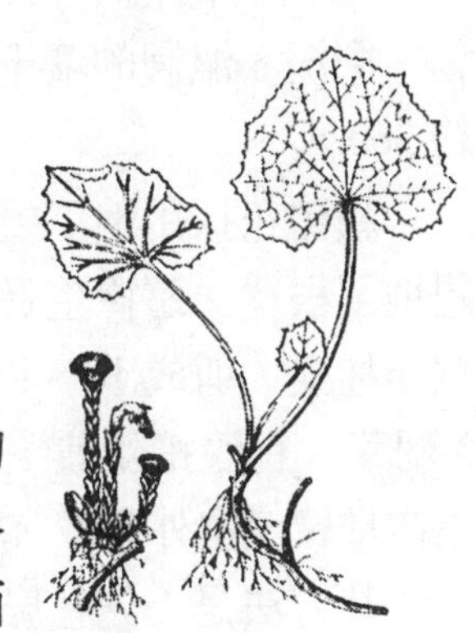

【藥用部位】 花蕾。

【商品名稱】 款冬花。

【產地】 主產於陝西、四川、山西、湖北、河南等省，尤以甘肅的天水、慶陽、環縣、臨潭等地的款冬花品質最佳。河北、寧夏、新疆、西藏亦產。

【植物形態】 款冬花別名冬花、九九花、西冬花等，為菊科款冬屬植物，多年生草本。

株高10～25公分。根狀莖細長，橫走，白色。葉基生，具長柄，圓狀心形，先端鈍或近圓形，邊緣具尖角齒，齒間具疏小鋸齒；葉面暗綠色，平滑，葉背密生白色茸毛，葉脈紫色，主脈5～9條；頭狀花序單一頂生；花先葉開放，花莖數枝，花蕾紫色，狀如花芽，通常貼近地面生長；舌狀花黃色；瘦果，線形，罕見結果。花期12月至翌年3月，果期2～4月。

款冬花是常用中藥，花蕾含款冬二醇、山金車二醇（二者均為異構體）、降香醇、蒲公英黃色素、千里光鹼、金絲桃苷等。味辛、微苦，性溫，歸肺經。具有潤肺下氣、化痰止咳的功能。

【生長習性】 喜冷涼氣候，怕高溫，氣溫在15～25℃時生長良好，超過35℃時，莖葉萎蔫，甚至會大量死亡。冬、春氣溫在9～12℃時，花蕾即可出土盛開。喜濕潤的環境，怕乾旱和積水。在半陰半陽的環境和表土疏鬆、肥沃、濕潤的壤土中生長良好。忌連作。整個生育期約360天。

款冬花採用地下根狀莖繁殖。於冬季採收花蕾後，挖起地下根莖，選擇生長粗壯、色白、無病蟲害的新生根狀莖作種根，剪成10～12公分長的短節，每節至少具有2～3個芽。宜隨挖隨栽。若於翌年早春栽種，必須將種根置室內堆藏或室外窖藏。

其方法是：先在底層鋪一層濕潤的清潔河沙，其上鋪一層種根，如此相間堆放數層；堆高30公分左右，上面覆蓋稻草和草簾。層積貯藏期間要經常檢查，發現堆內發熱或過早發芽，要及時翻堆處理。

【栽培技術】

1. 選地整地

宜選擇半陰半陽、濕潤、含腐殖質豐富的微酸性的沙質壤土。山澗、河堤、小溪旁均可種植。栽培地選定後，結合整地每0.0667公頃施入堆肥或土雜肥1500千克，深翻、整細耙平後做寬1.3公尺、高20公分的畦，四周開好排水溝。

2. 栽種技術

冬栽或翌年早春解凍後栽種。在整好的畦面上進行穴栽，按行距25～30公分、株距15～20公分、深8～10公分挖穴，每穴栽入種根2～3節，散開排列，栽後隨即覆土蓋平。條栽，按行距25公分開溝，深8～10公分，每隔10～15公分（株距）平放入種根1節，隨即覆土壓緊與畦面齊平。若天氣乾旱，應澆1次水。每0.0667公頃需種根30千克左右。

3. 田間管理

（1）中耕除草　於4月上旬出苗展葉後，結合補苗，進行第一次中耕除草。因此時苗根生長緩慢，應淺鬆土，避免傷根；第二次在6～7月，苗葉已出齊，根系亦生長發育良好，中耕可適當加深；第三次於9月上旬，此時地上莖葉已逐漸停止生長，花芽開始分化，田間應保持無雜草，可避免養分無謂消耗。

（2）追肥　生長前期一般不追肥，以免生長過旺，易

罹病害。生長後期要加強肥水管理。

9月上旬，每0.0667公頃追施火土灰或堆肥1000千克；10月上旬，每0.0667公頃再追施堆肥1200千克與過磷酸鈣15千克，於株旁開溝或挖穴施入，施後用畦溝土蓋肥，並進行培土，以保持肥效，並避免花蕾長出地面，生長細弱，影響款冬花品質。

（3）排灌水　款冬花既怕旱又怕澇，春季遇乾旱天氣，要及時灌水保苗；雨季要及時疏溝排除積水，以防澇淹幼苗。

（4）疏葉　款冬花在6～8月為盛葉期，葉片過於茂密，會造成通風透光不良而影響花芽分化和招致病蟲危害。因此，要翻除重疊、枯黃和感染病害的葉片，每株只留3～4片心葉即可，以提高植株的抗病力，多產生花蕾，增加產量。

（5）間作　在大田栽培，款冬花可與玉米、芋艿等高稈作物進行間作，既可充分利用土地，增加收益，又可起遮陰作用，有利款冬花生長。

4. 病蟲害防治

（1）褐斑病　危害葉片。7～8月高溫高濕時危害嚴重。病葉上出現圓形或近圓形、中央褐色、邊緣紫紅色的病斑，嚴重時葉片枯死。

防治方法：① 採收後清潔田園，集中燒毀殘株病葉；② 雨季及時疏溝排水，降低田間濕度；③ 發病初期噴1：1：100波爾多液或65%代森鋅500倍液，每7～10天1次，連噴2～3次。

（2）菌核病　6～8月高溫高濕時發生。發病初期不出現症狀，後期有白色菌絲漸向主莖蔓延，葉面出現褐色斑點，根部逐漸變褐，潮潤，發黃，並發出一股酸臭味。最後根部變黑色腐爛，植株枯萎死亡。

防治方法：同褐斑病。

（3）**枯葉病** 雨季發病嚴重，病葉由葉緣向內延伸，形成黑褐色、不規則的病斑，致使葉片發脆乾枯，最後萎蔫而死。

防治方法：① 發現後及時剪除病葉，集中燒毀深埋。② 發病初期或發病前，噴射 1：1：120 波爾多液或 50%退菌特 1000 倍液或 65%代森鋅 500 倍液，每 7～10 天 1 次，連噴 2～3 次。

（4）**蚜蟲** 以刺吸式口器刺入葉片吸取汁液，受害苗株葉片發黃，葉緣向背硬面捲曲萎縮，嚴重時全株枯死。

防治方法：① 收穫後清除雜草和殘株病葉，消滅越冬蟲口。② 發生時，用 40%樂果 3000 倍液，或 50%滅蚜松乳劑 1500 倍液，連噴數次。

（5）**蠐螬** 咬食地下根狀莖，用 90%敵百蟲滅。

【採收加工】 於栽種的當年立冬前後，當花蕾尚未出土，苞片呈現紫紅色時採收。過早，因花蕾還在土內或貼近地面生長，不易尋找；過遲花蕾已經開放，品質降低。採時，從莖基上連花梗一起摘下花蕾，放入竹筐內，不能重壓，不要水洗，否則花蕾乾後變黑，影響藥材品質。花蕾採後立即薄攤於通風乾燥處晾乾，經 3～4 天，水汽乾後，取出篩去泥土，除淨花梗，再晾至全乾即成。遇陰雨天氣，用木炭或無煙煤以文火烘乾，溫度控制在 40～50℃。烘時，花蕾攤放不宜太厚，5～7 公分即可；時間也不宜太長，而且要少翻動，以免破損外層苞片，影響藥材質量。

紅　　花

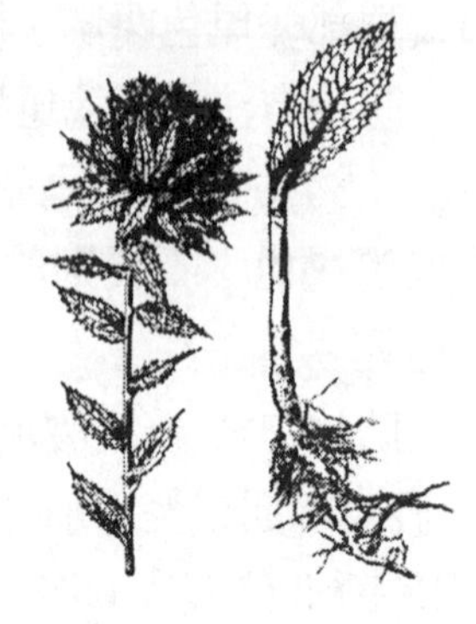

【藥用部位】 花。

【商品名稱】 紅花。

【產地】 原產於埃及。中國主產於河南。河北、浙江、江蘇、四川、雲南、安徽、山東、山西、東北等省區亦有栽培。

【植物形態】 為菊科植物，一年生或二年生草本。株高 60～120 公分。莖直立，基部木質化，上部有分枝。葉互生，單葉幾無柄，抱莖，長橢圓形或卵狀披針形，長 4～9 公分，寬 1～2.5 公分，葉緣具不規則的淺裂；葉片尖端成銳刺；上部葉漸小。葉色深綠，背面的主脈突起。莖頂生頭狀花序，直徑 3～4 公分，總苞近球形；雄蕊 5 枚，合成管狀，位於花冠口上，子房下位；花柱細長絲狀，柱頭 2 裂，裂片呈舌狀。瘦果近白色，倒卵形，長約 5 毫米，具 4 棱，無冠毛。

花期 6 月末至 7 月初，花開 10～15 天。由上到下，從主莖到分枝逐級依次開放。7 月下旬種子逐漸成熟，隨之植株枯萎。一個頭狀花序從開花到種子成熟約需 25 天。

紅花主要含有紅花苷、紅花醌苷及新紅花苷。不同成熟期所含成分有差異，淡黃色主含紅花苷，橘紅色主含紅花苷或紅花醌苷。味辛，性溫，歸心、肝經，具有活血通經、散瘀止痛功能。

【生長習性】 紅花適應性強，喜溫暖、乾燥和陽光充足的氣候，具有一定的抗旱、耐寒能力，怕高溫高濕。對水肥、土壤要求不高。以地勢高燥、排水良好、中等肥力的沙質土壤為佳；黏重土質和過於肥沃的土地及低窪積水地均不宜栽培。

生長期南方為200～250天，北方為110～130天，種子發芽率約85%，溫度在12～14℃時約23天出苗，15～18℃時15天出苗，18～25℃時7～8天出苗。

【栽培技術】

1. 選地整地

宜選土層深厚、地勢高燥、排水良好的沙質和中等肥力的土壤種植，切忌連作。前茬以花生、大豆、小麥、高粱、玉米等作物輪作。

深翻土地30公分，施入基肥，每0.0667公頃可施廄肥2500千克左右，並混施過磷酸鈣15千克，整平耙細；雨水較多的地區宜作高畦種植，畦寬1.2～1.5公尺、高15公分，四周開排水溝，以利排水。

2. 繁殖方法

用種子繁殖，南方多採用秋播，即10月中下旬至11月初（霜降前後）。北方多採用春播，以3月中旬至4月初為宜。播種分條播或穴播。

（1）條播 按行距30～45公分開溝，溝深10公分左右，將種子消毒後撒入溝內，覆土3公分，稍踏壓。

（2）穴播 一般多採用穴播，行距30～50公分，穴距20～25公分，穴深不得超過4公分，交錯成梅花形。每穴放種子3～5粒，覆土3公分稍壓即可。每0.0667公頃播種量2.5～3千克。種子消毒方法是在播種前用50～54℃的溫水浸種10分鐘轉入冷水中，取出晾乾即可播種。

近年有資料報導，採用地膜覆蓋栽培技術，增溫保墒效果明顯，紅花生育期明顯提前，延長了有效開花結實期，產量和經濟效益明顯提高，值得推廣。

具體方法可分寬窄行種植，寬行40～50公分，窄行27～33公分，窄行蓋膜。覆蓋方式有先播後蓋膜和先蓋膜後打孔種植兩種，前一種方法要注意苗出土後及時放苗，防止燙苗，後一種方法則要注意出苗後，用小鏟在苗周圍壓土，以利保溫保墒。

3. 田間管理

（1）間苗定苗　當苗高3公分（真葉3片時）進行第一次間苗，即間去過密、弱、病苗。每穴留3株或隔10公分1株。苗高10～15公分時定苗，每穴1株或間隔20～30公分1株。

（2）防寒保苗越冬　在南方秋播的紅花，於12月下旬將苗兩旁的土踏實。封凍前澆水1次，使田間保持濕潤，不致乾裂，使土壤和根系密切接觸，保苗安全過冬。

（3）鋤草鬆土　苗出齊後苗高30公分左右、45公分左右分別進行第一和第二次鋤草。施追肥、澆水後，都要適當鬆土。苗矮時鬆土要稍深，有利根系生長，成株後鬆土稍淺，以免傷根倒伏。鬆土應結合培土進行。

（4）追肥　追肥一般可分2次進行，定苗後施1次，促進根系生長發育，南方則可促進幼苗返青，莖葉茂盛和分枝增多，每0.0667公頃施入腐熟人糞尿1500～2500千克，混合硫銨50千克。在孕蕾期施第二次追肥，對長勢不好的苗還可根外噴施磷肥1～2次。促使蕾多蕾大，可提高花的產量。

（5）適時排灌水　紅花性喜乾燥，但在苗前期、越冬期、現蕾期和花期需保持土壤濕潤，特別在開花前期和花期需要水，如乾旱時應及時澆水；在雨季高溫時要及時挖溝排水，降低植株小環境的溫度，減少病害的發生。

（6）打頂　當植株抽莖後，注意打頂芽，使分枝、花蕾增多，從而提高紅花的產量。

（7）培土壅根　分枝增多後，地上部重量增加，需要在根基部培土壅根，以防倒伏。

4. 病蟲害防治

（1）炭疽病　主要危害莖、葉、果實和種子及幼苗，葉片發病初期出現圓形褐色病斑，後期病部破裂，在莖幹上病斑呈梭形，嚴重時數個病斑連成一片繞莖1週腐爛。在潮濕條件下，病部出現粉紅色的黏液，發生嚴重時莖被折斷，不能現蕾或花蕾下垂不能開放，甚至植株枯死。種子得病後產生黃褐色斑點。

病菌在種子內或病殘體上越冬，如播了帶菌種子，長出的幼苗得病後形成中心病株，嚴重者幼苗枯死。一般5～6月發病嚴重，使產量大大下降，甚至一無收成。

防治方法：① 選育抗病品種。② 發病嚴重地區選擇地勢高燥，排水良好的高畦地塊種植。③ 切忌連作，一般在3年以上輪作種紅花。④ 種子消毒。先將種子放入清水在室溫條件下浸10～12小時，再轉入48℃溫水中浸1分鐘，然後轉入53～54℃的溫水中浸10分鐘，晾乾後，用種子量的多菌靈拌種，乾後及時播種。⑤ 藥劑防治。從苗期開始檢查，發現病株及時拔除，並及時噴藥防治。一般在4月下旬噴1：1：100倍波爾多液，每隔10天1次，連噴3次。也可噴50%的多菌靈800～1000倍液。⑥紅花收穫後，將地裏的病殘體集中燒毀。

（2）枯萎病　也叫根腐病，是一種危害較重的病害，主要危害根部。

一般從5月初開始發病，多雨潮濕和排水不良的條件下發病重。

病菌首先浸染紅花細根，被害部變褐腐爛呈絲狀。漸向側根和主根擴展，主根發病後根皮變褐腐爛，莖葉變黃逐漸萎蔫乾枯。

在潮濕的條件下，病部長出白色絲狀物，有時可見橙紅色黏液。病菌在土壤中的爛根上越冬，當幼苗長出後即浸染根部。傷口是病菌侵入的主要途徑，所以根部如受地下害蟲、線蟲等危害，發病更加嚴重。

防治方法：① 宜與禾穀類作物玉米，小麥等輪作。② 處理病殘體。發現病株及時拔除，集中燒毀，並用生石灰消毒病穴。③ 防治地下害蟲及線蟲，以免造成傷口。④ 加強田間管理，多雨季節及時清除田間積水。⑤ 藥劑防治，用50%托布津1000倍液澆病株，減輕危害。

（3）紅花長管蚜　也叫牛蒡長管蚜、紅花指管蚜、紅花長須蚜，危害莖和葉。

防治方法；發生期噴施40%氧化樂果乳油1000倍液，或50%滅蚜松乳油1000～1500倍液或10%殺滅菊酯乳油3000倍液。

【採收加工】　紅花在6～7月開花，花由黃變橘紅時及時採摘，花冠在傍晚開始伸展至次日早6時左右完全開放。此時氣候潮濕，葉刺較軟，正是採收的最佳時間。

採後應及時放在陰涼通風處陰乾或在40～60℃烘乾器中乾燥。不能在陽光下暴曬或用硫磺薰等方法處理。採花後20天左右種子成熟，收穫並乾燥後收藏備用。

辛　夷

【藥用部位】　花蕾。

【商品名稱】　辛夷。

【產地】　主產於河南、四川、山東、湖北、陝西、安徽等省，中國各地均有栽培。

【植物形態】　木蘭科植物，落葉喬木，高6～12公尺。樹皮灰白色，小枝紫褐色。單葉互生，具短柄，葉片橢圓形或倒卵狀橢圓形。花先於葉或同時開放，單生於小枝頂端或葉腋，鐘狀，大型；最外一輪披針形，黃綠色，內輪橢圓狀倒卵形，較大，外面紫紅色，內面白色。聚合果長橢圓形稍扭曲。花期2～5月，果期3～9月。

辛夷花中含揮發油，其中主要含有桉油精、丁香油酚、胡椒酚甲醚和枸櫞醛等。新鮮花還有芸香苷。味苦，性溫，歸肺、胃經，具有散風寒、通鼻竅功能。

【生長習性】　辛夷適應性較強，喜溫暖氣候，喜陽，較耐寒。根肉質，怕水澇，喜疏鬆、肥沃、富含腐殖質的黑沙土。坪壩、丘陵、山坡、房前屋後均可栽培。種子有休眠特性，需低溫沙藏4個月方可打破休眠，低溫處

理的種子發芽率達80%以上，每年秋天落葉，第二年春天先花後葉。實生苗8～10年產蕾，嫁接苗2～3年產蕾。

【栽培技術】

1. 辛夷出苗特性及外部環境對出苗的影響

（1）辛夷種子出苗特性　種子播種後，在適宜的條件下，吸水膨脹，胚根首先伸入土中，形成主根。帶種皮的子葉和下胚軸彎曲成鉤狀，鉤狀的彎曲處特別細嫩。當下胚軸伸長時，將子葉和胚芽推出土面，並脫掉種皮留在土中。隨後子葉和胚芽伸直，完成出苗過程（種子在發芽出土過程中，鉤狀的彎曲處，雖然特別細脆，卻起到連接子葉和下胚軸，克服土壤阻力，帶動子葉脫掉種皮後頂出土面的重要作用）。辛夷幼苗生長發育的這一特點是區別於其他苗木種子的不同之處。

（2）外部環境對出苗的影響　辛夷種子發芽率的高低，與種子的成熟度、飽滿度、含水量及貯藏條件有密切的關係。因此，在種子的採集、處理和濕藏過程中，都必須按照技術要求操作，以利於種子播種後發芽。

種子出苗需要適宜的土壤水分、溫度、覆土厚度等。土壤水分不足會推遲發芽期；水分過多則降低土溫，並造成種子霉爛。溫度是影響種子發芽的主要因數，透過貯藏渡過休眠期的種子，一般在平均溫度5℃左右開始發芽，20～26℃最適宜。

覆土的厚度對種子發芽出土影響較為突出，這是辛夷種子出苗特性所決定的。覆土過厚時，種子在萌發出苗過程中，下胚軸不能將帶種皮的子葉和胚芽推出土表，下胚軸繼續伸長時，彎曲處容易因頂土阻力過大而折斷，使子葉和胚軸未出土就死亡；覆土過薄時，下胚軸將子葉和胚芽向土面推出還未伸直出土，鉤狀的彎曲細嫩部位首先露出土面，若遇低溫凍害、強光直射或風吹後，極易失水，呈現褐黃色灼傷狀，導致幼苗萎縮死亡；若覆土更少，幼苗出土時不能將種皮脫去，出現戴帽（帶種皮）出土現象，一旦戴帽出土，種皮就不易脫去而緊箍子葉，不利胚芽生長，短時間長不出真葉而形成僵苗。

2. 陽池育苗技術

（1）陽池苗床的建造　採用陽池育苗，不但能節省種子用量，還利於採光、增溫、保溫，便於育苗作業和精心管理，苗木的數量和品質也能得到保證。

選擇背風向陽、地勢高燥的地塊建床。床寬 13 公尺，東西長 10～12 公尺，苗床的北沿築 60 公分高的土牆，東西側牆鏟成北高南低的斜坡，南沿疊 20 公分高埂，床與床之間留 1 公尺寬的步道和排水溝。播前 10～15 天整理好床面，先將床土反覆翻曬風乾。

（2）營養土的配製　將充分腐熟的牛糞或鋸末等輕質疏鬆有機肥過篩，拌入細沙、園土（比例為 4：3：3），每床施入三元複合肥和尿素各 1 千克、3%的呋喃丹顆粒劑 150 克，隨床土混合均勻，再用硫酸亞鐵或敵克松加五氯酚鈉各半，稀釋成 500 倍液噴勻，即配成肥沃、疏鬆、無病蟲危害的營養床土。

（3）播種與覆蓋　將配好的營養土堆於床內耬平，厚度 15 公分。澆透水，待水下滲後重新耬平，便可播種。把沙藏處理的種子篩除沙子，並用清水淘淨晾乾，按每床 4～5 千克的量，以 3 公分 × 3 公分的等距擺於床面，再覆

2公分厚的營養土，用木板輕輕刮平。隨即將木椽或竹竿架好，蓋好塑膠薄膜，用泥封嚴，以利增溫、保墒和防止遇風吹開塑膜，隨後床上覆蓋草苫即可。

（4）苗床管理　①出苗期苗床管理：從播種到出苗約60天。在此期間，每天上午9時將草苫揭開，下午16時蓋嚴壓牢。無論晴天或雨雪天氣，堅持早揭晚蓋。經常抖掉膜內水珠，及時清除床面積雪和污垢，保證苗床透光，提高床內溫度，降低晝夜溫差。維持白天床內溫度20～26℃，夜間10～15℃。要及時排除積水，防止雨水滲入床內，影響幼苗生長。

②幼苗期的苗床管理：幼苗出齊到長出2～3片真葉後移植出床，需60多天。在此期間，苗床管理主要是通風換氣、調節溫度、補充水肥、增加光照、拔除雜草和防治病害。白天將塑膜從床下部先揭開幾個風口通風進氣，夜間把風口壓著，蓋好草苫。隨著天氣的變暖逐漸自下而上、由小到大增加放風量。幼苗移栽出床前應提前10天左右進行全天露天煉苗。苗床水分不足時，要適量澆水，澆水要在無風晴暖的午間進行，並清除床內雜草，追施適量速效氮肥或葉面噴施磷酸二氫鉀，噴施「廣枯靈」或甲基托布津等農藥預防苗期病害。

3. 幼苗移栽

（1）起苗　起苗前1～2天，若天氣乾燥，床苗要澆透水。起苗時，為不破壞根系，用齊頭方鍬，從床面一側插入，將床土連同幼苗端起，順勢稍用力拋出，平落床外空地上，這樣苗土鬆散分離。將幼苗撿起，分級定植。若苗床密度小時，切塊帶土移植，效果更佳。

（2）**定植** 定植時，以行距劃線，順線開溝，溝要平直，深淺一致，或按所需株距，用小鏟挖穴。將幼苗放正，根系舒展，埋入土1～2公分，用手將土封嚴擠緊，然後澆水。幼苗定植後，若降雨，則不需澆水，如果氣候乾燥，5～10天澆1次透水，並結合澆水追施尿素。

4. 辛夷的直播技術

（1）**整地和播種** 辛夷屬肉質根，幼苗怕旱、怕澇。育苗地應選擇地勢平坦、土層深厚、疏鬆肥沃、排灌方便、地下水位在15公尺以下的沙壤土或壤土。

播種前應將圃地深犁細耙，施足底肥。每0.0667公頃施有機肥3000千克、碳銨75千克、氯化鉀10～15千克。苗床應採用壟作方式。床面寬60公分，溝寬20公分，高10～15公分，長10～15公尺。為防止地下害蟲，播前每0.0667公頃施3%呋喃丹顆粒劑2～2.5千克。於3月中下旬採用條狀擺播法。

播種時按行距40公分，每床雙行，開深3公分、寬5公分的播種溝，溝底要平，深淺一致。溝內澆水，待水下滲後，按株距10公分左右，將露白的種子擺入溝內。隨即用40%多菌靈500倍液，順溝噴施作土壤滅菌處理。然後覆細沙土或疏鬆糞土，力求厚度一致。

（2）**地膜及稻草覆蓋** 順播種溝邊蓋膜，邊用潮土將地膜兩邊壓實。種子出苗，發現幼苗將要透出時，馬上將地膜撤除，隨即用稻草、麥秸等覆蓋床面。

覆草不宜太厚，似見非見土面為宜。苗出齊後，要分期分批將苗壟蓋草除去，順便放於苗行中間，起到增溫保墒、防止雜草出土的作用。

（3）田間管理　①間苗、定苗：根據圃地情況確定留苗密度，每 0.0667 公頃 1 萬～1.3 萬株為宜。間苗時，要去小留大，去弱留壯，適當多留一些苗木作為損耗備用。但不宜過多，以免降低苗木品質。

②水肥管理：幼苗生長迅速，8 月以前要適當灌水，保持床面濕潤。避免大水漫灌，造成床面板結、龜裂。8 月上旬至 9 月下旬，天氣乾旱時應及時灌水，一般 10～15 天 1 次。澆水前，每 0.0667 公頃追施尿素 35～40 千克。雨後，應及時排除積水。生長後期，停止灌溉和施用氮肥。葉面噴施 0.1%～0.3%磷酸二氫鉀，提高木質化程度。封凍前 10 天，灌 1 次封凍水。

5. 辛夷嫁接苗的繁育技術

（1）選擇接穗　應選擇目前推廣的品質優良、純正、現蕾早、產量高的腋花望春玉蘭、猴掌望春玉蘭和桃實望春玉蘭等品種的成齡植株的枝條作接穗。接穗應選自樹冠週邊當年生已木質化的健壯發育枝（最好為樹冠陽面）中部含飽滿芽的。枝條的粗細應儘量與砧木相適應。

剪取的芽條應立即除去葉片，僅留葉柄。最好隨採隨接，如一時不能接完，可用蠟封好斷口，用塑膠薄膜或稍濕淨河沙等保濕冷貯備用。

（2）嫁接時間　當年生的辛夷實生苗，嫁接的最佳期為 8 月下旬至 9 月下旬，以白天平均氣溫 22～26℃、濕度 70%～80%為好。天氣晴朗、無風或微風時成活率最高。剛下過雨及雨天或氣溫過高過低，都不宜嫁接。

（3）嫁接方法　辛夷枝條髓心較大，宜採用帶木質芽接法（嵌芽法）。在距葉柄基部 0.3～0.5 公分處剪去葉柄，從芽的上方向下豎削一刀，稍帶木質部，長 1.5～2 公分，然後在芽的下方約呈 45 度角斜切一刀，深達木質部，取下芽片。在砧木選定的高度（約 10 公分）削介面，削法與削接芽相同，從上而下稍帶木質部，削成與接芽長寬相等的切面，將接芽插入砧木介面，形成層對齊、貼緊，切口上端稍露白，用塑膠條自下而上每圈重疊 1 / 3 適度綁緊，露出接芽即可。

（4）嫁接後的管理　嫁接後，如果氣候乾燥，及時澆水，芽接後 7～15 天即可檢查是否成活。若未成活，應抓緊補接。次年春季發芽前，在距接芽上方 0.5～1 公分處將砧木剪去，並將塑膠帶解除。以後將砧木上萌發的芽及時抹去，一般需 3～4 次。

以後要及時做好澆水、施肥、中耕除草、防病治蟲、排除積水。經過 1 年的撫育管理，年底即可育成高 2 公尺左右、莖粗 1.5 公分左右的健壯植株。

6. 病蟲害防治

（1）根腐病　幼苗發病較重，成年植株亦有發生。初期根部變黑，逐漸腐爛，後期地上部分乾枯至死。一般 6 月上旬開始發生，7～8 月發生嚴重。地勢低窪，經常積水地段發病嚴重。

防治方法：嚴格檢疫，禁用帶病苗木造林，發現病株應立即拔掉燒毀，剷除病土，並用生石灰消毒土壤，防止蔓延。

（2）大蛾　初孵幼蟲覓食葉肉，造成葉片呈不規則的孔洞，影響光合作用。

防治方法：冬、春季人工摘護囊，在孵化盛期和幼齡階段，於傍晚噴射敵百蟲或50%馬拉松乳劑100倍液，或80%敵敵畏乳油800倍液，有較好的防治效果。

【採收加工】 在1~2月採集未開放的花蕾，連梗採下，除去雜質，攤曬至半乾時，收回室內堆放1~2天，使其「發汗」，然後曬至全乾，即成商品，遇陰雨天，可用烘房低溫烘烤，以身幹、花蕾完整、肉瓣緊密、香氣濃郁者為佳。

薏　苡

【藥用部位】 種子。

【商品名稱】 薏苡、薏苡仁、薏米。

【產地】 主產於遼寧、河北、江蘇、福建等省，其他省也有栽培。

【形態特徵】 禾本科植物，一年或多年生草本，株高1~2公尺。莖直立粗壯，有10~20節，節間中空，基部節上生根。葉互生，呈縱列排列；葉鞘光滑，與葉片間具白薄膜狀的葉舌，葉片長披針形，先端漸尖，基部稍鞘狀包莖，中脈明顯。

總狀花序，由上部葉鞘內成束腋生，小穗單性；花序上部為雄花穗，每節上有2~3個小穗，上有2個雄小花，雄蕊3；花序下部為雌花穗，包藏在骨質總苞中，常2~3小穗生於一節，雌花穗有3個雌小花，其中一花發育，子房有兩個紅色柱頭，伸出包鞘之外，基部有退化雄蕊3。

穎果成熟時，外面的總苞堅硬，呈橢圓形。種皮紅色或淡黃色，種仁卵形，背面為橢圓形，腹面中央有溝。花期7～9月，果期8～10月。

薏苡仁含有薏苡仁酯，另含蛋白質、脂肪、碳水化合物及甾體化合物、氨基酸、順十八烯酸。味甘、淡，性涼，具健脾利濕、除痹止瀉、清熱排膿之功效。

【生長習性】 薏苡喜溫和潮濕氣候，忌高溫悶熱，不耐寒，忌乾旱，尤以苗期、抽穗期和灌漿期要求土壤濕潤。氣溫15℃時開始出苗，高於25℃、相對濕度80%～90%以上時，幼苗生長迅速。種子容易萌發，發芽適溫為25～30℃，發芽率為85%左右。種子壽命為2～3年。

【栽培技術】

1. 選地整地

薏苡生長對土壤要求不嚴，除過黏重土壤外，一般土壤均可種植。但以選向陽、排灌方便的沙質壤土為好。薏苡對鹽鹼地、沼澤地的鹽害和潮濕有較強的耐受性，故也可海濱、湖畔、河道和灌渠兩側等地種植。忌連作，前茬以豆科作物、棉花、薯類等為宜。整地前每0.0667公頃施農家肥3000千克作基肥。深耕細耙，整平，除小面積外，一般不必做畦，但地塊四周應開好排水溝。

2. 繁殖方法

（1）**種子處理** 為促進種子萌發和防止黑穗病，播前應進行種子處理，方法是：① 用5%石灰水或1：1：100波爾多液浸種24～48小時後取出，用清水沖洗乾淨。② 用60℃溫水浸種30分鐘。③ 用75%五氯硝基苯0.5千克拌種100千克。

（2）**播種** 播種期因品種而異，一般在3～5月進行，早熟種可早播，晚熟種可晚播。

①大田直播：點播或條播、株行距因品種而異，早熟種可密些，晚熟種則可稀些，一般在（25～40）公分×（30～50）公分，每穴播4～5粒種子，播深3公分，覆火灰土，並澆稀糞水。每0.0667公頃用種5～6千克。

②育苗移栽：一般在3月上旬整好苗床，撒播育苗，稍覆細土，並保持土壤濕潤，30～40天後，苗高12～15公分時即可移栽，株行距同直播，每穴栽苗2～3株，栽後澆稀糞水，育苗每0.0667公頃用種量40千克左右，育出的秧苗可移栽1.334公頃左右。

3. 田間管理

（1）間苗補苗　幼苗具3～4片真葉時進行間苗、補苗，每穴留壯苗2～3株。條播者按株距3～6公分間苗。5～6片真葉時，按株距12～15公分定苗。

（2）中耕除草　分3次進行，第一次在苗高5～10公分時淺鋤；第二次在苗高20公分時進行；第三次在苗高30公分時，結合施肥，培土進行。

（3）追肥　也分3次。第一次在苗高5～10公分時每0.0667公頃施糞水1500千克；第二次在苗高30公分或孕穗時進行，每0.0667公頃施糞水2000千克；第三次在花期用2%過磷酸鈣液進行根外追肥。

（4）灌排　苗期、抽穗期、開花和灌漿期，應保證有足夠的水分，遇乾旱要在傍晚及時澆水，保持土壤濕潤。雨後或溝灌後，要排除畦溝積水。

（5）摘除腳葉　於拔節後，摘除第一分枝以下的老葉和無效分櫱，以利通風透光。

（6）人工輔助授粉　開花期於上午10～12時用繩索

等工具振動植株使花粉飛揚，對提高結實率有明顯效果。

4. 病蟲害防治

（1）黑穗病　又名黑粉病，危害嚴重，發病率高。

防治方法：嚴格進行種子處理；輪作；發現病株，立即拔除燒毀。

（2）葉枯病　雨季多發，危害葉部。

防治方法：發病初期用 1：1：100 波爾多液，或代森鋅 65%可濕性粉劑 500 倍液噴施。

（3）玉米螟　5 月下旬至 6 月上旬始發，8～9 月危害嚴重，苗期以 1～2 齡幼蟲鑽入心葉中咬食葉肉或葉脈。抽穗期以 2～3 齡幼蟲鑽入莖內為害。

防治方法：播種前，清潔田園；薏苡地周圍種植蕉藕誘殺；心葉期用 50%西維因粉 0.5 千克加細土 15 千克，配成毒土或用 90%敵百蟲 1000 倍液灌心葉，也可用 Bt 乳劑 300 倍液灌心葉。

（4）粘蟲　又名夜盜蟲，幼蟲危害葉片。

防治方法：幼蟲期用 50%敵敵畏 800 倍液噴施；也可用糖醋毒液（糖、醋、白酒、水的配比為 3：4：1：27）誘殺成蟲；化蛹期，挖土滅蛹。

【採收加工】　薏苡栽植當年就可收穫，具體採收期因品種、播期不同而異。早熟品種 8 月即可採收，而晚熟要到 11 月採收。同株子粒成熟也不一致，一般待植株下部葉片轉黃，子粒已有 80%左右成熟變色時，即可收割。割下的植株可集中立放 3～4 天後用打穀機脫粒。脫粒後的種子攤曬至乾即得帶殼薏苡，可供保藏。用脫殼機碾去外殼和種皮，篩淨晾曬即得薏苡仁，以供藥用和食用。

【留種技術】　採收前，選分蘗性強，結實密，成熟期較為一致的豐產性單株作母株，待種子成熟時，分別採收，粒選，剔除變種、有病蟲害及未熟種子，選留飽滿、具光澤的種子作為翌年繁殖用種。

五　味　子

【藥用部位】　果實。

【商品名稱】　五味子。

【產地】　主產於吉林、遼寧、黑龍江，河北、內蒙古、山東、山西、陝西等省亦有栽培。

【植物形態】　原植物為木蘭科植物北五味子。多年生藤本，莖為纏繞莖，長可達數公尺，不易折斷。枝紅棕色，老枝灰褐色。幼枝上葉互生，老枝上葉多簇生；葉片廣橢圓形或倒卵形；花單性，雌雄同株；花乳白色。聚合漿果，穗狀，小漿果球形，成熟時紅色至紫紅色。內含種子1～2粒，腎形，種皮光滑，黃褐色或紅褐色，堅硬。

五味子果皮和成熟的種皮含木質素類化合物，主要為五味子素及其類似的化合物α-、β-、-γ、-δ、-ε五味子素，偽γ-五味子素，去氧五味子素、新五味子素、五味子醇等，還含有揮發油、有機酸等成分。同時分出多種新的五味子素（戈米辛）A、B、C、D、E、F、G、H等。胃酸、甘，性溫，歸心、肺、腎經，具有斂肺、澀精、止汗、止瀉、生津、益智、安神之功效，主要用於治療肺虛喘嗽、盜汗、痢疾、神經衰弱、急慢性肝炎、視力減退等症。

【生長習性】 北五味子是一種抗寒性很強的植物，芽眼萌動比一般樹木早（4月中旬），幾乎不受晚霜的危害，能耐受住早春寒冷的氣候而正常生長。5月上旬展葉，5月下旬至6月初開花，花期10～14天，單花6～7天開完，開花的臨界溫度0～1℃。在花期很少見到昆蟲在花上活動，所以認為北五味子是風媒花植物。8月末至9月下旬果實成熟。

北五味子在野生條件下，主要靠營養繁殖，由母株的地下橫走莖（分佈在10～40公分腐殖質層中）向四周伸展，盤根錯節，新橫走莖頭一年形成不定芽，第二年長出新植株，同時又產生新的橫走莖，又向四周伸長，每年如此繁衍。新植株從根莖上發生，沒有主根，只有少量鬚根，因此不耐乾旱，其營養來源除本身從土壤中吸收外，還可從母株上獲得。據觀察，年老或生長在瘠薄土地上的植株多生雄花；幼年或壯年樹生活力強，多生雌花。北五味子植株壽命可達20年。

【栽培技術】

1. 育苗技術

一般有播種、扦插和壓條等幾種方法，因目前優良品種較少，生產用苗仍以實生苗為主。培育五味子苗木，可根據具體情況選擇適宜方法。

（1）實生繁殖

① 採種、層積處理及催芽：7月下旬以後可到栽培園或野外調查選種，選種標準是把穗長8公分以上，平均粒重0.5克以上，漿果著色早的結果樹，確定為採種樹。8月

末至9月中旬採收果實，搓去果皮果肉，漂除癟粒，放陰涼處晾乾。12月中下旬用清水浸泡種子2～3天，每天換1次水，然後按1：3的比例將濕種子與潔淨細河沙混合在一起，放入水箱或花盆中貯放，溫度保持0～5℃，沙子濕度一般為飽和含量的40%～50%，即用手握緊成團又不滴水。北五味子種子層積處理所需要的時間為80～90天，播種前半個月左右，把種子從層積沙中篩出，用涼水浸泡3～4天，每天換水1次。浸水的種子種皮裂開或露出胚根，即可播種。

② 苗圃地選擇及播種前準備：為了培育優良的北五味子苗木，苗圃地最好選擇地勢平坦，水源方便，排水好，疏鬆、肥沃的沙壤土地塊。苗圃地應在前一年土壤結凍前進行翻耕、耙細，翻耕深度25～30公分。結合秋翻施入基肥，每0.0667公頃施腐熟農家肥2500千克左右。

（2）**露地直播** 露地直播可實行春播（5月上旬）和秋播（土壤結凍前）。播種前做寬1.2公尺、長10公尺的低畦。播種採用條播法，即在畦面上按15～20公分的行距，開深2～3公分的淺溝，每畦撒播種子100～120克。覆2公分細土，用木滾鎮壓，澆透水，在床面上覆蓋一層稻草簾，以保持土壤濕度，至幼苗出土時揭去。

為防止立枯病和其他土壤傳染性病害，在播種覆土後，結合澆水，噴施800～1000倍50%代森銨水劑。當出苗率達到50%～70%時，撤掉覆蓋物並隨即搭設簡易遮陰棚，在幼苗至5～6公分時撤掉。

苗期要適時除草鬆土，當幼苗長出3～4片真葉時進行間苗，株距保持7～10公分。苗期追肥2次，第一次在拆除遮陰棚時進行，在幼苗行間開溝，每個苗床施硝酸銨200～250克、硫酸鉀50～60克；第二次在苗高10公分左右時進行，每個苗床施磷酸二銨300～400克、硫酸鉀60～80克。施肥後適當增加澆水次數，以利幼苗生長。

（3）保護地營養育苗　在無霜期短的地方露地直播育苗一般得兩年出圃，如果採取保護地提前播種培育營養缽苗，然後移栽於露地苗圃的方法，可達到當年育苗當年出圃的目的。

播種及播後管理：4月初，扣塑膠大棚，製作紙袋營養缽，規格為6公分×6公分×10公分或7公分×7公分×10公分；營養土的配比為：細河沙與腐殖土比例為1：3，並按5%的比例加放腐熟農家肥及0.3%的磷酸二銨（研成粉末）。播種前給紙缽營養土澆透水，播種時底土及覆土拌入敵苗靈，在播種後結合澆水，噴施800～1000倍代森銨。每個紙缽內播種2粒，覆土1～1.5公分。

播種後要保持適宜的濕度，一般2～3天澆1次水，小苗出齊後要遮陰20天左右，當溫度在30℃以上時要通風降溫。

幼苗移栽及圃地管理：6月中下旬，幼苗帶土坨移入苗圃。栽苗前苗圃地要充分做好準備（翻耙、打壟等），栽苗時用平鎬破壟開15公分深溝，施入基肥（每0.0667公頃用優質農家肥400～500千克），紙缽苗按株距10～15公分擺放溝中，用細土填平，澆透水，最後封壟。

幼苗移入苗圃後，土壤乾旱時及時灌水，勤除草鬆土。7月初進行第一次追肥，每兩株間施硝酸銨30～40克、硫酸鉀10～15克；8月初進行第二次追肥，施三元複合肥 50 克或磷酸二銨 40 克、硫酸鉀 10 克。

（4）扦插繁殖　扦插繁殖屬於無性繁殖方法之一，因而扦插苗能相對穩定地保持原品種的特性和特徵。隨著優良品種及其種源的增多，這種方法將成為培育生產用苗的主要方法。

① 硬枝扦插：在 5 月中旬至 6 月初，將上一年枝剪成 8～10 公分插條，上部留一個 3～5 公分的新梢，基部用 2×10^{-4} α-萘酸或吲哚酸浸泡 24 小時或用 2×10^{-3} 液浸蘸 3 分鐘。扦插基質上層為細河沙 5～7 公分，下層為營養土（大田表層土加腐熟農家肥）10 公分左右。插條與床面成 30 度角，扦插密度 5 公分 × 10 公分，苗床上扣遮陰棚，插條生根前，葉片保持濕潤。

② 綠枝扦插：在 6 月上中旬，採集半木質化新梢，剪成 8～10 公分插條上留 1 片葉，用 10^{-3}ABT1 號生根粉液浸蘸插條基部 15 秒或 3×10^{-4} α-萘乙酸浸蘸 3 分鐘，扦插基質及扦插管理方法同上。

③ 橫走莖扦插：在栽培園中，三年生以上五味子樹可產生大量橫走莖，分佈於地表以下 10～15 公分的土層中，萌芽前結合清理萌蘗，在清理出的橫走莖中選取具有飽滿芽部分，剪取 15 公分左右的插條，插條基部 5～7 公分處用 1.5×10^{-5}～2×10^{-5} α-萘乙酸浸蘸，栽植於事先準備的苗圃地。栽苗時用平鎬破壟開 15 公分深的溝，插條按株距 10 公分放入溝中，用細碎潮濕的土覆蓋至溝深的一半，不要踏實。每栽 3～4 公尺長就及時澆透水，待水滲下之後覆土成原壟，上蓋稻草或草簾保濕，10～15 天後芽眼萌發嫩梢。幼苗期管理與實生育苗方法相同。

2. 種植技術

（1）園地選擇　北五味子在微酸性及酸性土壤、無霜期 115 天以上、≥10℃年活動積溫 2300℃以上的區域可大面積栽培。建立北五味子園應選擇排水好、地下水位低的平地或背陰坡地，籬架栽培，株行距（0.75～1.0）公尺×2 公尺。

（2）定植前的準備　入冬前按確定的行距挖深 50～70 公分、寬 80～100 公分的栽植溝。挖土時把表土放在溝的一側，心土放在另一側，溝挖好後先填入一層表土，然後分層施入腐熟或半腐熟有機肥（每 0.0667 公頃 2500 千克）分 2～3 次踏實。回填後把全園平整好，栽植帶高出地面 10 公分左右。架柱和架線的設立在栽苗前完成，架高 2 公尺，設三道線，間距 60 公分。

（3）苗木栽植　成品苗在 4 月下旬定植。栽苗前把貯藏的苗木取出，放在清水中浸泡 12～24 小時，根系較長的剪留 15～20 公分。栽植點距架線垂直投影線 10～15 公分，挖直徑 30～40 公分、深 25 公分的定植穴，挖出的土拌入 2.5 千克左右熟農家肥回填到穴內一半，在穴底培起饅頭形土堆，把苗木放在穴內，根系要分佈均勻，然後回填剩餘的土，輕輕抖動苗木使根系與土壤密接，把土填平踩實。做直徑 50～60 公分的水盤，每株澆水 10～15 千克，水滲下後將水盤的土埂耙平，用土把苗木的地上部分埋嚴，7～10 天後把土堆扒開耙平。

如果急於建園又無成品苗，可在早春 4 月初用溫室或塑膠大棚培育營養缽苗，6 月中下旬帶土坨直接定植。用成品苗和營養缽苗建園，產量明顯差異。

3. 田間管理

（1）中耕除草　一年5次以上，深度10公分左右，栽植帶內保持土壤疏鬆無雜草。在果實採收以後進行全園深耕，深度20～25公分，在9月下旬前完成。

（2）間作及清理　萌蘗在一、二年生園，行間可種植矮棵作物。三年生以上園要保持清耕休閒；在萌芽前清除植株基部上年產生的萌蘗。

（3）施肥　深耕（秋採地）後，進行秋施肥，每0.0667公頃施農家肥1500～2500千克，在架的兩側隔年進行，頭兩年靠近栽植溝壁，第三年後在行間開深30～40公分的溝，填糞後馬上覆土。每年追肥兩次，第一次在萌芽（5月初），追速效性氮鉀肥。第二次在植株生長中期（7月上旬）追施速效磷鉀肥。隨著樹體的擴大，肥料用量逐年增加，硝銨25～100克／株，過磷酸鈣200～400克／株，硫酸鉀10～25克／株。

（4）立架桿　北五味子枝蔓柔軟不能直立，需依附支棍纏繞向上生長，因此，它的整形需人為設立架桿和結合修剪來完成。

北五味子在定植當年生長量不大，株高40～50公分，第二年平均為130公分，第三年可佈滿架面。在第二年春季（5月上旬）把長2.0～2.2公尺、上頭直徑1.5～2.0公分的竹竿插在植株的兩側，間距35～50公分，用細鐵絲固定在三道架線上，入土部分最好塗上瀝青以延長使用年限。每個竹竿上保留2～3個固定主蔓。

（5）冬季修剪　從植株落葉後2～3週至翌年傷流開始前均可進行冬季修剪，但以3月中下旬完成為宜。修剪時，剪口離眼 2～2.5 公分，離地表 30 公分架面內不留側枝。在枝蔓未佈滿架面時，對主蔓延長枝只剪去未成熟部分；對側蔓的修剪以中長梢修剪為主（留 6～8 個芽），間距保持 15～20 公分。單株剪留的中長枝以 10～15 個為宜。葉叢枝原則上不剪；為了促進基芽的萌發，以利培養預備枝也可進行短梢和超短梢修剪（留 1～3 個芽）。

對上一年剪留的中長枝要及時回縮，只在基部保留一個葉叢枝，因此修剪時主要在下部結果的重要部分，其上多數節位也易形成葉叢枝。上一年的延長枝也是結果的重要部分，其上多數節位也易形成葉叢枝，因此，修剪時要在下部找能替代的枝條進行更新。當發現某一主蔓衰老或部位上移而下部禿裸時，應選留從植株基部發出的健壯萌蘗做新的主蔓，把老蔓去掉。

植株進入成齡後，在主側枝的交叉處，往往有芽體較大、發育良好的基芽，這種芽大多能抽出很健壯的枝條，這對更新側枝創造了良好的條件，應注意利用。

（6）夏季架面管理　植株在幼齡期要及時把選留的主蔓引縛到竹竿上促進其向上生長，成齡樹側蔓抽生的新梢原則上不用綁縛，若有過長的可留 10 節左右摘心，側蔓（結果母枝）留的過長或負荷量較大時，應給予必要的綁縛，以免折枝。

4. 病蟲害防治

白粉病和黑斑病是北五味子常見的兩種病害，一般發生於 6 月上旬。危害北五味子的害蟲主要有食心蟲、金龜子成蟲等，大多發生在 5 月下旬至 8 月下旬。

防治方法：兩種病害的始發期相近，在 5 月下旬噴霧

1 次 1：1：100 波爾多液進行預防，如沒有病情發生，可 7～10 天噴 1 次。防治白粉病用 0.3～0.5 度石硫合劑或粉銹寧、甲基托布津可濕性粉劑 800 倍液，黑斑病用代森錳鋅 50%可濕性粉劑 600～800 倍液防治。如果兩種病害都呈發展趨勢，粉銹寧和代森錳鋅可混合配製進行一次性防治，濃度仍可採用上述各自使用的濃度。5 月下旬（落花後一週）至 7 月中旬可把溴氰菊酯（或氧化樂果）和粉銹寧（或甲基托布津）、代森錳鋅（或退菌特）混製，既可防治以上兩種病害又可防治各種蟲害。

在管理上，注意枝蔓的合理分佈 ，適當增加磷、鉀肥的比例，以提高植株的抗病力；萌芽前清理病枝葉集中燒毀或深埋，全園噴霧 1 次 5 度石硫合劑。

【採收加工】 五味子栽後 4～5 年大量結果，秋季 8～9 月果實呈紫紅色時摘下，曬乾或陰乾。若遇陰雨天要用微火烘乾，但溫度不能過高，防止揮發油揮發，變成焦粒。

王不留行

【藥用部位】 種子。

【商品名稱】 王不留行。

【產地】 主產於黑龍江、遼寧、吉林、河北、河南、山東、山西、湖北，此外，四川、浙江、湖南、陝西、甘肅、新疆、雲南、安徽等省也有栽培。

【植物形態】 別名奶米、麥藍草等，為一、二年生草本石竹科麥藍菜屬植物。全株光滑無毛，表面稍有白粉。莖直立，圓柱形，高30～70公分，上部呈叉狀分枝。單葉對生，無柄，葉片卵狀披針形或卵狀橢圓形。聚傘花序頂生，總苞片及小苞片均2片對生，花萼圓筒狀，花瓣5，淡紅色。蒴果卵形，4齒裂。種子多數，球形，黑色或紫黑色。花期4～5月，果期6月。

王不留行種子含王不留行皂苷，水解得絲石竹皂苷元及β D葡萄糖醛酸。另含棉子糖等。又據報導，種子尚含王不留行黃酮苷。具有行血調經、消腫止痛、催生下乳等功能，特別對治療膽結石症頗有療效。

【生長習性】 王不留行多野生於荒地、路旁，耐乾旱耐瘠薄，也可與小麥一起生長，適應性極強。喜溫暖、濕潤氣候，忌水浸。為喜肥作物。對土壤要求不嚴，但以沙質壤土和黏壤為佳。種子發芽率80%左右，溫度在18～25℃，有足夠的濕度，播後4～5天即可出苗。

【栽培技術】

1. 選地整地

宜選土壤疏鬆、肥沃，排水良好的夾沙土種植。地選定後，結合整地每0.0667公頃施入腐熟廄肥或堆肥2500千克作基肥，然後充分整細整平，開寬1.3公尺的高畦，四周開好排水溝待播。

2. 繁殖方法

挑選種子時應選擇子粒飽滿、黑色、有光澤、成熟的種子作種，曬乾貯藏，播種的時間應定在大秋作物起茬後的9月中下旬至10月上旬進行。也可春種夏收。

王不留行可點播或條播。點播在整好的畦面上，按行株距25公分×20公分挖穴，穴深3～5公分。然後按每

0.0667 公頃用種量 1 千克，將種子與草木灰、人畜糞水混合拌勻，製成種子灰，每穴均勻地撒入一小撮，播後覆蓋細肥土，厚 1～2 公分。

條播，按行距 25～30 公分開淺溝，溝深 3 公分左右。然後，將種子灰均勻地撒入溝內，播後覆細土 1.5～2 公分，每 0.0667 公頃用種量 1.5 千克左右。

3. 田間管理

（1）中耕除草　苗高 7～10 公分時，進行第一次中耕除草，宜淺鬆土，避免傷根，雜草用手拔除。結合中耕除草，進行間苗和補苗，每穴留壯苗 4～5 株；條播的，按株距 15 公分間苗。如有缺株，用間下來的壯苗進行補苗。第二次中耕除草於第二年春季 2～3 月進行並結合定苗。條播的按株距 25 公分定苗。以後視雜草滋生情況，再進行中耕除草 1 次，保持土壤疏鬆和田間無雜草。

（2）追肥　一般進行 2～3 次。第一次在苗高 7～10 公分時，中耕除草後每 0.0667 公頃施入稀薄人畜糞水 1500 千克或尿素 5 千克。第二年春季進行中耕除草後，每 0.0667 公頃施入較濃的人畜糞水 2000 千克、過磷酸鈣 20 千克，或用 0.2%磷酸二氫鉀根外追肥 1～2 次，有利增產。

4. 病蟲害防治

（1）葉斑病　危害葉片，病葉上形成枯死斑點，發病後期在潮濕的條件下長出灰色霉狀物。

防治方法：① 增施磷、鉀肥，或在葉面噴施 0.2%磷酸二氫鉀，增強植株抗病力。

② 發病初期，噴 65%代森鋅 500～600 倍液，或 50%多菌靈 800～1000 倍液或 1：1：100 波爾多液，每 7～10

天1次，連噴2～3次。

（2）食心蟲　以幼蟲危害果實。

防治方法：用90%敵百蟲1000倍液或80%敵敵畏1000倍液噴殺。

【採收加工】　王不留行於秋播後的第二年4～5月採收。一般當王不留行子多數變黃褐色，少數已變黑色時就要將地上部分齊地面割下。過遲，種子容易脫落，難以收集。割回後，置通風乾燥處後熟5～7天，待種子全部變黑色時，曬乾、脫粒、揚去雜質，再曬至全乾即成商品。若與小麥混種，可與小麥同收。

牛　蒡

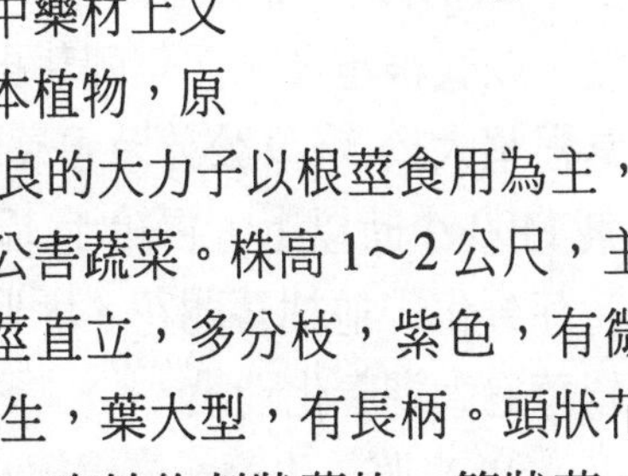

【藥用部位】　種子。

【商品名稱】　牛蒡子。

【產地】　中國各地均有栽培，以東三省產者為佳。

【植物形態】　牛蒡在中藥材上又叫大力子，屬菊科多年生草本植物，原產亞洲，以子入藥，後經改良的大力子以根莖食用為主，作為綠色營養食品，又稱無公害蔬菜。株高1～2公尺，主根肉質，長30～60公分。莖直立，多分枝，紫色，有微毛。基生葉叢生，莖生葉互生，葉大型，有長柄。頭狀花序排列成傘房狀；總苞球形，密被鉤刺狀苞片。管狀花，紫紅色。瘦果，倒卵形長條形，灰褐色；種子1枚；種子倒卵形或倒披針形。花期6～7月，果期7～9月。

牛蒡子主要成分為牛蒡苷，水解生成牛蒡子素。另含

脂肪油，主要為棕櫚酸、硬脂酸等的甘油酯。還含甾醇、維生素B等。味辛、苦，性寒，歸肺、胃經，具散風熱、利咽、透疹、消腫解毒功能。

近年，研究證明牛蒡根能促進血液循環、清除腸胃垃圾、防止人體過早衰老、潤澤肌膚、防止中風和高血壓、清腸排毒、降低膽固醇和血糖，並適合糖尿病患者長期食用（因牛蒡根中含有菊糖），對類風濕有一定療效，對癌症和尿毒症也有很好的預防和抑制作用，因此已被越來越多的人作為一道藥用食品擺上餐桌。

【生長習性】 牛蒡根莖一般直徑3～4公分，長70～100公分，肉質灰白色，植株粗壯，抽薹後植株高150～180公分。開花到種子成熟30～40天，千粒重12～14克，發芽年限3～5年。

① 溫度：牛蒡喜溫耐熱又耐寒，種子發芽適溫20～25℃，生長適溫也為20～25℃，地上部耐寒力弱，3℃以下植株枯死，而根可耐 -20℃的低溫。冬季地上部枯死後，以直根越冬，翌年萌芽再生長。牛蒡屬綠體春化型，當根莖大於3～9公分時可感受低溫影響，5℃左右低溫積累1400小時以上，再給予12～13小時的長日照，可促進花芽分化，並抽薹開花。因此，秋季播種不能太早，以防根莖過大進春化階段。

② 光照：牛蒡是喜溫植物，在有光照的情況下可促進發芽。強光及長日照植株發育良好，肉質根膨大快而充實。

③ 土壤：牛蒡因根深對土壤要求較嚴，要求土層1公尺深以內為沙壤土為好，否則，根杈多，品質級別差，土壤過沙，根易空心，不宜保水保肥；牛蒡在生長過程中，

如遇大雨連續淹兩天以上根易腐爛。要求地力肥沃，土壤有機質 2%以上（即每 0.0667 公頃產小麥 400 千克左右的地力）。

【栽培技術】

1. 繁殖技術

（1）播種　牛蒡一年可播種兩次，春季 3 月下旬至 4 月上旬（採用地膜覆蓋）播種，秋季 10 月至 11 月收穫；秋季 9 月下旬至 10 月中旬播種，也要採用地膜覆蓋，越冬期以小拱棚地膜覆蓋為好。每 0.0667 公頃用種 200～300 克，行距 90 公分，株距 7～10 公分，每 0.0667 公頃留苗 9000～10000 株。

（2）浸種催芽　清水浸種，漂去秕子，浸種 12～24 小時，放在 25℃的條件下，兩天可萌芽，隨即播種，播後 7 天左右出土。

（3）施足底肥，開溝起壟種植　每 0.0667 公頃要求施優質廄肥 2000 千克，腐熟雞糞（發酵）2500 千克，二銨 25 千克，硫酸鉀 10 千克，硫酸亞鐵 5 千克，0.5 千克辛硫磷。以上細肥在開溝前順開溝線撒施，農藥對水後拌成毒土，在播種溝內撒施。

在開溝前將地澆 1 次大水，以保證開溝時土壤不乾。種植牛蒡先用開溝機開 90～100 公分深的溝，開溝後自然形成一個土埂，埂高 25 公分左右，每 90 公分開一個溝（埂）。埂的兩側用腳踩實，埂的上面用腳輕踩一下，並用鐵耙平好，然後再用小鎬在埂的上面開一小溝，溝深 5～7 公分，按 4～5 公分一穴進行點播，每穴點 1 粒，小溝內每 0.0667 公頃撒施育苗素 7 袋，覆土 1～2 公分，開始地膜覆蓋。

2. 田間管理

採用地膜覆蓋，待種子出土後，及時進行破膜。牛蒡苗期不耐旱，要澆小水，尤其是春季播種的要保持土壤濕潤。及時間苗、定苗，每穴留1株。穴距8～10公分。苗期噴1次甲基托布津和綠風95的混合液，防死苗，促生長。如果是秋季播種，在11月中旬蓋小拱棚時，可在埂上再撒施少量毒餌，防止蟲咬。11月下旬澆1次越冬水。

春季牛蒡萌新葉時，及時去掉枯葉。春天牛蒡長出4～5片新葉後，開始追肥澆水，在植株一旁開一小溝，每0.0667公頃追尿素10千克。

秋播牛蒡越冬後，4月20日以前注意給小拱棚放風降溫，4月25日以後去掉小拱棚。春季直播的牛蒡，在生長過程中，要防止夏季大雨灌溝，要進行排雨水安排。

3. 病蟲害防治

及時防治病蟲害，病害以立枯病為主，用多菌靈、甲基托布津、代森錳鋅等殺菌劑即可。發現白粉病用粉銹寧防治；防治蟲害主要是抓好蚜蟲的防治，可用氧化樂果或無公害殺蟲劑。

【採收加工】 牛蒡在栽種的第二年7～8月份，當果序總苞枯黃時即可採收。採收時應選早晨或陰天進行，以免刺傷手，此外應站在風口並戴上口罩、風鏡、手套，以免小絨毛傷害眼睛和皮膚。採回果實，及時攤曬，乾燥後用木棍敲打脫出果實。其根收前先除去地上莖葉，沿牛蒡的一側開一小溝，並用大水邊灌埂溝，邊用人工拔出。拔後及時進行分級捆綁和整理。

草決明

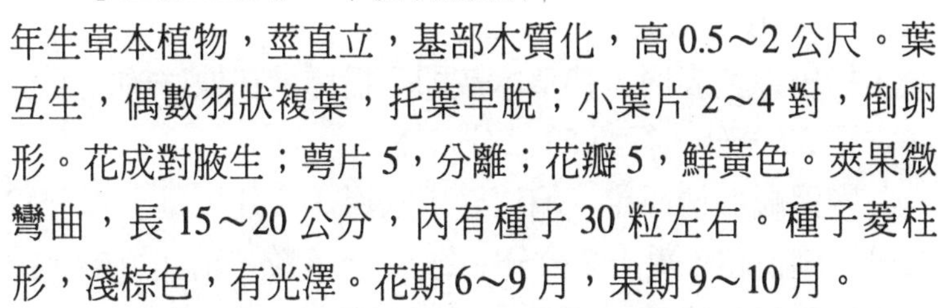

【藥用部位】 種子。

【商品名稱】 決明子。

【產地】 主產於四川、江蘇、安徽等省，中國各地均有栽培。

【植物形態】 草決明為豆科一年生草本植物，莖直立，基部木質化，高0.5～2公尺。葉互生，偶數羽狀複葉，托葉早脫；小葉片2～4對，倒卵形。花成對腋生；萼片5，分離；花瓣5，鮮黃色。莢果微彎曲，長15～20公分，內有種子30粒左右。種子菱柱形，淺棕色，有光澤。花期6～9月，果期9～10月。

草決明是中國常用的大宗藥材之一，其栽培技術歷史悠久，藥用價值很高。決明子含游離羥基蒽醌衍生物，為大黃酚、大黃素、大黃素甲醚、決明素、決明苷等。草決明味苦，性微寒，有清肝、明目、通便之功能，可用於頭痛眩暈、大便秘結等症。

【生長習性】 草決明對土壤的要求不嚴，向陽緩坡地、溝邊、路旁，均可栽培，以土層深厚、肥沃、排水良好的沙質壤土為宜，pH6.5～7.5均可，過黏重地、鹽鹼地不宜栽培。草決明是喜光植物，喜歡溫暖濕潤氣候，陽光充足有利於其生長。喜溫暖、耐旱不耐寒，怕凍害，幼苗及成株易受霜凍脫葉致死，種子不能成熟。

【栽培技術】

1. 選地整地

草決明宜選平地或向陽坡地，每0.0667公頃施腐熟好的土雜肥3000千克，過磷酸鈣50千克，硫酸鉀30千克，尿素20千克，整平耙細後做畦，做畦寬1.2公尺的平畦或高畦。

2. 繁殖方法

草決明一律春播。南方於3月下旬，北方於4月上、中旬適時播種。為了使苗齊、苗壯，播種時應對種子進行處理，可用50℃的溫水浸種12～24小時，使其吸水膨脹後，撈出晾乾表層，拌草木灰即可播種。在做好的畦面上按株距50公分、行距50公分穴播。

穴深視墒情而定，墒情好，穴深3公分，覆土1.5～2公分；墒情差，覆土2公分。每穴5～6粒，稍加填壓。播種後經常保持土壤濕潤，7～10天發芽出苗，每0.0667公頃用種量為1～1.5千克。播種時用地膜，可明顯提高草決明的產量和品質。

3. 田間管理

（1）間苗、定苗、補苗　草決明幼苗出土後，當苗高3～5公分時，間除小苗、弱苗，每穴留3～4株壯苗；當苗高10～15公分時，進行定苗，每穴留壯苗2株。如發現缺苗，及時補栽，做到苗齊、苗全、苗壯，這樣才利於草決明豐產。

（2）中耕除草和追肥　出苗後至封行前，要勤於中耕、澆水，保持土壤濕潤，雨後土壤易板結，要及時中耕、鬆土。中耕除草後，結合間苗，進行第一次追肥，每0.0667公頃施腐熟人糞尿水500千克；第二次在分枝初期，中耕除草後，每0.0667公頃施人糞尿水1000千克，加過磷酸鈣40千克，促進多分枝，多開花結果；第三次在封行前，中耕除草後，每 0.0667 公頃施腐熟餅肥 150 千克，加過磷酸鈣 50 千克，促進果實發育充實，子粒飽滿。當苗高 60 公分時，進行培土以防倒苗。

（3）排灌水和施葉麵肥　草決明生長期需水比較多，特別是苗期，幼苗生長緩慢，不耐乾旱，注意勤澆水，經常保持畦面濕潤；雨季要注意排水，長期積水，容易枯死而造成減產。

4. 病蟲害防治

（1）灰斑病和輪紋病　灰斑病危害全葉。發病初期在葉片上產生褐色病斑，中央色稍淺。後期病斑上產生霉狀物，在潮濕環境條件下，發病嚴重。輪紋病侵害葉、莖、果實。發病初期，病斑近圓形，後期病斑擴展呈輪紋狀，不明顯。

以上兩種病害的主要防治方法：① 發現病株，及時拔除，集中燒毀深埋；② 發病的病穴用 3%的石灰乳進行土壤消毒；③ 發病初期用 50%的多菌靈 800～1000 倍液噴霧防治，7～10 天 1 次，連續 2 次；④ 嚴重時，噴波美 0.3 度石硫合劑。

（2）決明蚜蟲　危害嫩莖、嫩葉及莢果。

防治方法：① 可用 40%的樂果 2000 倍液噴霧防治；② 發病嚴重時，可用 90%敵百蟲 1000 倍液噴霧防治，7～10 天 1 次，連續 2 次。

【採收加工】　春播草決明於當年秋季 9～10 月果實成熟，當莢果變成黑褐色時，適時採收，這是提高草決明產量的主要途徑之一。將全株割下，運回曬場，曬乾，打出種子，除淨雜質，再將種子曬至全乾，即成商品。每

0.0667 公頃產乾品 200～300 千克。以身乾、子粒飽滿、棕褐色、有光澤者為佳。

天　麻

【藥用部位】 塊莖。

【商品名稱】 天麻。

【產地】 主產於四川、雲南、貴州、湖北、陝西等省，中國各地均有栽培。

【植物形態】 天麻，俗稱赤箭、定風草、仙人腳等，為蘭科多年生草本寄生植物。高 60～100 公分。地下塊莖橫生，肥厚，肉質，長圓形或橢圓形。莖單一，直立，圓錐形，黃赤色，稍帶肉質。葉為退化的膜質鱗片，互生，基部呈鞘狀抱莖。總狀花序頂生，花冠不整齊。蒴果，種子多數而細。花期 6～7 月，果期 7～8 月。

天麻含天麻苷，為對羥基苯甲醇－β－D 葡萄糖苷。此外尚含有對羥基苯甲醇、對羥基苯甲醛、琥珀酸、β－谷甾醇、胡蘿蔔苷、檸檬酸、棕櫚酸等。主治頭暈，偏、正頭痛，四肢痙攣，手腳麻木，半身不遂，小兒驚風等。

【生長習性】 天麻喜歡生長在疏鬆的沙質土中，無沙地區可在土中加入腐殖土、稻殼、鋸末等能夠增加土壤透氣性的材料，也可摻入礦石、煤渣等。要求土壤的 pH 在 5～7，以微酸性為好。

溫度對天麻的影響最大。產量的高低與溫度有直接關係。天麻塊莖開始萌動溫度是 10～15℃，但生長很慢，當土溫達到 20～25℃時天麻的生長發育最快，這也是天麻

（和蜜環菌）生長的最適合溫度，超過35℃天麻生長困難。土溫低於10℃，天麻就不再生長，進入了休眠期。

【天麻的營養方式】 天麻是一種特殊的異養植物，它的主要營養來源是分解蜜環菌提供的營養。它具有專門消化蜜環菌的本領，天麻皮層組織內有一層消化層，當天麻經過30～40天的休眠後，消化層的消化能力增加，當蜜環菌幼嫩的菌索伸入到天麻的消化層細胞時，消化細胞就分泌出一種酶，它可把侵入的菌索變為供給營養的夥伴，菌絲不斷地向四面伸展，天麻也就不斷地得到營養。當然菌絲的生長要耗費栽培料裏的養分。所以蜜環菌越多越旺盛，天麻的生長也就越快。

人工栽培天麻產量的高低，成功與失敗的關鍵就在於天麻在生長期是否有大量的蜜環菌。所以栽培天麻必須先繁殖蜜環菌。蜜環菌母種製作配方如下：

馬鈴薯200克、白糖20克、瓊脂20克、水1000毫升、硫酸鎂3克、維生素2克。按配方精確稱取，先將馬鈴薯去皮切片放入1000毫升水中，用文火煮沸20分鐘左右。然後過濾，加水再加熱，先將瓊脂、白糖、硫酸鎂、維生素煮至全部溶化，用量杯量一下是否還夠1000毫升，如不足，用開水補足。

趁熱分裝試管中，每管裝12毫升，1000毫升可分裝80～100支試管。分裝時要用長管漏斗，不要使培養基沾到試管口上，以免沾濕棉塞污染上雜菌。試管口塞棉塞要鬆緊合適。然後，每10支試管用皮套捆成一小捆，每5小捆再捆成一大捆，棉塞用牛皮紙包好，放入高壓鍋中1.5千克壓力滅菌40分鐘停火。

等壓力錶回零才能排氣開鍋，取出試管傾斜排放在桌面上，斜面試管有兩種：原母種試管——斜面試管的斜面應為管長的1/2，冷卻凝固後，取一些試管放入恒溫箱中27～30℃空白培養10天，經無菌觀察，確認無雜菌，才能大量用於分離制種或轉接生產母種。接種要在嚴格的無菌條件下進行——可以使用629食用菌專用消毒劑、氣霧消毒盒、電子接種器等。接種後放入25℃的恒溫箱中培養15～20天，長滿試管確認無任何雜菌，就可用於轉接二級原種了。母種也可採用立管瓊脂培養法。

蜜環菌二級、三級種製作配方如下：

二級種實質就是一級母種的擴大培養，一支母種可轉接5瓶二級種，一瓶二級種可轉接20瓶（袋）左右的三級種。

二級種配方：① 玉米心或棉子殼40千克、玉米麵7.5千克、尿素0.25千克、磷酸二氫鉀0.15千克、硫酸鎂0.2千克、白灰0.5千克、碳酸鈣0.5千克、含水量65%。

② 枝條二級種，各種闊葉樹的新鮮樹枝，要求直徑1～2公分，截成長6公分的小段裝入750毫升罐頭瓶中，裝到八分瓶高度加滿營養水。營養水配方：水50千克、土豆2.5千克煮水、硫酸鎂0.25千克、二氫鉀0.25千克，加滿水後，蓋上丙烯塑膠蓋，套好皮套。

③ 鋸末50千克、麩子5千克、玉米麵5千克、樹枝50千克，樹枝截成長6公分小段，白糖0.5千克、硫酸鎂250克、磷酸二氫鉀250克、尿素250克、石膏1千克、碳酸鈣0.5千克。含水量70%。把上述原料均勻拌合在一起，開始裝瓶裝袋。

裝瓶標準：每瓶能裝乾料 125 克，裝完濕料連瓶稱重應為 0.65 千克，這就證明裝料量、鬆緊度都很適度。料中間打一個眼以利菌絲快速生長，裝完瓶後馬上擦淨瓶身，蓋上丙烯塑膠蓋，套好皮套，進行常壓滅菌 100℃保持 10 小時以上。滅菌結束後，瓶溫降到 30℃以下搬入接種室中，接種前必須進行嚴格消毒——用 629 消毒劑或氣霧消毒盒或電子接種器配合使用。一支生產母種可轉接 5 瓶二級種，接完後馬上放入 25～27℃的恒溫箱或能保持 25℃條件的其他環境下培養。每 3～5 天檢查 1 次，把長勢不好、不純的及時挑出。經 35 天左右，就能長滿瓶，滿瓶後應再鞏固培養 5 天，才能轉接三級種或直接栽培天麻。

三級種配方：鋸末、棉子殼、玉米心、樹葉等任選或混用，占 30%，不含油質的樹枝占 45%，剪成 5 公分左右的小段，麩子 15%，豆餅 6%，白糖 1%，硫酸鎂 0.5%，克黴靈 0.2%，尿素 0.5%，碳酸鈣 1%，石膏 1%。

製作方法同二級種，在 20～25℃下培養 45 天左右長滿，雖然二、三級種都可用來培養菌材，但二級種品質好、純度高，培養出的菌材菌索更多、更旺盛。

【天麻栽培】

1. 培養材料

天麻栽培不受地理位置的限制，可充分利用一切空閒地、山坡、樹林、室內外大棚、木箱、竹筐、防空洞、地下室、編織袋、花盆、塑膠袋等。培養原料更是應有盡有：鋸末、玉米心、樹枝、樹葉、農業秸稈、麥草等，只要蜜環菌能正常生長的原料都可以栽培天麻。

2. 栽培方式

分無性繁殖、有性繁殖。現在多採用無性繁殖。

箭麻，當年下種白麻秋後產生的大天麻，至第一年能抽薹開花的天麻，有明顯的芽嘴，一般來說個最大，色黃棕色或淡黃色，也稱商品麻，因為除了用於有性育種留種外，它一加工成商品，再栽培增殖率不高。

白麻，重幾克到百餘克，前端有類似芽嘴乳白色生長點，白麻又分為大白麻、中白麻、小白麻，白麻的繁殖能力強，生長半年到一年就成為商品麻（也就是長成箭麻了）。

米麻，就是長度 3 公分以下重約 2 克以下的小麻，更小的只有幾毫克，可它的繁殖係數最高。

母麻，就是白麻栽培後前端生長箭麻，麻體變成母體了，就叫母麻。母麻一般情況下沒有多大藥用價值。

3. 栽培時間

天麻種植時間的確定，以地溫 5～10℃為標準。室內、大棚、山洞，從 11 月 10 日起最晚至翌年 5 月 10 日結束。野外栽培最早 3 月 20 日最晚 5 月 20 日，最佳時間是 4 月份。

野外栽培前的準備：選擇背風向陽坡地或平地，夏天不能大量積水。室內大棚栽培前的準備：場地近水源，冬季不能低於 –5℃，夏季不超過 35℃。

4. 栽培技術

先向坑底澆足水，然後鋪 3 公分厚的沙子，擺放樹棒，每 3 公分 1 根，白麻種 10 公分放 1 個米麻 5 公分放 1 個，太小的米粒大的米麻撒播。然後在天麻種之間放一塊桃核大的蜜環菌塊，或放一段枝條、蜜環菌，鋪 3 公分厚的沙子，有樹葉可鋪一層樹葉，這樣 4 層樹棒 3 層天麻蜜環菌。表面蓋 20 公分厚土，天麻種植完畢。

天麻種植成功的關鍵是種植時間和純蜜環菌一步栽培法，天麻種完之後，不用特殊管理，大旱之年可以澆些水；大澇之年做些排水措施。正常情況下 10 月末採收。

【採收加工】 有性繁殖 5～7 月份播種，到 10～11 月份就有大量米麻，此時可作種麻出售，第二年春也可翻栽移植，等到 10～12 月份再採收。採收時先挖出菌棒，取出箭麻、白麻和米麻，輕拿輕放，分級裝運，以避免人為機械損傷，防止栽後爛麻。

收時就隨手分好等級。150 克以上為一等，75～150 克為二等；75 克以下和挖破的大者只能算三等。將分了級的天麻分別用水沖洗乾淨，不可摩擦去泥，可用手輕抹泥液。當天洗當天加工處理，來不及加工的先不要洗。

（1）創皮：創皮後加工好的天麻叫雪麻，現在人工栽培量大，除出口外其餘都不創皮。

（2）蒸煮：水開後，將不同等級的天麻分別蒸煮，放少量明礬，5 千克天麻加 100 克明礬。一等以上的煮 10～15 分鐘，二等煮 7～10 分鐘，三等以下的煮 5～8 分鐘，等外的煮 4 分鐘左右，總之，以煮過心為準（從黑暗處往亮處看不見黑心即可）。

（3）烘乾：烘時不可火力過猛。坑上溫度開始以 50～60℃為宜，烘至七成乾時，大的用手壓扁，小的不壓，再烘。此時以 70℃為宜，也可曬乾。全乾後取出分等級包裝，即可出售。

附：室內、大棚天麻一步栽培法

室內天麻栽培是未來天麻規模化、工廠化生產、高產化栽培的主要方法之一。優點是不受外界氣候的影響。生長時間比野外長5個月，相當於野外2年的生長期，產量可提高50%。室內栽培沒有病蟲害，一個人可管理1000平方公尺。冬季不冷夏天不熱，最適合天麻生長。

種植時間：10月1日開始至翌年5月末，栽培方式有：地面栽培、箱式栽培、床架立體栽培、塑膠袋栽培。

原料準備：① 原材料準備提前1個月砍伐樹木，適合樹種有多種果樹枝、楊柳、刺槐、槐樹、柞樹等，蜜環菌生命力強可在600多種樹木上生長。砍下的樹木要求直徑3～6公分，長30公分，因蜜環菌在木材上生長，大家都習慣叫它菌材。

② 準備細河沙或風沙，有條件的可備些樹葉。

③ 浸泡，營養液配方：水50千克，硝銨500克、硫酸鎂500克、立信菌王50克；配方2：水50千克、複合肥500克、尿素250克、磷酸二氫鉀250克、硫酸鎂500克、立信菌王50克。把樹枝放在營養液中浸泡1小時撈出，風乾表面水分就可以使用了。不浸泡可用肥液水拌沙子也同樣能增加營養。

天麻室內栽培方法：床架、木箱、塑膠袋、地面都必須先在底層鋪9公分厚的細沙。再放一層樹棒，棒之間距離3～5公分，10公分放1個白麻種，或5公分放1個米麻種，中間放一段蜜環菌枝條種。這樣2～3層木棒天麻蜜環菌上層蓋10公分厚沙。室內栽培天麻不要在沙子里加鋸末，因為加鋸末後不願吃水發乾。純沙最好室內栽培，不用特殊管理。主要是高溫不能超過35℃，低溫不能低於5℃。勤澆水，少澆水，保持濕潤即可。10月末天麻休眠期採收。

室外有性繁殖栽培天麻

一、有性繁殖播前準備

1. 樹棒：播前3～5天，砍伐6～8公分粗的雜木樹幹，截成30公分長的短節，在棒節的2～3面砍成魚鱗口，每窩準備樹棒30根左右。

2. 樹葉：青岡樹木落葉，每窩約需5千克。

3. 樹枝：將1～2公分粗的枝條截成8～10公分長的短節，每窩約需5千克。

4. 浸泡：播種前一天，用0.25%硝酸溶液，將樹棒、樹枝浸泡1小時，撈出瀝乾備用，樹葉用清水浸泡24小時撈出備用。

5. 拌種：播種前將天麻萌發菌從培養袋（瓶）中取出放入盆中，每窩用菌種2～3瓶，將其用手撕成單片，菌葉乾燥時，需灑一點清水拌濕。拌種時將天麻種子從蒴果中抖出，輕而均勻地撒在菌葉上，邊撒邊拌，多次播種工作應兩人分工合作，且要在室內或背風處進行，防止風吹丢失種子，播種量不宜過大或過少。飽滿蒴果每窩以10～12根菌棒計算則需要播10～15顆蒴果。

二、室外有性繁殖播種

1. 選地：樹林粗沙土或沙壤土，腐殖土最好，死黃泥土不宜栽培天麻。

2. 挖坑：坑長寬一般為70公分×60公分或70公分×70公分，深30公分，坡地坑底隨坡順水呈緩坡形式。挖坑不能過深，坑底要平，以免積水。

3. 播種：① 坑底土壤乾燥時，一定要灑水，乾土不能播種。灑水後先在坑底鋪一層樹葉，厚1公分左右。

②將拌好的天麻種子的萌發菌葉取半袋撒於樹葉層上，即為播種層。

③取5根樹棒均勻擺放在中層上，棒與棒之間間隔3公分。

④在棒間回填少許沙土。

⑤將半瓶子蜜環菌枝條擺放時，每節枝條均勻擺放於各樹棒兩側及兩端，每節枝節菌必須一端斜靠在樹棒上（盡可能靠在樹棒鱗口處）以利蜜環菌傳菌，每窩用蜜環菌菌種5瓶左右。

⑥擺放樹枝：將播種前準備好的細樹枝均勻填入各樹棒之間。

⑦填土：用沙土將樹棒四周蓋住，棒上蓋土的厚度為3公分。

至此，第一層播種完畢。重複②、③、④、⑤、⑥步驟，播種第二層，播後用沙土覆蓋，覆土厚度為15～20公分，呈饅頭形，上面加蓋農膜或樹葉防雨防曬。至此，全窩播種完畢。

4. 注意事項：

天麻蒴果中的種子壽命不長，不宜久放，種子採收後應立即播種，貯存時應放在3～5 ℃的冰箱中保存，時間也不可超過15天。

天麻種子適宜發芽溫度為22～25 ℃，坑內溫度不能超過30 ℃，如果溫度低應在坑表面覆蓋稻草或樹葉等，如果播種後遇到陰雨季節，應加蓋塑膠，在盛夏季節以不積水不乾燥為宜。

附錄1 《中藥材生產品質管制規範（試行）》（節選）

第一章　總則

第一條　為規範中藥材生產，保證中藥材品質，促進中藥標準化、現代化，制訂本規範。

第二條　本規範是中藥材生產和品質管制的基本準則，適用於中藥材生產企業（以下簡稱生產企業）生產中藥材（含植物、動物藥）的全過程。

第三條　生產企業應運用規範化管理和品質監控手段，保護野生藥材資源和生態環境，堅持「最大持續產量」原則，實現資源的可持續利用。

第二章　產地生態環境

第四條　生產企業應按中藥材產地適宜性優化原則，因地制宜，合理佈局。

第五條　中藥材產地的環境應符合國家相應標準：空氣應符合大氣環境品質二級標準；土壤應符合土壤品質二級標準；灌溉水應符合農田灌溉水品質標準；藥用動物飲用水應符合生活飲用水品質標準。

第六條　藥用動物養殖企業應滿足動物種群對生態因數的需求及與生活、繁殖等相適應的條件。

第三章　種質和繁殖材料

第七條　對養殖、栽培或野生採集的藥用動植物，應準確鑒定其物種，包括亞種、變種或品種，記錄其中文名及學名。

第八條　種子、菌種和繁殖材料在生產、儲運過程中應實行核對總和檢疫制度，以保證品質和防止病蟲害及雜草的傳播；防止偽劣種子、菌種和繁殖材料的交易與傳播。

第九條　應按動物習性進行藥用動物的引種及馴化。捕捉和運輸時應避免動物機體和精神損傷。引種動物必須嚴格檢疫，並進行一定時間的隔離、觀察。

第十條　加強中藥材良種選育、配種工作，建立良種繁育基地，保護藥用動植物種質資源。

第四章　栽培與養殖管理

第一節　藥用植物栽培管理

第十一條　根據藥用植物生長發育要求，確定栽培適宜區域，並制定相應的種植規程。

第十二條　根據藥用植物的營養特點及土壤的供肥能力，確定施肥種類、時間和數量，施用肥料的種類以有機肥為主，根據不同藥用植物物種生長發育的需要有限度地使用化學肥料。

第十三條　允許施用經充分腐熟達到無害化衛生標準的農家肥。禁止施用城市生活垃圾、工業垃圾及醫院垃圾和糞便。

第十四條　根據藥用植物不同生長發育時期的需水規律及氣候條件、土壤水分狀況，適時、合理灌溉和排水，保持土壤的良好通氣條件。

第十五條　根據藥用植物生長發育特性和不同的藥用部位，加強田間管理，及時採取打頂、摘蕾、整枝修剪、覆蓋遮陰等栽培措施，調控植株生長發育，提高藥材產量，保持品質穩定。

第十六條　藥用植物病蟲害的防治應採取綜合防治策略。如必須施用農藥時，應按照《中華人民共和國農藥管理條例》的規定，採用最小有效劑量並選用高效、低毒、低殘留農藥，以降低農藥殘留和重金屬污染，保護生態環境。

第二節　藥用動物養殖管理（略）

第五章　採收與初加工

第二十六條　野生或半野生藥用動植物的採集應堅持「最大持續產量」原則，應有計劃地進行野生撫育、輪採與封育，以利生物的繁衍與資源的更新。

第二十七條　根據產品品質及植物單位面積產量或動物養殖數量，並參考傳統採收經驗等因素確定適宜的採收時間（包括採收期、採收年限）和方法。

第二十八條　採收機械、器具應保持清潔、無污染，存放在無蟲鼠害和禽畜的乾燥場所。

第二十九條　採收及初加工過程中應盡可能排除非藥用部分及異物，特別是雜草及有毒物質，剔除破損、腐爛變質的部分。

第三十條　藥用部分採收後，經過揀選、清洗、切製或修整等適宜的加工，需乾燥的應採用適宜的方法和技術迅速乾燥，並控制溫度和濕度，使中藥材不受污染，有效成分不被破壞。

第三十一條　鮮用藥材可採用冷藏、沙藏、罐貯、生物保鮮等適宜的保鮮方法，盡可能不使用保鮮劑和防腐劑。如必須使用時，應符合國家對食品添加劑的有關規定。

第三十二條　加工場地應清潔、通風，具有遮陽、防雨和防鼠、蟲及禽畜的設施。

第三十三條　地道藥材應按傳統方法進行加工。如有改動，應提供充分試驗資料，不得影響藥材品質。

第六章　包裝、運輸與貯藏

第三十四條　包裝前應檢查並清除劣質品及異物。包裝應按標準操作規程操作，並有批包裝記錄，其內容應包括品名、規格、產地、批號、重量、包裝工號、包裝日期等。

第三十五條　所使用的包裝材料應是清潔、乾燥、無污染、無破損，並符合藥材品質要求。

第三十六條　在每件藥材包裝上，應注明品名、規格、產地、批號、包裝日期、生產單位，並附有品質合格的標誌。

第三十七條　易破碎的藥材應使用堅固的箱盒包裝；毒性、麻醉性、貴重藥材應使用特殊包裝，並應貼上相應的標記。

第三十八條　藥材批量運輸時，不應與其他有毒、有害、易串味物質混裝。運載容器應具有較好的通氣性，以保持乾燥，並應有防潮措施。

第三十九條　藥材倉庫應通風、乾燥、避光，必要時安裝空調及除濕設備，並具有防鼠、蟲、禽畜的措施。地面應整潔、無縫隙、易清潔。藥材應存放在貨架上，與牆壁保持足夠距離，防止蟲蛀、霉變、腐爛、泛油等現象發生，並定期檢查。在應用傳統貯藏方法的同時，應注意選用現代貯藏保管新技術、新設備。

第七章　品質管制

第四十條　生產企業應設品質管制部門，負責中藥材生產全過程的監督管理和品質監控，並應配備與藥材生產規模、品種檢驗要求相適應的人員、場所、儀器和設備。

第四十一條　品質管制部門的主要職責：

（一）負責環境監測、衛生管理；

（二）負責生產資料，包裝材料及藥材的檢驗，並出具檢驗報告；

（三）負責制訂培訓計畫，並監督實施；

（四）負責制訂和管理品質檔，並對生產、包裝、檢驗等各種原始記錄進行管理。

第四十二條　藥材包裝前，品質檢驗部門應對每批藥材，按中藥材國家標準或經審核批准的中藥材標準進行檢驗。檢驗項目應至少包括藥材性狀與鑒別、雜質、水分、灰分與酸不溶性灰分、浸出物、指標性成分或有效成分含量。農藥殘留量、重金屬及微生物限度均應符合國家標準和有關規定。

第四十三條　檢驗報告應由檢驗人員、品質檢驗部門負責人簽章。檢驗報告應存檔。

第四十四條　不合格的中藥材不得出場和銷售。

第八章　人員和設備

第四十五條　生產企業的技術負責人應有藥學或農學、畜牧學等相關專業的大專以上學歷，並有藥材生產實踐經驗。

第四十六條　品質管制部門負責人應有大專以上學歷，並有藥材品質管制經驗。

第四十七條　從事中藥材生產的人員均應具有基本的中藥學、農學或畜牧學常識，並經生產技術、安全及衛生學知識培訓。從事田間工作的人員應熟悉栽培技術，特別是農藥的施用及防護技術；從事養殖的人員應熟悉養殖技術。

第四十八條　從事加工、包裝、檢驗人員應定期進行健康檢查，患有傳染病、皮膚病或外傷性疾病等不得從事直接接觸藥材的工作。生產企業應配備專人負責環境衛生及個人衛生檢查。

第四十九條　對從事中藥材生產的有關人員應定期培訓與考核。

第五十條　中藥材產地應設廁所或盥洗室，排出物不應對環境及產品造成污染。

第五十一條　生產企業生產和檢驗用的儀器、儀錶、量具、衡器等其適用範圍和精密度應符合生產和檢驗的要求，有明顯的狀態標誌，並定期校驗。

第九章　文件管理

第五十二條　生產企業應有生產管理、品質管制等標準操作規程。

第五十三條　每種中藥材的生產全過程均應詳細記錄，必要時可附照片或圖像。記錄應包括：

（一）種子、菌種和繁殖材料的來源；

（二）生產技術與過程：1.藥用植物播種的時間、數量及面積；育苗、移栽以及肥料的種類、施用時間、施用量、施用方法；農藥中包括殺蟲劑、殺菌劑及除草劑的種類、施用量、施用時間和方法等。2.藥用動物養殖日誌、周轉計畫、選配種記錄、產仔或產卵記錄、病例病志、死亡報告書、死亡登記表、檢免疫統計表、飼料配合表、飼料消耗記錄、譜系登記表、後裔鑒定表等。3.藥用部分的採收時間、採收量、鮮重和加工、乾燥、乾燥減重、運輸、貯藏等。4.氣象資料及小氣候的記錄等。5・藥材的品質評價：藥材性狀及各項檢測的記錄。

第五十四條　所有原始記錄、生產計畫及執行情況、合同及協議書等均應存檔，至少保存5年。檔案資料應有專人保管。

第十章　附則

第五十五條　本規範所用術語：

（一）中藥材　指藥用植物、動物的藥用部分採收後經產地初加工形成的原料藥材。

（二）中藥材生產企業　指具有一定規模、按一定程式進行藥用植物栽培或動物養殖、藥材初加工、包裝、儲存等生產過程的單位。

（三）最大持續產量　即不危害生態環境，可持續生產（採收）的最大產量。

（四）地道藥材　傳統中藥材中具有特定的種質、特定的產區或特定的生產技術和加工方法所生產的中藥材。

（五）種子、菌種和繁殖材料　植物（含菌物）可供繁殖用的器官、組織、細胞等，菌物的菌絲、子實體等；動物的種物、仔、卵等。

（六）病蟲害綜合防治　從生物與環境整體觀點出發，本著預防為主的指導思想和安全、有效、經濟、簡便的原則，因地制宜，合理運用生物的、農業的、化學的方

法及其他有效生態手段，把病蟲的危害控制在經濟閾值以下，以達到提高經濟效益和生態效益之目的。

（七）半野生藥用動植物　指野生或逸為野生的藥用動植物輔以適當人工撫育和中耕、除草、施肥或餵料等管理的動植物種群。

第五十六條　本規範由國家藥品監督管理局負責解釋。

第五十七條　本規範自 2002 年 6 月 1 日起施行。

附錄 2　《中藥材生產品質管制規範認證檢查評定標準（試行）》（節選）

1. 根據《中藥材生產品質管制規範（試行）》（簡稱中藥材 GAP），制定本認證檢查評定標準。

2. 中藥材 GAP 認證檢查項目共 104 項，其中關鍵項目（條款號前加「*」）19 項，一般項目 85 項。關鍵項目不合格則稱為嚴重缺陷，一般項目不合格則稱為一般缺陷。

3. 根據申請認證品種確定相應的檢查專案。

4. 結果評定：

項目		結果
嚴重缺陷	一般缺陷	
0	≤20%	通過 GAP 認證
0	>20%	不通過 GAP 認證
≥1 項	0	

條款	檢查內容
0301	生產企業是否對申報品種制定了保護野生藥材資源、生態環境和持續利用的實施方案
*0401	生產企業是否按產地適宜性優化原則，因地制宜，合理佈局，選定和建立生產區域，種植區域的環境生態條件是否與動植物生物學和生態學特性相對應
0501	中藥材產地空氣是否符合國家大氣環境品質二級標準
*0502	中藥材產地土壤是否符合國家土壤品質二級標準

續表

條款	檢查內容
0503	應根據種植品種生產週期確定土壤品質檢測週期，一般每4年檢測1次
0504	中藥材灌溉水是否符合國家農田灌溉水品質標準
0505	應定期對灌溉水進行檢測，至少每年檢測1次
*0701	對養殖、栽培或野生採集的藥用動植物，是否準確鑒定其物種（包括亞種、變種或品種、中文名及學名等）
0801	種子種苗、菌種等繁殖材料是否制定檢驗及檢疫制度，在生產、儲運過程中是否進行檢驗及檢疫，並出具報告書
0802	是否有防止偽劣種子種苗、菌種等繁殖材料的交易與傳播的管理制度和有效措施
0803	是否根據具體品種情況制定藥用植物種子種苗、菌種等繁殖材料的生產管理制度和操作規程
*1001	是否進行中藥材良種選育、配種工作，是否建立與生產規模相適應的良種繁育場所
*1101	是否根據藥用植物生長發育要求制定相應的種植規程
1201	是否根據藥用植物的營養特點及土壤的供肥能力，制定並實施施肥的標準操作規程（包括施肥種類、時間、方法和數量）
1202	施用肥料的種類是否以有機肥為主。若需使用化學肥料，是否制定有限度使用的崗位操作法或標準操作規程
1301	施用農家肥是否充分腐熟達到無害化衛生標準

條款	檢 查 內 容
*1302	禁止施用城市生活垃圾、工業垃圾及醫院垃圾和糞便
1401	是否制定藥用植物合理灌溉和排水的管理制度及標準操作規程，適時、合理灌溉和排水，保持土壤的良好通氣條件
1501	是否根據藥用植物不同生長發育特性和不同藥用部位，制定藥用植物田間管理制度及標準操作規程，加強田間管理，及時採取打頂、摘蕾、整枝修剪、覆蓋遮陰等栽培措施，調控植株生長發育，提高藥材產量，保持品質穩定
*1601	藥用植物病蟲害的防治是否採取綜合防治策略
1602	藥用植物如必須施用農藥時，是否按照《中華人民共和國農藥管理條例》的規定，採用最小有效劑量並選用高效、低毒、低殘留農藥，以降低農藥殘留和重金屬污染，保護生態環境
2601	野生或半野生藥用動植物的採集是否堅持「最大持續產量」原則，是否有計劃地進行野生撫育、輪採與封育
2701	是否根據產品品質及植物單位面積產量或動物養殖數量，並參考傳統採收經驗等因素確定適宜的採收時間（包括採收期、採收年限）
2702	是否根據產品質量及植物單位面積產量或動物養殖數量，並參考傳統採收經驗等因素確定適宜的採收方法
2801	採收機械、器具是否保持清潔、無污染，是否存放在無蟲鼠害和禽畜的清潔乾燥場所

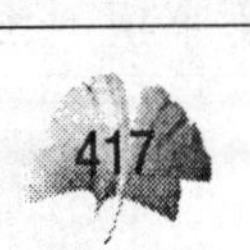

續表

條款	檢查內容
2901	採收及初加工過程中是否排除非藥用部分及異物，特別是雜草及有毒物質，剔除破損、腐爛變質的部分
3001	藥用部分採收後，是否按規定進行揀選、清洗、切製或修整等適宜的加工
3002	需乾燥的中藥材採收後，是否及時採用適宜的方法和技術進行乾燥，控制濕度和溫度，保證中藥材不受污染、有效成分不被破壞
3101	鮮用中藥材是否採用適宜的保鮮方法。如必須使用保鮮劑和防腐劑時，是否符合國家對食品添加劑的有關規定
3201	加工場地周圍環境是否有污染源，是否清潔、通風，是否有滿足中藥材加工的必要設施，是否有遮陽、防雨、防鼠、防塵、防蟲、防禽畜措施
3301	地道藥材是否按傳統方法進行初加工。如有改動，是否提供充分試驗資料，證明其不影響中藥材質量
3401	包裝是否按標準操作規程操作
3402	包裝前是否再次檢查並清除劣質品及異物
3403	包裝是否有批包裝記錄，其內容應包括品名、規格、產地、批號、重量、包裝工號、包裝日期等
3501	所使用的包裝材料是否清潔、乾燥、無污染、無破損，並符合中藥材品質要求
3601	在每件中藥材包裝上，是否注明品名、規格、產地、批號、包裝日期、生產單位、採收日期、貯藏條件、注意事項，並附有品質合格的標誌

續表

條款	檢 查 內 容
3701	易破碎的中藥材是否裝在堅固的箱盒內
*3702	毒性中藥材、按麻醉藥品管理的中藥材是否使用特殊包裝，是否有明顯的規定標記
3801	中藥材批量運輸時，是否與其他有毒、有害、易串味物質混裝
3802	運載容器是否具有較好的通氣性，並有防潮措施
3901	是否制訂倉儲養護規程和管理制度
3902	中藥材倉庫是否保持清潔和通風、乾燥、避光、防霉變。溫度、濕度是否符合儲存要求並具有防鼠、蟲、禽畜的措施
3903	中藥材倉庫地面是否整潔、無縫隙、易清潔
3904	中藥材存放是否與牆壁、地面保持足夠距離，是否有蟲蛀、霉變、腐爛、泛油等現象發生，並定期檢查
3905	應用傳統貯藏方法的同時，是否注意選用現代貯藏保管新技術、新設備
4001	生產企業是否設有品質管制部門，負責中藥材生產全過程的監督管理和品質監控
4002	是否配備與中藥材生產規模、品種檢驗要求相適應的人員
4003	是否配備與中藥材生產規模、品種檢驗要求相適應的場所、儀器和設備
4101	品質管制部門是否履行環境監測、衛生管理的職責
4102	品質管制部門是否履行對生產資料、包裝材料及中藥材的檢驗，並出具檢驗報告書

續表

條款	檢 查 內 容
4103	品質管制部門是否履行制訂培訓計畫並監督實施的職責
4104	品質管制部門是否履行制訂和管理品質文件，並對生產、包裝、檢驗、留樣等各種原始記錄進行管理的職責
4201	中藥材包裝前，品質檢驗部門是否對每批中藥材，按國家標準或經審核批准的中藥材標準進行檢驗
*4202	檢驗項目至少包括中藥材性狀與鑒別、雜質、水分、灰分與酸不溶性灰分、浸出物、指標性成分或有效成分含量
*4203	中藥材農藥殘留量、微生物限度、重金屬含量等是否符合國家標準和有關規定
4204	是否制訂有採樣標準操作規程
4205	是否設立留樣觀察室，並按規定進行留樣
4301	檢驗報告是否由檢驗人員、品質檢驗部門負責人簽章並存檔
*4401	不合格的中藥材不得出場和銷售
4501	生產企業的技術負責人是否有相關專業的大專以上學歷，並有中藥材生產實踐經驗
4601	品質管制部門負責人是否有相關專業大專以上學歷，並有中藥材品質管制經驗
4701	從事中藥材生產的人員是否具有基本的中藥學、農學、林學或畜牧學常識，並經生產技術、安全及衛生學知識培訓

條款	檢查內容
4702	從事田間工作的人員是否熟悉栽培技術，特別是準確掌握農藥的施用及防護技術
4801	從事加工、包裝、檢驗、倉儲管理人員是否定期進行健康檢查，至少每年1次。患有傳染病、皮膚病或外傷性疾病等的人員不得從事直接接觸中藥材的工作
4802	是否配備專人負責環境衛生及個人衛生檢查
4901	對從事中藥材生產的有關人員是否定期培訓與考核
5001	中藥材產地是否設有廁所或盥洗室，排出物是否對環境及產品造成污染
5101	生產和檢驗用的儀器、儀錶、量具、衡器等其適用範圍和精密度是否符合生產和檢驗的要求
5102	檢驗用的儀器、儀錶、量具、衡器等是否有明顯的狀態標誌，並定期校驗
5201	生產管理、品質管制等標準操作規程是否完整合理
5301	每種中藥材的生產全過程均是否詳細記錄，必要時可附照片或圖像
5302	記錄是否包括種子、菌種和繁殖材料的來源
5303	記錄是否包括藥用植物的播種時間、數量及面積；育苗、移栽以及肥料的種類、施用時間、施用量、施用方法；農藥（包括殺蟲劑、殺菌劑及除銹劑）的種類、施用量、施用時間和方法等
5305	記錄是否包括藥用部分的採收時間、採收量、鮮重和加工、乾燥、乾燥減重、運輸、貯藏等

續表

條款	檢查內容
5306	記錄是否包括氣象資料及小氣候等
5307	記錄是否包括中藥材的品質評價（中藥材性狀及各項檢測）
5401	所有原始記錄、生產計畫及執行情況、合同及協議書等是否存檔，至少保存至採收或初加工後5年
5402	檔案資料是否有專人保管

附錄 3　植物組織培養技術

植物組織培養（plant tissue culture）是 20 世紀興起的一項植物細胞工程技術。它是指在無菌條件下，將離體的植物器官（根、莖、葉、花等）、組織（如形成層、花藥組織、胚乳、皮層等）、細胞（體細胞和生殖細胞），以及原生質體，培養在人工配製的培養基上，給予適當的培養條件，使其長成完整的植株，統稱為植物組織培養。其具有從植物體上取材少、培養週期短、繁殖率高、便於自動化管理、能夠在短時間內快速繁殖出大量的試管苗，以及可用於培育無病毒植株、製備人工種子、培育轉基因植物等特點和用途，因此目前在農業科技和生產上應用已逐漸增多，也為藥用植物栽培開創了新的發展空間。

從 20 世紀 60 年代開始的我國中藥離體培養和試管繁殖研究，到目前為止已有 200 多種藥用植物經離體培養獲得試管植株，如貝母、百合、黃芩、紅豆杉、桔梗等。其中已有相當一部分藥材可利用試管繁殖技術繁殖培育種苗，如羅漢果、苦丁茶、蘆薈、懷地黃、枸杞、丹參、菊花、金線蓮等。

植物組織培養的過程可概括為：

無菌培養的建立——誘導外植體生長與分化——愈傷組織的形成——中間繁殖體的增殖——壯苗和生根——試管苗出瓶種植與苗期管理。

植物組織培養技術是生物技術的重要組成部分，在生產實踐及基因工程、遺傳轉化等研究中有重要應用前景。植物脫毒及離體快繁，花藥培養與單倍體育種、幼胚培養與試管受精，抗性突變體的篩選與體細胞無性系變異，植物產品的工廠化生產等方面的研究和應用，均必須借助植物組織培養技術的基本程式和方法。具體操作方法既注意事項如下。

一、材料與用具

1. 植物材料：從低等的藻類到苔蘚、蕨類、種子植物等高等植物的各類、各部分都可採用作為組織培養的材料。一般裸子植物多採用幼苗、芽、韌皮部細胞；被子植物多採用胚、胚乳、子葉、幼苗、莖尖、根、莖、葉、花藥、花粉、子房和胚珠等各個部分。

2. 實驗室：準備室、接種室、培養室等。

3. 儀器設備：高壓滅菌鍋（器）、冰箱（冷藏櫃）、光照培養箱、振盪培養箱、天平、酸度計、無菌操作臺等。

4. 器械及用具：鑷子、手術刀、接種針、細菌篩檢程式、記號筆等。

5. 玻璃器皿：三角瓶、培養瓶、酒精燈、培養皿、量筒、容量瓶等。

二、方法步驟

（一）培養基的製備

1. 母液的配製

在植物組織培養中，不同的植物，不同的器官和組織，不同的研究目的，使用不同的培養基，培養基儘管千差萬別，按其性質和含量來分主要由以下幾部分組成：①無機營養，包括大量元素和微量元素；②有機物質；③鐵鹽；④碳水化合物；⑤天然複合物；⑥激素；⑦瓊脂（固體培養基）；⑧其他添加物。在培養基的配製中，對各組分的成分，常先要按其需用量擴大一定倍數，配製成母液（見下表）。配製母液時應注意以下兩個方面：

（1）配製大量元素母液時，為了避免產生沉澱，各種化學物質必須充分溶解後才能混合，同時混合時要注意先後順序，把鈣離子（Ca^{2+}）、錳離子（Mn^{2+}）、鋇離子（Ba^{2+}）和硫酸根（SO_4^{2-}）、磷酸根（PO_4^{3-}）錯開，以免形成硫酸鈣、磷酸鈣等沉澱，並且各種成分要慢慢混合，邊混合邊攪拌。

（2）各類激素用量極微，其母液一般配製成 0.1～1 毫克／毫升。有些激素配製母液時不溶於水，需經加熱或用少量稀酸、稀鹼及 95%酒精溶解後再加水定容。

常用激素類的溶解方法如下：

萘乙酸（NAA）：先用熱水或少量 95%酒精溶解。

吲哚丁酸（IBA）：先用少量 95%酒精溶解後加水，如溶解不完全再加熱。

激動素（KT）、（KIA）、（6–BA）：要先溶於 1 克／升鹽酸。

玉米素（ZT）、（ZEA）：先溶於 95%酒精，再加熱水。2，4–D：需用 1 克／升 NaOH 溶解再定容。

2. 培養基的配製、分裝及滅菌

根據培養基的成分及用量，吸取各種母液，稱取蔗糖（一般用量 3%），加水至所需體積，待蔗糖全部溶解後，用 1 摩爾 / 升的 Na OH 或 HCl 調酸鹼度至 pH5.8，加入瓊脂粉（一般 6.5～8 克 / 升），加熱使瓊脂完全熔化，蒸餾水補齊溶液體積，分裝在三角瓶或培養瓶中，高壓滅菌。

不耐高溫的培養基成分，需過濾滅菌。完成後置於冰

MS 培養基母液配製表（單位：毫克）

類別	成分	規定量	稱取量	母液體積／毫升	擴大倍數	配 1 升培養基的吸取量／毫升
大量元素	KNO_3			1900		19000
	NH_4NO_3			1650		16500
	$MgSO_4 \cdot 7H_2O$	370	3700	1000	10	100
	KH_2PO_4			170		1700
	$CaCl_2 \cdot 2H_2O$			440		4400
微量元素	$MnSO_4 \cdot 4H_2O$			22.30		2230
	$ZnSO_4 \cdot 7H_2O$			8.6		860
	H_3BO_3			6.2		620
	KI	0.83	83	1000	100	10
	$Na_2MoO_4 \cdot 2H_2O$			0.25		25
	$CuSO_4 \cdot 5H_2O$			0.025		2.5
	$CoCl_2 \cdot 6H_2O$			0.025		2.5
鐵鹽	Na_2EDTA	37.25	3725	1000	100	10
	$FeSO_4 \cdot 7H_2O$	27.85		2785		
有機物質	甘氨酸			2.0		100
	鹽酸硫胺素			0.4		20
	鹽酸吡哆素	0.5	25	500	100	10
	煙酸			0.5		25
	肌醇			100		5000

箱中備用。

（二）外植體取材、消毒及接種

1. 取材與消毒

此過程在準備室內進行。自大田取材或溫室取材時應選取無病、無蟲、生長健康的外植體。外植體表面消毒的一般程式為：外植體→自來水多次漂洗→消毒劑處理→無菌水反覆沖洗→無菌濾紙吸乾。常用消毒劑的種類，使用濃度及消毒時間等見下表。

常用消毒劑的使用及效果

消毒劑	使用濃度	消除難易	消毒時間／分鐘	滅菌效果
次氯酸鈉	2%	易	5～30	很好
次氯酸	9%～10%	易	5～30	很好
漂白粉	飽和溶液	易	5～30	很好
升汞	0.1%～1%	較難	2～10	最好
酒精	70%～75%	易	0.2～2	好
過氧化氫	10%～12%	最易	5～15	好
溴水	1%～2%	易	2～10	很好
硝酸銀	1%	較難	5～30	好
抗生素	4～50 摩爾／升	中等	30～60	較好

（引自潘瑞熾，2001）

2. 無菌操作

此階段在接種室內進行。接種室一般 7～8 平方公尺，要求地面、天花板及四壁盡可能密閉光滑，易於清潔和消毒。配置拉動門，以減少開關門時的空氣擾動。接種室要求乾爽安靜，清潔明亮。在適當位置吊裝 1～2 盞紫外線滅菌燈，用以照射滅菌。最好安裝一小型空調，使室溫可控，這樣可使門窗緊閉，減少與外界空氣對流。接種室應設有緩衝間，面積 1 平方公尺為宜。進入無菌操作室前在此更衣換鞋，以減少進出時帶入接種室雜菌。緩衝間最好也安一盞紫外線滅菌燈，用以照射滅菌。

（1）接種室消毒　超淨工作臺面用70%酒精擦拭，打開紫外線燈照射20分鐘，進行無菌室及超淨工作臺殺菌。

（2）材料的接種　操作人員接種前必須剪除指甲，並用肥皂水洗手，接種前用70%酒精擦拭，接種時最好戴口罩。

第一步：將初步洗滌及切割的材料放人燒杯，帶入超淨臺上，用消毒劑滅菌，再用無菌水沖洗，最後瀝去水分，取出放置在滅過菌的4層紗布上或濾紙上。

第二步：材料吸乾後，一手拿鑷子，一手拿剪子或解剖刀，對材料進行適當的切割。如葉片切成0.5公分見方的小塊；莖切成含有一個節的小段。微莖尖要剝成隻含1～2片幼葉的莖尖大小等。在接種過程中要經常灼燒接種器械，防止交叉污染。

第三步：用灼燒消毒過的器械將切割好的外植體插植或放置到培養基上。具體操作過程是：先解開包口紙，將試管幾乎水平拿著，使試管口靠近酒精燈火焰，並將管口在火焰上方轉動，使管口裏外灼燒數秒鐘。若用棉塞蓋口，可先在管口外面灼燒，去掉棉塞，再燒管口裏面。然後用鑷子夾取一塊切好的外植體送入試管內，輕輕插入培養基。若是葉片直接附在培養基上，以放1～3塊為宜。至於材料放置方法除莖尖、莖段要正放（尖端向上）外，其他尚無統一要求。放置材料數量現在傾向少放，由統計認為：對外植體每次接種以一支試管放一枚組塊為宜，這樣可以節約培養基和人力，一旦培養物污染可以拋棄，接完種後，將管口在火焰上再灼燒數秒鐘。並用棉塞塞好後，包上包口紙，包口紙裏面也要過火。

（三）無菌培養與觀察

接種後期材料放入培養室內培養。培養室是將接種的材料進行培養生長的場所。培養室的大小可根據需要培養架的大小、數目、及其他附屬設備而定。其設計以充分利用空間和節省能源為原則。

培養材料放在培養架上培養。培養架大多由金屬製成，一般設 5 層，最低一層離地高約 10 公分，其他每層間隔 30 公分左右，培養架即高 1.7 公尺左右。培養架長度都是根據日光燈的長度而設計，如採用 40 瓦日光燈，則長 1.3 公尺，30 瓦的長 1 公尺，寬度一般為 60 公分。

培養室內溫度一般為 25℃ ± 2℃；室內濕度要求恒定，相對濕度以保持在 70%～80%為好；光照 10～16 小時；光強 1000～2000 勒克斯；有的材料需要暗培養。定期觀察，繼代培養（或轉接培養）。

三、實例（石斛）

金釵石斛的葉片、嫩莖、根為外植體，經常規消毒處理後，剪成 0.5～1.5 公分長的小段，採用 MS 和 B_5 作為基本培養基，並分別附加植物激素，如 NAA0.05～1.5 毫克／升、IAA0.2～1.0 毫克／升、6-BA1～5 毫克／升等不同組合，pH5.6～6.0，每瓶接種外植體 2～4 段，培養溫度 25～28℃，光強 1800～1900 勒克斯，每天光照 9～10 小時。培養 19 天，切段莖節等處出現小芽點，約 30 天後小芽伸長，尖端分叉，60 天後小芽長成高 2～2.7 公分，具4～8 個葉片的小植株。經過一定的煉苗處理，使之逐步由無菌環境到有菌環境，由人工培養環境過渡到自然環境，逐漸適應大田環境。習慣上是採用「過渡處理法」，即逐漸地使環境改變，如出瓶苗要使用消毒的土壤、保濕、保溫，同時還要做一定的壯苗處理，如增加光照和補充營養液等。隨後再移栽到大田。經過一系列的處理，一株組織培養出來的「克隆石斛苗」就順利成活了。

參考文獻

1. 國家中醫藥管理局中華本草編委會・中華本草（上、下冊）・上海：上海科學技術出版社，1998

2. 楊繼祥主編・藥用植物栽培學・北京：中國農業出版社，1993

3. 王書林主編・中藥材 GAP 概論・北京：化學工業出版社，2004

4. 姚宗凡，黃英姿編著・常用中藥種植技術・北京：金盾出版社，2001

5. 冉懋雄，周厚瓊主編・現代中藥栽培養殖與加工手冊・北京：中國中醫藥出版社，1999

6. 郭巧生主編・藥用植物栽培學・北京：高等教育出版社，2004

7. 張永清，徐凌川主編・藥材種植實用技術・北京：中醫古籍出版社，1997

8. 西北農業大學主編・農業昆蟲學・第 2 版・北京：中國農業出版社，1996

9. 國家醫藥管理局中藥材情報中心站・中國藥材栽培與飼養（第一冊）・廣州：廣東科技出版社，1995

國家圖書館出版品預行編目資料

現代藥用植物栽培 / 王　永　主編
——初版，——臺北市，大展，2007〔民97.12〕
面；21公分，——（中醫保健站；18）
ISBN 978-957-468-653-7（平裝）
1.藥用植物　2.栽培
434.192　　97019059

現代藥用植物栽培　ISBN 978-957-468-653-7

主　　編／王　永
責任編輯／期源萍
發 行 人／蔡森明
出 版 者／大展出版社有限公司
社　　址／台北市北投區（石牌）致遠一路2段12巷1號
電　　話／（02）28236031・28236033・28233123
傳　　眞／（02）28272069
郵政劃撥／01669551
網　　址／www.dah-jaan.com.tw
E-mail／service@dah-jaan.com.tw
登 記 證／局版臺業字第2171號
承 印 者／傳興印刷有限公司
裝　　訂／建鑫裝訂有限公司
排 版 者／弘益電腦排版有限公司
授 權 者／安徽科學技術出版社
初版1刷／2008年（民97年）12月

定　價／400元

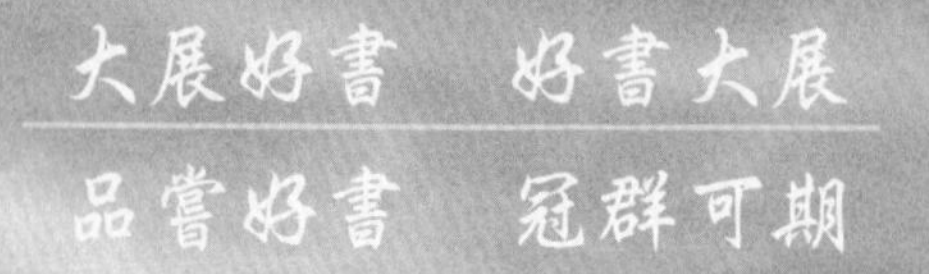
大展好書　好書大展
品嘗好書　冠群可期